ちくま学芸文庫

ペンローズの〈量子脳〉理論

心と意識の科学的基礎をもとめて

ロジャー・ペンローズ
竹内 薫　茂木健一郎 訳・解説

筑摩書房

目次

影への疑いを超えて
ロジャー・ペンローズ（翻訳　竹内薫）……321

文庫版あとがき

ペンローズの〈量子脳〉理論

図版デザイン　鈴木祥之

序文

二〇世紀は、「一般相対性理論」と「量子力学」という二つの大きな科学革命を目撃しました。

アインシュタインの一般相対論は、「特殊」相対論を一般化したもので、筆舌に尽くせぬほど優美で正確な「時間と空間の理論」です（特殊相対論は、光速に近い速度で動く物体のふるまいを説明する時空理論で、アインシュタインの有名な $E = mc^2$ という式も登場します）。「一般」相対論のほうは、極大の世界を説明し、重力は空間が曲がる効果として記述され、今では、だいたい一〇〇兆分の一の精度で正しいことがわかっています。

それに対して、量子力学のほうは、極微の世界を説明し、やはり非常に正確で、ある現象についてはだいたい一〇〇〇億分の一という精度を誇ります。この理論は、たとえば、化学結合、原子スペクトル、原子の安定性、物質の色、レーザー、超伝導など、古典力学の考えだけでは理解できない幅広い現象を説明してくれます。

しかし、今日の物理学の現状では、この二つの偉大な理論がどうやって統一されるのか、すなわち極大と極微の融合の仕組みは、十分には理解されていません。この二つの理論の根底にある基本原理は、まるっきり性格が違うのです。違うどころか、互いに相容れないものだと言っても過言ではないでしょう。

私の見解では、一般相対論と量子力学をうまく統一するためには、どちらか一方ではなく、双方が変化して歩み寄る必要があります。また、その歩みよりは、二つの理論の基礎にかかわる三つの未解決問題の究極の解決にも必要だと思われます。

その未解決問題とは、時空の特異点、量子力学の観測理論、量子場の理論の無限大の三つです。

このような問題の理解が十分に進むために、物理的な世界観の大きな革命が必要なことは、ほぼ確実だと私は信じています（時空の特異点は、宇宙のビッグバンの初めやブラックホールの真ん中に生じてしまいます。観測問題は、量子の世界の出来事が巨視的な領域まで拡大される、いわゆる「量子飛躍」の際に、量子力学の規則を変える必要がある、というものです。量子場の理論の無限大は、特殊相対論の原理に従って記述された物理的な場に量子力学の規則を厳密に適用すると生じてしまうナンセンスな無限大の答えのことです）。

私が思い描いているのは、まさに大革命なのですから、それが起こった暁には、多大な波及効果が予想されます。私は、本書の「影への疑いを超えて」で系統立てて述べたさまざまな理由から、最も大きな影響を被るのは「意識」の問題だと考えています。現在の私たちの世界観で心が本当に理解できるとは思えません。私の見解では、心を科学的にきちんと理解するためには、物理学の大革命がどうしても必要なのです。

そのような革命の到来は、まだまだ先のことでしょうが、革命を念頭において、意識が存在する脳で何が起こっているのかについて、ある程度理解することは今でも可能だと思います。スチュアート・ハメロフと私は、新しい物理的世界観が、ニューロンのマイクロチューブルを通じて、意識的な脳の作用の神経学で主役を演ずるような描像を押し進めてきました。その考えは、本書の「意識は、マイクロチューブルにおける波動関数の収縮として起こる」にまとめられています。

私たちの物理的世界観の革命はどのようなものになるのでしょうか?

もちろん、まだわからないわけですが、私自身の考えは「ツイスター理論」として提出済みです。この理論は三〇年前に産声《うぶごえ》をあげました。ツイスター理論は、量子力学の根底にある基本的な考えを時空構造と融合させようという試みなのです。この理論は、新しい予測が実験的に検証されるという意味では、まだ完成した物理理論ではありませんが、複素幾何学の数学によって、時空と物理的な場を再構成することには成功しています。「複素」という言葉は、ツイスター理論で使われる数の体系で、二乗するとマイナス1になる虚数を含む複素数を指します。複素数は量子力学になくてはならない数ですが、ツイスター理論では、時空構造にも欠かせないものになっているのです。

ツイスター理論のおおまかな説明をいたしましょう。

まず、時空の中の光線の束は、ツイスター空間の点に対応します。逆に、時空の中の点は、ツイスター空間では「球」に対応します。この球は、時空点を通る光線がつくる天球（星空！）にほかなりません。この球は「リーマン球」と呼ばれていて、自然な複素空間の構造を持っています。実際、ツイスター空間の全体も複素空間になっていて、それが理論の基礎になります。特殊相対論の時空の幾何学は、ツイスターを使って優雅に記述することができます。

ツイスター理論の計画は、「すべて」の物理量を複素幾何学とツイスター空間の解析に翻訳して、そこから、何か新しい物理的な洞察が得られ、量子力学の基礎概念を時空構造と統合できるのではないか、というものです。

この計画はまだ完成からは程遠いのですが、すでに目を見張るべき数々の数学的な進展が得られています。マックスウェルの電磁気学のような物理的な場は、複素解析学の基本的な考えを使って、ツイスターにより簡潔に記述することができます。また、量子場を扱う「ツイスター図の理論」では、これまでの通常の理論に巣くっていた無限大が除去できる強い可能性があります。アインシュタインの一般相対論のツイスターによる完全な記述はまだありませんが、多くの研究者による、いくつかの瞠目すべき部分的結果があり、数学的な「副産物」もたくさん生まれました。そのような結果のいくつかは、高次元幾何学やいわゆる「積分系」と呼ばれる分野の問題を扱う新しい方法へとつながりました。また、最近の研究によれば、アインシュタインの一般相対論を完全にツイスターで扱うことができるようになるのも、そう遠い先のことではないように思われるのです。

一九九七年四月　オックスフォードにて

ロジャー・ペンローズ

ツイスターとペンローズのプラトン的世界

竹内薫の解説その1

ツイスターとはツイスターのことではない！

いきなり禅問答になってしまったが、これは日本語が悪いのである。英語のツイスターには二つあって、ふつうの「竜巻」のツイスター（twister）と、ペンローズ卿による数学的オブジェのツイスター（twistor）は、ちょっと違う（最初はeで、あとのほうはoになっていることに注意！）。スピルバーグの映画のほうはtwisterで、ペンローズの理論のほうはtwistorなのだ。

冗談はさておき、ペンローズの思想を理解するには、まず、彼のツイスター理論の概要を理解する必要がある。ツイスター理論は数学的に精緻な理論で、いわば**新型高性能の相対性理論のようなもの**だ。だから、このツイスター理論のイメージを抱くためには、アインシュタインの相対性理論を理解する必要がある。

ペンローズの思想を理解するための二つ目の鍵は**ゲーデルの不完全性定理**にある。

もちろん、以上のすべてを完璧に理解するためには、何冊も本を読む必要があるし、たくさんの練習問題を解く必要があるし、それなりに苦しい修行が必要になってくる。

そこで、ここでは、ちょうど映画を観て楽しむように、ツイスターや相対性理論や不完全性定理を「イメージ的に楽しむ」ことにしよう。私は、世の中に「学問を観る楽しみ」というのがあってもいいと思うのである。なお、より深い理解を得たい読者のためには、解説2の終わり（一三四〜一三八頁）に読書案内をつけてあるので、参考にしてください。

0 実在論の天才たちと実証論の秀才たち

ツイスターと不完全性定理の解説に入る前に、ペンローズの数学的、哲学的な立場を、手短に紹介しておこう。科学哲学には、非常に大きな二つの潮流があって、実在論(realism)と実証論(positivism)と呼ばれているのだが、ペンローズは実在論の系譜に属する。

●実在論者たち　アルバート・アインシュタイン、エルヴィン・シュレディンガー、ルイ・ドブロイ、デイヴィッド・ボーム、ロジャー・ペンローズ

●実証論者たち　ニールス・ボーア、ヴェルナー・ハイゼンベルク、マックス・ボル

ン、スティーヴン・ホーキング
前者はなんとなく天才の風格を漂わせ、後者は超秀才を感じさせる。

ギリシャの哲学者で一番有名な人はソクラテスだろうが、その弟子にプラトンがいる。実在論というのは、プラトン哲学の系譜に属し、私は「ロマンチストの哲学」と呼んでいる。プラトン哲学の基本的な考えに「イデア界」というのがある。これは、抽象的な理想世界のようなもので、現実の世界はイデア界の影にすぎないのだ。ちなみに、英語のアイデア（idea）もここからきている。

宗教では、よく完璧な理想郷としての天国を考えるが、イデア界は、それの哲学版だと思ってもいい。世の中には、「神は存在しない。天国もない。死んだらそれまでよ」と割り切る人たちと「死んだら天国に行って神様に会える」と信じる人たちがいる。宗教を科学に置き換えると、前者は実証論者だし、後者は実在論者だということになる。

数学の授業で、たとえば、黒板に三角形を描いても、それはどこかいびつで、理想的で完璧な三角形ではない。現実には完璧な三角形など、どこにも存在しない。だが、実在論者たちは、プラトンのイデア界（あるいはどこか他のところ）に理想的な三角形が「実在する」と考える。

あるいは、量子力学という学問では、素粒子に軌跡が存在しない。東京から大阪まで素粒子が飛んで行った場合、途中の経路が普通の意味では存在しないのである。それが、実証論者たちの主張する標準的な解釈（定説）なのである。ところが、実在論者たちの多くは、「それでも経路は実在するにちがいない」と考える。実証論者たちは、「理論の役割は、実験で実証できることを予測することだけだ」と割り切ってしまう。それに対して、実在論者たちは、「理論の役割は、現実の背後に隠された実在の真の姿に迫ることだ」という夢を語る。

アインシュタインが死ぬまでボーアらの量子論の標準解釈を受け入れなかったのは、このような思想的な背景があったからなのである。ペンローズのライバルのホーキングをロマンチストのように扱う映画監督やマスコミが後を絶たないが、もうおわかりのように、本当はペンローズのほうこそが夢見るロマンチストであり、ホーキングは、どちらかというと冷徹な実証主義者なわけである。

科学の世界では、昔からロマンチストは異端と相場が決まっている。アインシュタインも量子論の解釈では異端であったし、シュレディンガーの実在波、ドブロイとボームのパイロット波も異端論として冷遇された。そして、われらが天才ロジャー・ペンローズも、二〇世紀最後の偉大な科学の異端者なのだと言えよう。

1　一夜漬けの相対性理論

相対性理論というのは、奇妙な理論で、何度勉強しても「なんとなくわかった気がしない」人も多いのではなかろうか？　私は、ここで相対性理論の教科書を書くつもりはないし、哲学的な説教を垂れるつもりもさらさらないが、できれば、みなさんに、相対性理論を「ちょっとわかった気分」になってもらえれば、と思う。そこで、相対論の雰囲気というか、イメージを書くことにする。

はじめに光ありき

世界最大のベストセラーの書名をご存じだろうか？　そう、あの聖書、バイブルである。日本では、なんだかしっくりこないかもしれないが、欧米のホテルに泊まってみれば、机の引き出しには必ず「Holy Bible」（聖書）と書かれた本が一冊おいてある。

その聖書によれば、世界の始まりは光だったそうな。

「光あれ」

という、あの有名な文句である。

相対性理論は、光の物理学である。 光の存在（というより運動）がすべての基本になっている。光が理論の中心にあり、絶対的な基準になっている。その基準に対して、すべてのものが相対的な立場にあるのだ。いいですか、ここは重要ですぞ。アインシュタインの相対性理論では、万物が相対的なわけではない。光だけは例外で絶対的な存在であり、「その他」のものが相対的なのである。もう少し正確に言うと、「光速だけが絶対」なのだ。だから、相対性理論の理論構成は、

相対性理論＝光速度一定の原理＋相対性原理

となっている。

相対性と「図と地」の図形

物理的な世界の見え方はどうなっているだろう？　神様の決めた絶対的な世界観が存在するのか、それとも、個々人の相対的な世界観がたくさんあるのだろうか？

ニュートンの世界観では、物理的世界は絶対的なもので、神様の決めた基準枠が存在する。

一方、アインシュタインの世界観では、物理的世界の見え方は相対的なもので、人によって違う。そのイメージは、次のような図（図1）で的確に感じることができる。これは、心理学で使われる有名な「図と地」の図形である。まず、黒地に白い図が描かれていると

考えよう。つまり、白に注目するのだ。すると、ここには白い花瓶がある。次に、観点を変えて、白地に黒い図が描かれていると考えよう。つまり、黒に注目するのだ。すると、ここには二人の人間の顔が向き合っている。これを太郎と次郎の世界観とすれば、

太郎「この絵は白い花瓶だ」
次郎「この絵は黒い人間の顔だ」

となる。太郎と次郎のどちらかが絶対的に正しいということはない。太郎も次郎も、それなりに正しいのだ。太郎と次郎の世界観は相対的なのである。

アインシュタインの相対性理論でも、これと似たようなシチュエーションになっている。相対的に動いている立場同士では、世界観が違ってくる。たとえば、太郎と次郎が別々の宇宙船に乗っていて宇宙空間ですれちがったとしよう。すると、

太郎「あれ、僕の時計と比べて、次郎の時計は遅れて見える」
次郎「あれ、僕の時計と比べて、太郎の時計は遅れて見える」

となる。「図と地」の図形と同じで、この場合も、太郎と次郎のどちらか一方が絶対的

に正しいということはない。太郎も次郎も、それなりに正しいのだ。太郎と次郎の世界観は相対的なのである。

相対論のシチュエーションにおいて、「いいや、両方の時計が互いに遅れるなんてありえない。太郎と次郎のどちらか一方だけが正しいはずだから」と文句を言うことは、ちょうど、「図と地」の図形を目の前にして、「いいや、この図形は絶対に花瓶か人間のどちら

図1　白地の花瓶と黒地の横顔は「相対的」であって、どちらの見方が「絶対的」に正しいのか問うのは意味がない

かでなくてはならない。太郎と次郎のどちらか一方だけが正しいはずだから」と言うに等しい。相対的な理論や絵において、絶対的な解釈を求めるのはナンセンスなのである。

よく「相対論は常識に反する」と言われることが多い。私もそのとおりだと思う。常識は日常生活から生まれるものであり、相対論は日常生活から遠くかけはなれているのだから。しかし、残念ながら、相対論の理論構造そのものが、「図と地」の図形のようになっていることは、あまり認識されていないようである。観点を変えれば世界の見え方が変わるだけで、実際は、どこにも矛盾はないのである。「図と地」の図形は、たしかに常識に反するかもしれないが、人間の心理の微妙な影を映し出しているような気がする。ちなみに、白黒図形と相対論の対応関係は（ちょっと不正確だが）、だいたい、

心理学		相対論
色の違い（黒か白か）	～	速度の違い（止まっているか動いているか）
黒白の立場の転換	～	ローレンツ変換

となっている。

2 コンプレックスだらけのツイスター

ツイスターの形

ツイスターは、光の渦巻きである。それは、こんな格好をしている（図2）。ドーナッツ状の渦巻きが無数の入れ子になっていると考えてほしい（ここには四つしか描いていない。中身が見えるように割ってあるが、実際は、外側のドーナッツも閉じている）。タマネギの構造を思い浮かべていただきたい。

この各々の渦巻きの斜めの線に沿ってたくさん（無数）の懐中電灯をおいて、スイッチを入れる。まさに**光の渦巻き**ができるわけだ。そして、渦巻きが全体として、上の方向に光速で飛んで行く。それがツイスターのイメージである。ドーナッツ型の光の渦巻きのタマネギが光速で飛ぶのである。

このツイスターは、ペンローズが発明した数学的なオブジェである。光の渦巻きであることからもおわかりのように、アインシュタインの光の物理学の系譜に属する。

プラネタリウムのツイスター

アインシュタインにしろ、ペンローズにしろ、その思想の根底には、

「光は世の中で特別な存在だ」

という哲学というか信念のようなものがある。

この哲学は、ちょうど、

「地球が動いていると考えたほうが世の中はすっきりと記述できる」

という哲学で地動説を主張したコペルニクスやガリレイの考えに近い。もともと天才というのは単純さと美しさを尊ぶ傾向がある。世界を数式や言葉で記述する場合、凡人は、まわりくどいことを平気でやっているが、天才は、同じことを単純で美しい方法で実現するのである。

光、もっと正確に言えば**「光速」というものを理論の基本にすえると、理論が単純で美しくなる**ことは、物理学をある程度勉強したことのある人なら誰でも知っている。物理的な世界を人間が「見る」のは光や電波やX線を通じてであるし、電子も瞬間ごとには光速で飛んでいる。光速の粒子の方程式は単純で美しいのだ。

昔の人は、空に星がはりついていると考え、空を「天球」と呼んでいた。要するに、現代のプラネタリウムのようなイメージで宇宙を考えていたわけだ。この考え方、ゆめゆめ

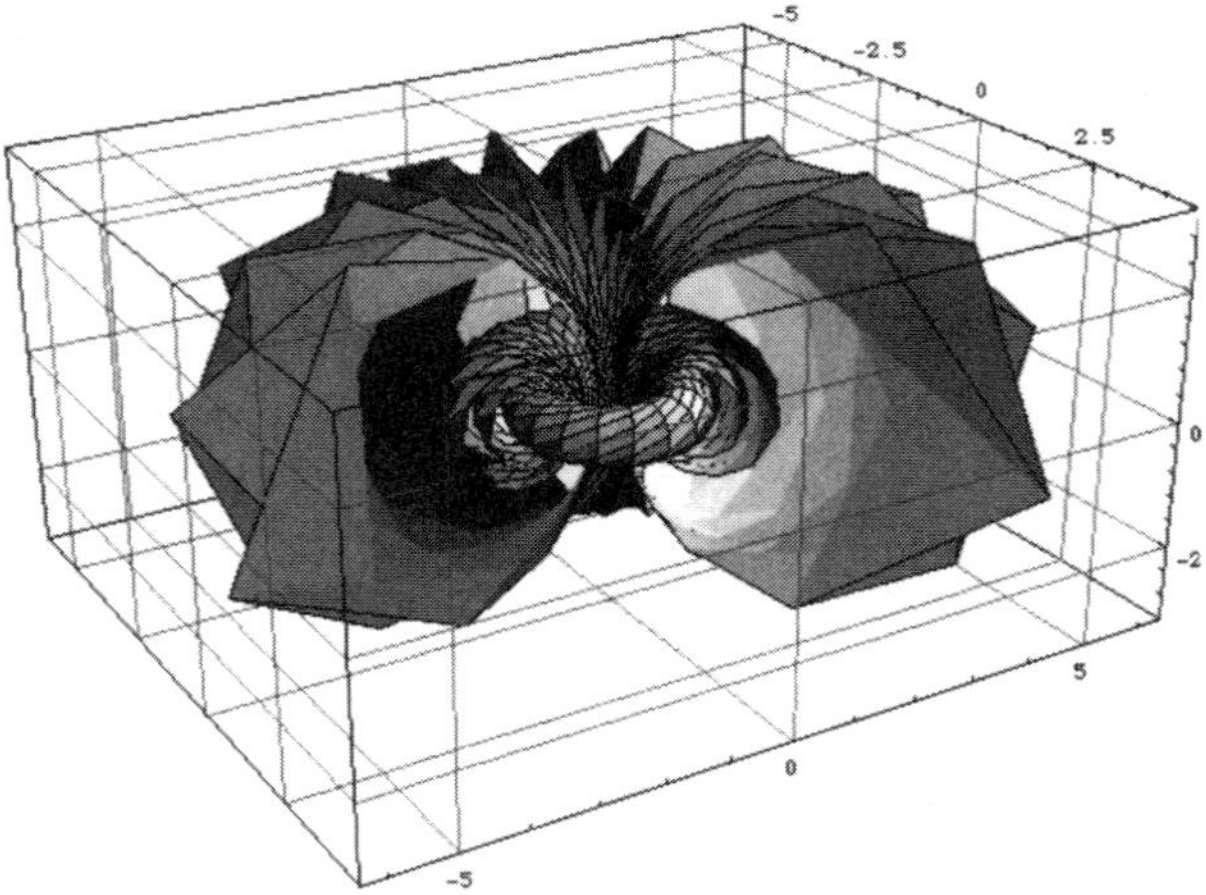

図 2　ツイスターは光の渦巻き

時代遅れなどといって馬鹿にするなかれ。たしかに星が丸天井にはりついているのでないことは現代の常識である。しかし、星から光速で飛んでくる光やX線や赤外線に注目すれば、天球に光点を置く方法は、実際にわれわれが空を観測して見るイメージそのものである。

「光の幾何学」というのをご存じだろうか？　別名、「射影幾何学」。れっきとした幾何学の分野であり、もともと、画家が科学的なデッサンをするところから始まって、光によるものの見え方を幾何学的に追求していくうちに発達した。図工の時間に投影図法を教わった覚えがおありだろう。画家がモデルさんの絵を描くときは、画家の目とモデルの間にあたかも透明なガラスが存在して、その架空のガラスにモデルの見えるままの輪郭を描くようにしてスケッチをすれば、「写真のような絵」ができあがる。

モデルから飛んできた光は、画家の目に達する前に架空のガラスを通る。実際にガラスを置いて、その光の通った点に印をつけることにしよう。三次元ユークリッド空間の中を飛んでいる光は直線である。その直線に対応するのは、ガラス平面上の点である。つまり、**直線の射影は点になる**のである。このようにして、三次元空間の物体をガラス平面にどんどん「射影」（project）していくと、いつの間にか、ガラス平面が物体の射影像だらけになる。ここで、現実の三次元空間の存在を忘れてしまって、ガラス平面だけを考えることにすると、それは物体の光による「影」を扱う奇妙な世界であることに気がつく。

先ほどの「天球」に話を戻そう。画家のスケッチのかわりに、今度は、星の光と天文台を考えればいい。天に架空の球を考え、星からの光が天球を通るところに印をつければいい。三次元空間の直線（光線）は、天球上の点に対応する。ここで地球の存在を無視することにすると、星からの光は、どんどん進んで行って天球の対蹠点を通る。ここにも印をつけよう（例：天の北極点の対蹠点は天の南極点である（図3参照）。余談だが、私は三〇

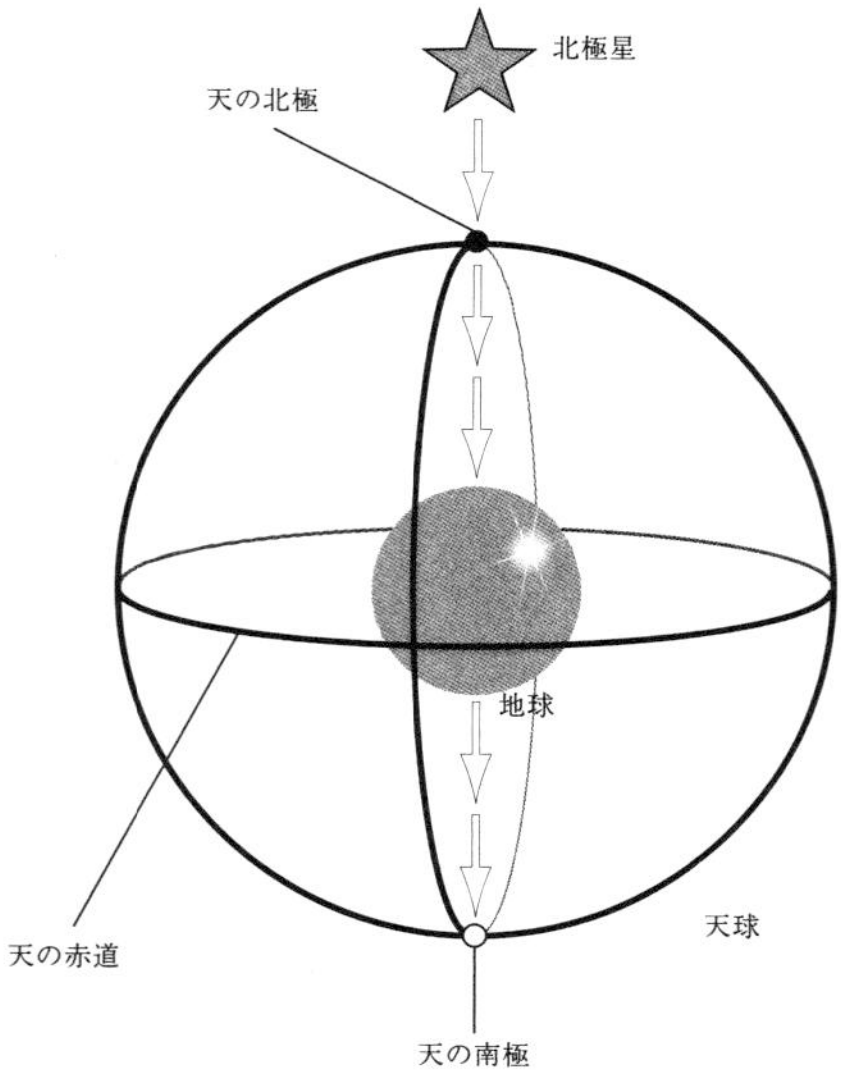

図3　昔の人は天球に星がはりついていると考えていた。現在では、実際に星がはりついていないことは明白だが、天球という考え自体は有用であり、相対論とも関係が深い。天球のある点から見て天球の裏側の点を“対蹠点”と呼ぶ。たとえば天の北極●の対蹠点は天の南極○。対蹠点を同一視すると“射影空間”になる。対蹠点のペアを光線⇨と考えることに当たる。

年間も対蹠点を「たいしょてん」と読んでいたが、どうやら「たいせきてん」も正しいことに最近気がついた)。

さて、この二つの天球上の点は、ともに同じ光線に対応する。同じ光線が天球を突き抜けた点だからである。そこで、この二つの点を「同じ」と考えることにしよう。天球上のある点をその対蹠点と「同一視する」のである。この同一視した天球のことを「射影空間」と呼ぶ。この同一視によって、天球上の点を考えるだけで三次元空間の光線を考えるのと同じことになる。つまり、光は、三次元空間内の直線と考えることもできるし、射影空間内の点と考えることもできるわけなのだ。

ペンローズのツイスターは、光の渦巻きであるから、本来、光を点として扱う射影空間に存在する。数学的な言葉で気取って言うと、ツイスターは、複素射影空間におけるα《アルファ》平面と呼ばれるもののことである。うーむ。このままでは、調子に乗ってどんどん難しくなりそうだ。次節で複素数の話をちょっぴり紹介して、さらにツイスターの「部品」である「スピノール」のイメージを説明して、ツイスターの解説は切り上げることにする。

ツイスターと相対論・量子論

ツイスター理論をやるということは、通常の三次元空間での思考をやめにして、複素射影空間の幾何学ですべてを考えることに相当する。ニュートン力学で方程式を解くのと同じように、あるいは一般相対論でアインシュタイン方程式を解くように、ツイスター理論にも「ツイスター方程式」と呼ばれるものがあって、それを解くわけである。なんでふつうの射影空間でなくて複素数にまで拡張した射影空間が必要かというと、ペンローズが、相対論だけでなく量子論までも全部ツイスターで扱ってしまおうと考えたからである。量子論には、複素数（complex number）、すなわち、コンプレックス数が必然的に登場する。ツイスターはコンプレックスな数と相性がいいわけだ。ペンローズとウォードの共著論文には、次のようにツイスターの心構えが述べられている。

ツイスター理論は、そもそもの始まりから、特殊相対論の幾何学の再構成に基づいている。この再構成の背後にある主な動機は、時空構造と量子力学の間に、既存の理論よりも密接な関係があるべきだ、という考えだ。なぜなら、物理的過程を支配するという観点から、量子力学は相対論に比べて勝るとも劣らないはずだからである。さて、量子論の基本的な特徴は、世界を記述する基本的な数の体系として、複素数の場が実数の場にとってかわる点にある。量子的な重ね合わせは常に複素数の係数によるが、通常は、このことが時空構造と密接に関連しているとは思われていない。しかしながら、ツイスター理論では、複素数が時空構造そのものを決定するための重要な役割を担うのである。

(“Twistors for Flat and Curved Space-Time”, R. Penrose and R. S. Ward, in: *General Relativity and Gravitation*, Vol. 2, ed. A. Held, Plenum Press)

相対論のローレンツ変換は、射影空間（天球！）で考えると非常にわかりやすい。つまり、ローレンツ変換というのは要するに「観測者の視点の変化」のことであるから、その視点の変化にともなって世界の見え方がどのように変わるかが実際に「天球上の星の配置の変化」となって現れるのである。なんだか抽象的なローレンツ変換も、その立場の変換によって世界の実際の見え方がどう変わるかが実感できれば、ある程度、具体的なイメージを抱くことができる。

一つの例として、ほとんど静止している宇宙船の中の次郎（あるいは地球に残っている太郎）からの天球と、一つの星に向かって高速（光速ではない）で進んでいる宇宙船に乗っている次郎の見る天球を、宇宙船の窓の風景として図4に描いてみた。**これがローレンツ変換なのだ！** 高速で動く人には、前方の視野に宇宙全体の星が集まってくるように見えるのである。ということは、後ろを振り返ると、何もない真っ暗な空間が拡がっていることになる。なんとも不気味な光景である（雨の日に電車に乗って窓を見ると、駅では上から下に降っていた雨が、電車が動き出すと斜め前方から落ちてくるであろう。光の「雨」も同じで、動くと前方から「降ってくる」わけなのだ）。

ペンローズのツイスター計画は、光の幾何学を複素数に拡張することによって、アインシュタインの相対性理論と量子力学を統一しよう、という壮大な計画である。一般相対性理論は重力を扱う理論であることから、これは、要するに、**量子重力理論の建設**にほかならない。ペンローズの「ゲーデル的議論」に量子重力という言葉が頻出するのには、このような研究背景があるのである。

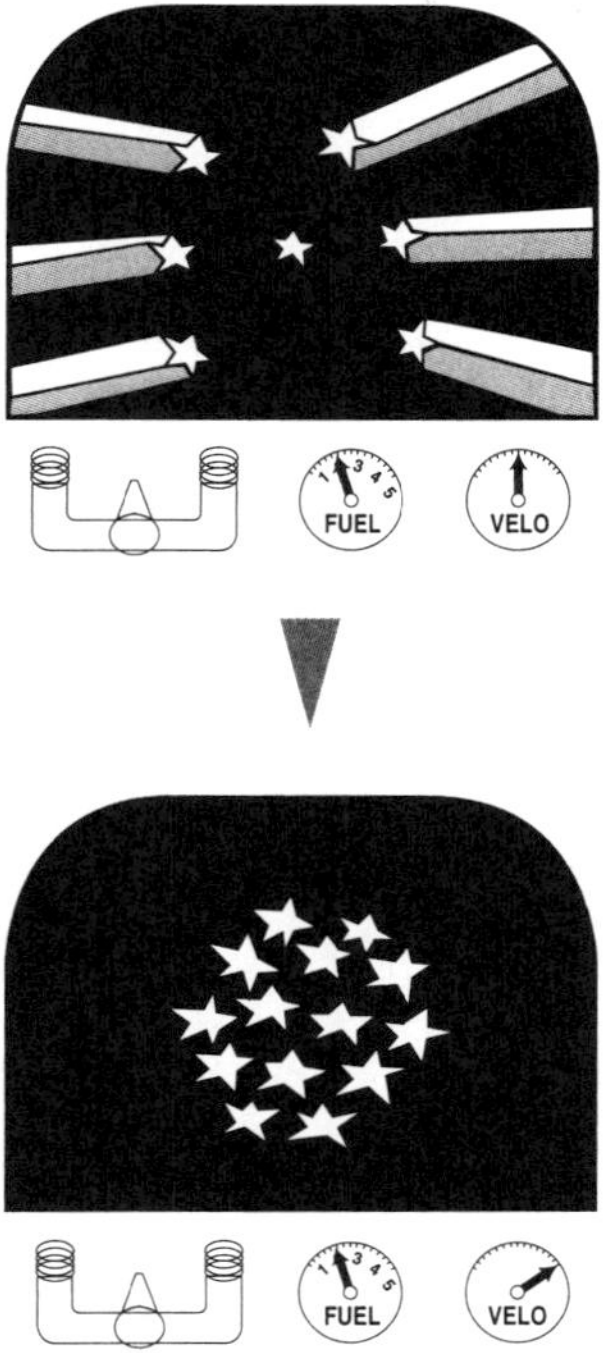

図4　宇宙船の速度が上がるに従い、星が前方に集まってくる。

ツイスターはスピノールからできている

数学的には、ツイスターはスピノールのペアである。ツイスター方程式を満たす二つのスピノールの組みをツイスターと呼ぶのである。そこで、スピノールの説明をしないとツイスターを理解することができないことになる。

スピノールというのはまことに奇妙な数学的オブジェである。ノーベル賞を受賞した朝永振一郎先生に『スピンはめぐる』という名著があるが、そこには、

今日の話はたいへん数学的で、数式ばかり多くて恐縮でした。しかし、なにしろ相手は〝相対論が出てから二〇年〟もの間、だれにもしっぽをつかまえられなかった「神秘的な種族」なのです。ですから、そういう〝薄気味悪い〟やりかたでお話するよりほかに手がなかったのです。おかげで今日はほとほとくたびれました。

（『スピンはめぐる』朝永振一郎著、中央公論社より）

と書かれている。これを読むだけで、スピノールが薄気味悪い存在であることがおわかりいただけるだろう。

さて、スピノールは、一言で言うと、「光の平方根のようなもの」である。もともとは、

電子の回転（スピン）状態を表していて、右巻きと左巻きがある。通常の物体は、三次元空間内で三六〇度回転すると元の状態に戻る。たとえば、よく矢印で表されるベクトルという数学的オブジェは、一回転すると元に戻る。ところが、スピノールは、一回転しても元の状態に戻らないで、**二回転してはじめて元に戻る**奇妙な存在なのだ。これは、要するに、まわりの環境とからみあっていることを示している（図5）。

卵のカラザを例に説明してみよう。三次元空間では、周囲の環境とからみあっている状態は二回転すると元に戻る。卵の殻を周囲の環境と考えれば、黄身は殻とカラザでつながっているから、周囲の環境とからみあっている。そこで、黄身を水平に二回転させてやると、カラザがねじれてしまうような気がするが、実は、ねじれていないことがわかる。つまり、**二回転はゼロ回転と同じ**なのだ！　ここで注意してほしいのは、一回転はあくまでもねじれた状態で、二回転してはじめてねじれがほどけることだ。なんとも不思議だが、これは周囲の環境との関係を考える場合、とても大切なことなのだ。

もう一つの例として、部屋に吊り下がっているランプを考えよう。電気コードで天井から吊り下がっている、ふつうのランプである。そのランプをぐるぐると二回転させてやって、ねじれたコードを、ひょいっとランプの下を通すと、不思議なことに逆回転させてもいないのに、ねじれが解消する。すなわち、天井と電気コードでつながっている（からまっている）ランプは、二回転すると無回転に等しくなるわけなのだ。

スピノールを実感してもらうために、次のような演習をやっていただきたい。

演習

適当な長さのリボンを一本用意する。ねじれのない状態で片方の端を椅子にくくりつける。もう片方の端を持って、右（または左）回りに二回転させる。自分が持っている端がリボンの下をくぐるようにすると、ねじれが解消する。

次に、二回転ではなく一回転のねじれで同様のことを試してみる。すると、今度はねじれたままで、逆回転させないかぎり、ねじれは解消できない。

スピノールが空間とつながっているのと同様、リボンが椅子とつながっているのである。椅子につながったリボンは、空間につながったスピノールを比喩的に表している。

演習

踊りを踊るような格好で、右の掌にワイングラスを載せる。図5を参考に、卵の殻を自分の体に、カラザの部分を腕に、掌を黄身に対応させて考える。掌を一回転させると腕がねじれる。さらにもう一回転させながら、掌を腕の下をくぐらせると、不思議なことに腕のねじれは解消してしまう。これは、フィリピンの民族舞踊で「ビナスアン」と呼ばれ、なんと、スピノールと同じ数学構造を持っている。

スピノールが空間とつながっているのと同様、腕が体とつながっているのである。体につながった腕は、空間につながったスピノールを比喩的に表している。ワイングラスは状況を劇的にするための小道具である。

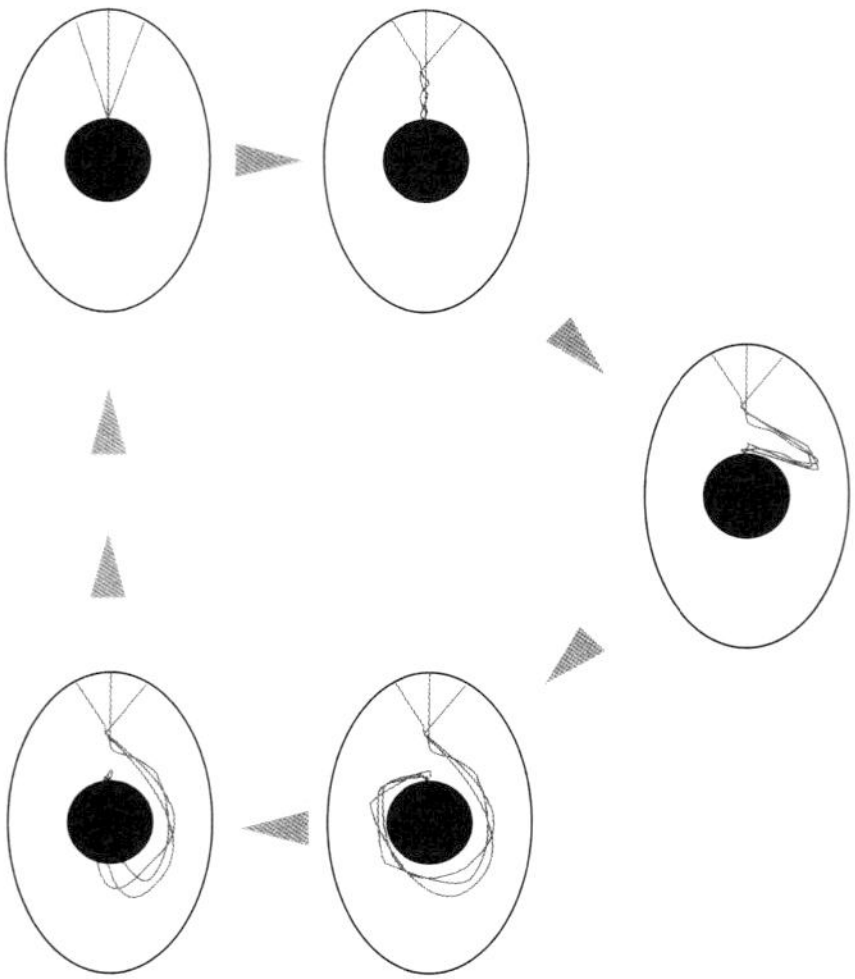

図5　卵のカラザの模式図。黄身を二回転させても、カラザの部分を下からくぐらせるだけでねじれは解消する。これは数学的にはスピノールの二価性と同じになっている。

実地体験にまさるものはない。この演習を実際にやってみれば、物体と周囲の環境との関係、すなわち「つながった」状態は、一回転させるとねじれるが、二回転させるとねじれが解消されて元に戻ることがおわかりいただけるであろう。

矢印で表されるベクトルが一回転で元に戻るのは、それが孤立していて、どこにもつながっていないからである。もしも、ベクトルの矢印からひものようなものが出て周囲とつながっていれば、一回転ではダメで、二回転してはじめてねじれがほどけるのである。実は、光は数学的にはベクトルである。電子は数学的にはスピノールである。そして、ツイスターは、この不可思議なスピノール同士の関係を表している。

朝永先生でさえスピノールについて平易に説明できないのに、私がツイスターを平易に説明できるなどと考えたのが、そもそもの間違いであった。最後に、ペンローズ自身の「ツイスター哲学」を引用して、お茶を濁すことにする。

時空概念のすべてが、より根本的なスピノールの概念から導かれる、という哲学をまじめに追求するなら、なんとかして、時空点そのものが二次的に導出されるような方法を考える必要がある。

スピノール代数だけでは構造が十分でなく、この目的を達成できない。しかし、スピノール代数のある種の拡張であるツイスター代数ならば、実際に時空自身よりも根本的な存在とみなすことができる。それどころか、時空点という概念を介さずに、ツイスターを使ってさまざまな物理概念を直接作り出すことも可能だ。ツイスター理論の目的は、基本的な物理学をツイスターを使って再構築することにある。時空点、曲率、エネルギー・運動量、角運動量、量子化、さまざまな内部量子数を持った素粒子の構造、波動関数、時空場（非線形相互作用も含めて）といった概念はすべて、その完成度と成功度と憶測の度合いに差はあるものの、多かれ少なかれ、根本的なツイスターの概念から構築することができるのである。

（*Spinors and space-time*, Vol. 2, R. Penrose & W. Rindler, Cambridge University Press）

3 量子重力はバベルの塔？

「量子重力」（quantum gravity）という言葉は、ペンローズの書いているものに頻出するし、それこそ、脳の中で量子重力が大きな役割を果たす、というのがペンローズの憶測なのであるが、「量子重力って何？」というのが世の中の九九パーセントの人の抱く素朴な疑問だろう。

私は、ひょんなことから物理学者の道を逸れてしまい、今では「ぶつり」ならぬ「ぷっつり」学者などと呼ばれているが、これでも昔は、きちんと正統派の量子重力理論の研究をしていたので、ここでかいつまんで現状を述べさせてもらうことにする。

量子論と相対論を統一すると

世の中には、物理学の基礎理論が二つある。一般には、それは量子力学と特殊相対性理論だと言われている。しかし、もっと詳しく専門的に言うと、**量子場の理論**と**一般相対性理論**である。量子力学は、量子場の理論の一部だし、特殊相対論も一般相対論の一部だからである。そのほかの理論は、原則として、すべて、この二つの基礎理論のどちらかに属することになる。たとえば、素粒子の標準理論であるワインバーグ／サラムの理論もゲルマンのクオーク理論もファインマン／シュヴィンガー／朝永の繰り込み理論も湯川の中間子理論も、すべて量子場の理論の一分野と考えることができる。同様に、ビッグバン理論をはじめとする宇宙論の多くは、一般相対論の一部である。一般相対論では、「アインシュタインの等価原理」というものがあって、重力と加速度は同じ（区別できない）とされるため、一般相対論は、別名「重力理論」とも呼ばれる。重力というと、すぐにニュートンの重力を思い浮かべるが、ニュートンの重力は、一般相対論の一部になっている。この二つの理論は、それぞれ守備範囲が違う。

量子場の理論の守備範囲↓素粒子論などのミクロの世界
一般相対性理論の守備範囲↓宇宙論などのマクロの世界

さて、ここで問題になるのが、この二つの基礎理論の関係だ。最終的には、一つの基礎理論ですべてを説明したいから、この二つの理論が、うまく融合してくれれば好都合だ。そうすれば、われわれはいわゆる「万物の理論」(Theory of Everything、略してTOE)を手に入れることができる。量子場の理論と重力理論の融合なので、「量子重力理論」(quantum gravity theory) というわけだ。

ここで、ニュートン理論の立場を考えてみると、非常に奇妙なことが起こっていることが判明する。今述べたように、ニュートン理論は、一般相対論の一部であるが、実は、量子場の理論の一部でもある。だから、ニュートン理論は、二つの基礎理論の共通部分だということができる。イメージとしては、

二つの基礎理論のツインタワーがそびえ建っているが、二つのタワーの行き来は、一階部分の細い渡り廊下でしかできない

というのが今の物理学の現状なのだと言えよう。「量子」という名のタワーと「相対論」という名のタワーが、「ニュートン理論」という名の地上の渡り廊下で細々とつながっているわけである（実際は、一階だけでなく二階部分もつながっている。一般相対論の二階部分が「特殊相対論」になっていて、そこは量子タワーとうまくつながっている。この二階部分の渡り廊下が「特殊相対論的量子力学」と呼ばれていて、電子のディラック方程式やワインバーグ／サラム理論が含まれる。しかし、それ以上、上の階にはきちんとした渡り廊下は建設されていない）。

それでは、ペンローズのツイスター理論がやろうとしていることは何か？　それは、一階と二階部分だけでは、行き来に不便なので、最上階の屋上にも架け橋を設けよう、というものだ。つまり、

「量子論」タワーと「相対論」タワーの屋上を架け橋で結ぼうというのが「量子重力」理論の試み

なのである。

この計画は、非常に難航している。何が問題かというと、この二つのタワー、あまりに高すぎて、最上階のほうは雲に隠れてよく見えないのである。二つのタワーの守備範囲も

大きく違っている。一方は素粒子のミクロな世界だし、もう一方は宇宙のマクロな世界である。

量子重力はなぜ必要か?

どうしてこの二つのかけ離れた世界をつなぐ必要があるのだろう?

それには二つ(三つ?)の主な理由がある。一つは、初期宇宙(early universe)である。太古の昔、まだ宇宙が素粒子よりも小さかった時代に何が起こっていたかを説明するには、宇宙レベルを説明する一般相対論と素粒子レベルを説明する量子場の理論の両方が必要なのだ。初期宇宙を理解するには、二つの理論を統一しなくてはいけないのだ。もう一つは、ブラックホール(blackhole)の存在である(ブラックホールについては、すぐ後で解説する)。そして、もう一つ、ペンローズが主張しているのが、意識の説明である。脳と心の問題に量子重力が本当に必要なのかどうか、私はかなり懐疑的である。だが、「あの数理物理学の天才ペンローズが主張しているのだから、もしかしたら……」という気もするのである。この最後の分野については、正直言って、ちょっと私には判断がつかない。

量子重力が必要な主な理由→①初期宇宙　②ブラックホール　③意識（？）

ひも理論もあるでよ

実は、ペンローズのツイスターの他にも量子重力建設の有望な試みはある。それがひも理論（string theory）である。そして、最近、超ひも理論で大きな理論的な進展があった。ひも理論には何人かのスーパースターがいる。数学のノーベル賞と呼ばれるフィールズ賞を受賞したエドワード・ウィッテン、第三量子化などの研究で有名なアンドリュー・ストロミンジャー、若き天才カムラン・ヴァッファをはじめとする面々である（この第三量子化というのは宇宙のトポロジーが不確定になる面白い理論だ。ちなみに、第一量子化というのはふつうの量子論のことで、第二量子化が量子場の理論のことである）。

ここでは、ブラックホールに話を絞って解説しよう（ひも理論の概要と初期宇宙については、拙著『超ひも理論とはなにか』講談社ブルーバックス、をご覧ください）。

ブラックホールは宇宙にポッカリとあいた黒い穴である。ブラックホールは、通常、一般相対論を使って理論計算がなされる。さて、このブラックホールに量子論を適用したらどうなるかを最初に考えたのがベケンシュタインであり、後にホーキングの詳細な研究によって非常に有名になった。量子論には、ユニタリティーという大原則がある。量子論は確率の理論なので、個々の出来事が起こる確率が計算できる。ユニタリティーの大原則というのは、**すべての出来事が起こる確率を足したら1になる**ということだ。確率の計算では、すべての可能な場合の確率を足して一〇〇パーセントになってくれないと困ってしまうから、このユニタリティーの大原則は基本的だ。ところが、ブラックホールは、あらゆる物質を吸い込むが、何も吐き出さない「黒い穴」であるから、ユニタリティーが破れてしまう。つまり、物質が中に入っていく確率と外に出ていく確率を足してはじめて一〇〇パーセントになるのに、入る一方で何も出てこないのだから、物質が外に出ていく確率の分だけ足りないのである。そこでホーキングは次のように考えた。

> 量子論のユニタリティー原則からすると、ブラックホールからも少しは物質が出てこないと困る

つまり、量子論の原則からすれば、ブラックホールの色は完全にブラックではなくて、グレーなのである。「グレーホール」でなくてはいけない、ということである。グレーホールという呼び名は広まっていないので、とりあえず、ブラックホールという言葉を使い続けよう。

ホーキングは、さらに考えを進めて、ブラックホールの温度とエントロピーの関係を考

えた。エントロピーというのは、一口で言うと「乱雑さの度合い」であり、通常、温度が低ければ低いほどエントロピーも低い。たとえば、固体と気体を比べると、温度の低い固体のほうがエントロピーが低くなる。

ここで、奇妙なパラドックスが持ち上がった。

パラドックス→ブラックホールの温度は非常に低いのに、エントロピーは高い

通常は、温度が低ければエントロピーも低いはずなのに、どういうわけか、ブラックホールのエントロピーは非常に高いのである。ふつうの星のエントロピーと比べて、ブラックホールのエントロピーは異常に高いのである。ホーキングによるエントロピーの見積もりは、半古典的計算法と呼ばれる手法でなされており、完全な量子論の計算ではなかった。だから、「そもそも、ブラックホールには量子論は適用できないのではないか?」という人々と、「いや、この温度とエントロピーの関係は、一見、常識に反するようだが、見積もりは正しいはずだ」という人々が論争を続けていた。

この問題は、一九九六年の六月になって、ひも理論の計算を駆使することによって、ストロミンジャーとヴァッファによって解決された。量子論と一般相対論を統一するひも理論は、計算が難しいのが玉にきずなのだが、二人の天才的な数学能力によって、ブラック

ホールの完全に量子論的な計算がなされたのである。その結果は、ホーキングによる見積もりが正しい、というものであった。

なんだ、計算のこまごまとした話か、などと言わないでほしい。一般相対論の守備範囲に属するブラックホールの計算が量子論によって完璧に遂行されたということは、先ほどの架け橋のたとえで言うならば、

「相対論」タワーの屋上からホーキングが突き出した竹の棒に、「量子論」タワーの屋上から伸びていた建設中の「ひも理論」の架け橋がぶつかった

という快挙なのだ。あるいは、山の両側から掘り進んでいた仮のトンネルがまん中で貫通して光明が見えた、という感じかもしれない。

展望台からの見晴らしは

私は、ひも理論は純粋数学の分野に昇華してしまった、と思い込んでいたが、昨年（一九九六年）の展開を見るかぎり、どうやら、また物理学の花形に復活するきざしも出てきた。とはいうものの、奇妙なことに、ひも理論は、物理学界全体から見ると、かなりの嫌

われ者である。私自身、留学先から日本に帰ってきて以来、物理学や哲学の先生たちから「いやに理論づいてしまったな」とか「もっと地に足のついたことやらんと一〇年は就職できないぞ」などとさんざん皮肉を言われた覚えがある。私は、もはや、ひも陣営の人間ではないが、昔の仲間のために、いくつかの「言い訳」をしておきたい。

●言い訳その一　「量子力学の点概念をひもに拡張するだけで、数学的な整合性から必然的に重力が出現して、低エネルギー近似でアインシュタイン方程式に帰着するのは、まるで魔法のようでもあり、きわめて美しい構造である」

●言い訳その二　「よく、実験も計算もできない、と批判されるが、ブラックホールの量子状態を具体的に数えあげてエントロピーを第一原理から計算できた理論は、今のところ、ひも理論以外にない」（注：今では他にループ量子重力でブラックホールの量子状態が計算できるようになった）

●言い訳その三　「〝万物の最終理論〟という言葉は、かなり評判が悪いが、ひも理論の理論家たちの多くは、重力を含めた四つの力を数学的に統一したい、という純粋に数理物理学的な目標をイメージしているように思われる」

とにかく、ひも理論の構造は、ゲーテの詩に接したときのような荘厳な美しさを備えている。今のところ、これといった矛盾も露呈していない。たしかに計算は難しいが、これまでの他の試みがすべて「何を計算しても無限大に発散してしまう」という難問を抱えていたことを思えば、発散が存在しないひも理論は救いの神なのである。また、いったん完成してしまえば（量子電気力学のファインマン図のように）、計算を非常に簡単にする方法が出てきて、誰でも計算できるようになるはずだ。

最後に、ペンローズのツイスター理論との関係だが、私は、最終的に量子論と相対論の架け橋が完成した暁には、ひも理論のアプローチとツイスター理論のアプローチは一致するものと考えている。ひも理論もツイスター理論もともに数学的にきわめて美しい理論であり、そのどちらか一方だけが正しくて、もう一方は間違っているなどということは考えられないからである。

ただ、両陣営とも、相手の理論の詳細には目が届かないために、互いに牽制しあっているようではあるが。

ホーキングの半量子重力という名の竹の棒は「相対論」タワーから出ていて、けっこう長いが華奢《きゃしゃ》である。ペンローズのツイスター理論という名の架け橋も「相対論」タワーから伸びているが、頑丈なだけに、まだまだ工事半ばで長さが短い。ウィッテン、ストロミンジャー、ヴァッファらのひも理論という名の架け橋は「量子論」タワーから出ていて、工事もかなり進んでいるが、ようやくホーキングの竹の棒の先っちょに到達しただけである。

私は、近い将来、ツイスター理論とひも理論の架け橋がつながって、素晴らしい展望が開けることを切に願う者である。くれぐれも、新宿にある「バブルの塔」や古代バビロニアの「バベルの塔」の二の舞にはならないように！

4　ゲーデルの不完全性とペンローズ

この項目は、もっと詳しい茂木健一郎の解説「ツイスター、心、脳――ペンローズ理論への招待」の「前座」としてお読みください。

論理と理論はどう違うか

テレビでニュースを見ていたら、人気キャスターの久米宏さんが、

「論理的、え〜理論的？」

とのたもうた。日本語の論理と理論は、逆さ読みの関係にあって、たしかに紛らわしい。誰でも、つい、こんがらがってしまう。場所代がショバ代になって、ゴメンがメンゴにな

る ご時世だから、論理が理論になってもなんら不思議ではない。

論理は英語ではロジック（logic）であり、理論はセオリー（theory）だ。つまり、論理は「筋道が通っていること」であり、理論は「うまくやる方法」のことである。たとえば、巨人の長嶋監督の采配は、あまり論理的ではなかったかもしれないが、理論的ではあった。その証拠に、長嶋監督の口癖は、セオリーであって、ロジックではない。

筋が通るからといって、必ずしもうまくいくとは限らないから、論理と理論は、あくまでも別なのである。

なんでこんなことをグダグダ書いているかというと、論理と理論の区別こそがゲーデルの定理を理解する第一歩になるからなのだ。

私は、大学のとき、授業でゲーデルの定理を教わった。授業では、数学者の難波完爾先生と本橋信義先生が、難解な集合論から数理論理学の話題までを講義され、私は、文字通り、頭がパニックになって「煙に巻かれた」状態であった。しかし、出来の悪い私でも、いくつか覚えていることがある。それは、

「ゲーデルの不完全性定理は、**論理ではなく、理論**についての定理である」

ということだ。ゲーデルは、理論というものは不完全だ、と言っているのであり、論理が不完全だ、とは言っていない。

野球を例にとれば、ゲーデルの言っていることは、

完全に勝つことができる野球理論は世の中に存在しない

ということになる。ゲーデルはオーストリア生まれで、野球はあまり知らなかっただろうが、数学理論はよく知っていた。ゲーデルが証明したのは、

世の中に完全な数学理論は存在しない

ということなのだ。

もっとも、これだけでは、なんのことか、さっぱりわからない。「完全」というのがどういうことなのか、まだきちんと定義していないのだから。

野球の完全試合には、ちゃんとした定義がある。ノーヒット・ノーランは偉大だが、四死球を出せば、もはや完全ではないから、四死球もヒットも何もない場合だけを「完全」と定義する。数学理論の場合も同じであって、何が完全で何が不完全なのかを、ちゃんと定義してやらなければいけない。

そこで、ちょっと言語学の考えが必要になるのです。

言語学なんか怖くない

言語学では、よく「意味論」と「構文論」の違いを問題にする。意味論は英語ではセマンティックス（semantics）だし、構文論はシンタックス（syntax）である。もっとくだいて言ってしまうと、ふだん何気なくしゃべっている会話と学校で教わる文法規則の違いのようなものだ。

よく話題になる例に、「ら抜き言葉」というのがある。文法的には正しくても、誰もほとんど使わない言葉遣いもある。例としては、

眠られる、着られる

などである。ふだんは、「ら」を抜いて、

眠れる、着れる

と言ってしまう。でも文法的には「ら」を入れたほうが正しい。実は、これは発音で決まる文法規則である。「れる」の直前は「あ」段になって、発音としては、常に「A－RERU」となるのだ。だから、「行く」に「れる」をつける規則は、「行かれる」となる。

そういえば、音に敏感なミュージシャンは、文法なんか気にしないようでいて、不思議と「ら」をつけてしゃべっているではないか。

逆に、みんな使っているけれど文法的には正しくない言葉遣いだってある。

違かった

などが典型的な例だ。「かろ、かっ、く、い、い、けれ」というのは形容詞の活用なので、「違う」という動詞には文法的にはくっつかない。タキシードにゴム草履を履くようなもので、なんともちぐはぐだ。正しくは、

違った

と言うべきなのだ。でも、意味は誰にでもわかるから、別にうるさく言う必要もないし、文法的には変だと知っていてわざと使う人だっている。

話が脱線しかかっているが、要するに、**意味的に正しい（理解可能な）ことと構文的に正しいこととは微妙にズレている、**ということだけ確認したかったのである。

さて、数学にも意味論と構文論の違いがある（数学も一種の言語なのだから）。数学では、意味論的に正しいことを「真」（true）と言い、構文論的に正しいことを「証明可能」（provable）と言って区別している。真の反対は偽であり、証明可能の反対は、証明不可能という。

この解説では、

「真」のかわりに「正しい」
「偽」のかわりに「間違っている」
「証明可能」のかわりに「計算可能」
「証明不可能」のかわりに「計算不可能」

というような言葉遣いもする。

日本語や英語と同じで、数学言語においても、真と証明可能とは微妙にズレている。このズレを厳密に証明してみせたのがクルト・ゲーデルであった。

数学における「完全」(complete)の定義は、「真なる命題は、必ず証明可能だ」というものだ。つまり、意味的に正しければ構文的にも正しいのが完全な数学理論というわけだ。もしも、**真だけれど証明不可能な命題**が存在すれば、もはや完全ではない。すなわち、不完全(incomplete)ということになる(「命題」というのは真偽が決まる文章のこと。「私は三六歳で独身だ」というのは命題だが、「私は誰? ここはどこ?」という疑問文は真偽が決まらないから命題ではない)。

ここまでの話をまとめてみよう:

野球では、四死球を一つでも出したら完全ではなかった。

数学では、真なのに証明できない文が一つでも存在すれば完全ではない（図6）。

ゲーデルの不完全性定理の凄《すご》さ

数学理論において、真なのに証明できない事柄が存在するというのは、世界の数学者にとって大きなショックであった。これは、いってみれば、いくらがんばっても野球の完全試合はできない仕組みになっている、というようなもので、もしもそんなことがあったら、「いつかは完全試合をやってやろう」と考えているピッチャーたちには大きなショックであろう。同様に、「いつかはすべての数学的真理を証明してやろう」と考えていた数学者たちの落胆は察してあまりある。なにしろ、いくらがんばっても、完全な数学理論はつくることができないのだから。

ゲーデルは、数学者の夢をこっぱみじんに打ち砕いた男なのである。

もっとも、ものは考えようで、もっとポジティブに、

「なに、そんなに落胆する必要はないさ。数学理論の理論の内部では証明できないことが存在するだけのことで、その理論を外部から観察しているわれわれ人間には、それが真であることはわかるのだから、影響はない。それどころか、理論に基づいて完全なコンピューターのプログラムを書いたら万事うまくいくのであれば、いつかは人間が必要でなくな

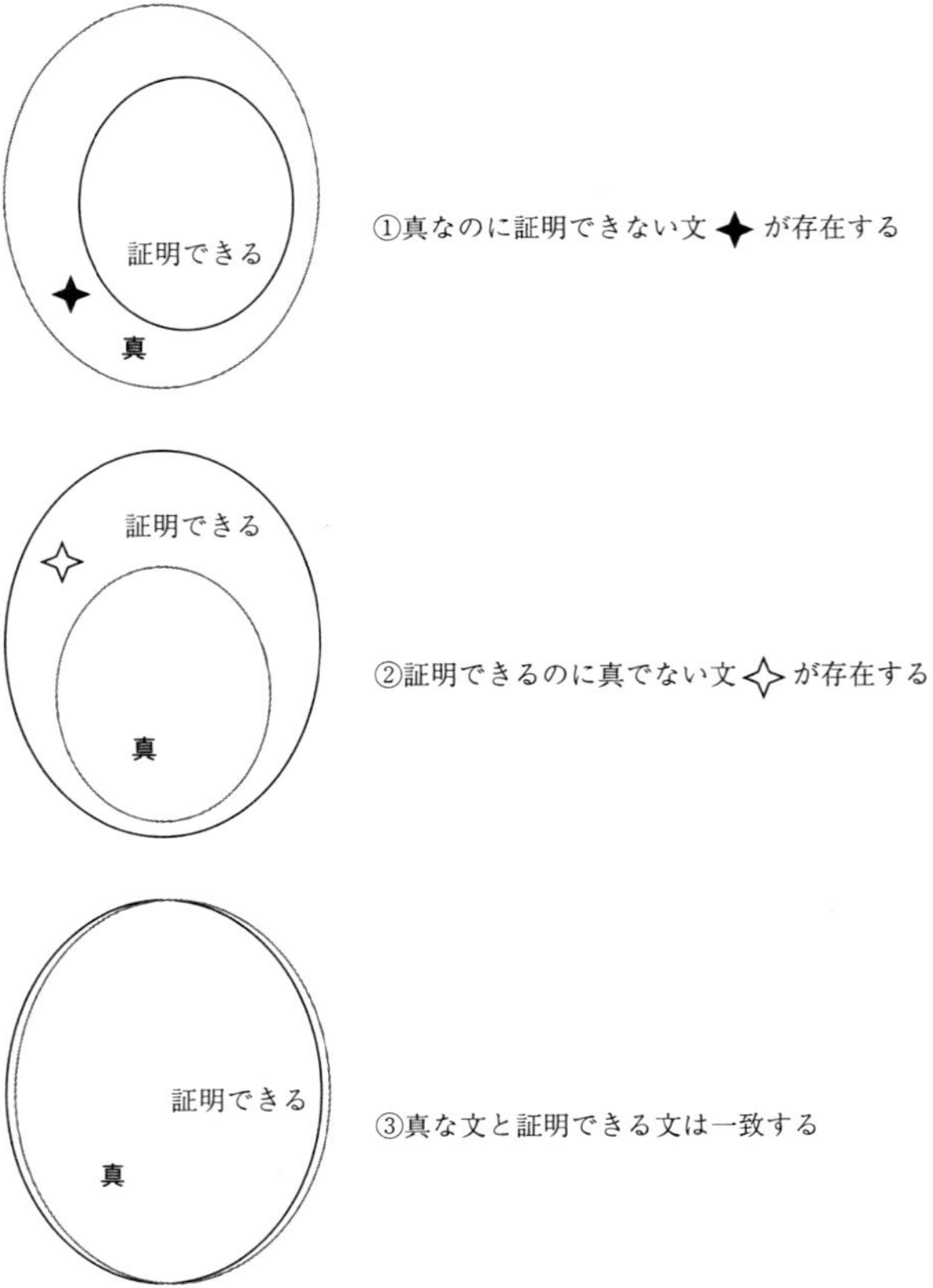
証明できる
真
①真なのに証明できない文✦が存在する
証明できる
真
②証明できるのに真でない文✧が存在する
証明できる
真
③真な文と証明できる文は一致する

図6　「真」と「証明」の関係

ってしまうかもしれないから、かえって人間の存在意義が確認されてめでたしめでたしだ」

と思えばいいのかもしれない。

実際、**理論の不完全性と計算不可能性は、ほぼ同義語**であり、ゲーデルの証明したことは、

「世の中にはスパコンでも計算できないことがあるのさ」

ということだと思っても差し支えない。

ペンローズによれば、人間の脳は単なる計算機以上の何かであり、たとえば人間の意識は計算不可能だという。だが、世の中には、人間の脳は単なる計算機である、と言い切る人たちもいるのだ。いわゆる「強い人工知能学派」(Strong AI)の面々である。この本のペンローズの「反論」は、この強い人工知能学派を念頭において書かれている(もちろん、論評者がみんな強い人工知能学派というわけではないが)。

次に、計算不可能性との関連で、ペンローズ・タイリングについて少し述べたい。

ペンローズ・タイリング

自然界には厳密な五回対称性は存在しない。どういうことかというと、自然界に存在す

る結晶構造などの幾何学的図形は、さまざまな対称性と周期性を持っているものの、なぜか周期的な五角形は存在しないのである。周期的というのは、結晶がどんどん繰り返して成長していくということで、同じパターンが繰り返し現れる、ということである。周期的な五回対称の結晶が存在しないことは、結晶学の常識である。

ところが、ペンローズは、

「たしかに世の中に周期的な五回対称の結晶は存在しないが、準周期的な結晶ならあってもおかしくない」

と主張して、実際に、「ペンローズ・タイル」(Penrose tiling)と呼ばれる五回対称の平面充填《じゅうてん》モデルを提出した。「タイル」というのは、要するに風呂場のタイルのことであり、「平面充填」というのは、平面に隙間なくタイルを貼り付けていく作業のことである。

さて、ペンローズは、何種類かの図形ピースを「繰り返さないで」貼り付けたらどうか、と考えた。凡人は、あまりこのような発想はしないものだが、天才は一味違うわけである。図7は、マセマティカで描いたペンローズ・タイルだ(ちなみに、マセマティカというのは数式処理と数値計算の両方をこなすコンピューター・プログラムで、天才スティーヴン・ウルフラムがつくりだした。外国には天才が多いねえ。どうして日本はダメなんだろう)。

このペンローズ・タイルの面白い点は、その**計算不可能性**にある。いくつかの多角形の図形ピースが与えられたとき、そのピースを用いて平面が充塡できるかどうか（タイル問題）を決定する計算アルゴリズムは存在しないのである。もっと詳しく言うと、一九六一年に証明された次のような定理がある。

定理 周期的な充塡方法が存在するならタイル問題は決定可能（Wang）

また、一九六六年には、

定理 タイル問題は決定不可能（Berger）

ということも証明された。ということは、周期的でない充塡方法、すなわち、非周期的なタイリングが存在することになる。

ペンローズの五回対称の準結晶は、三六〇度を5で割った、七二度の回転によって全体の模様が「あまり」変わらない。「準」がついているのは模様が「あまり」変わらないから。通常の結晶は、二、三、四、六回の厳密な対称性を持っている。すなわち、一八〇度、一二〇度、九〇度、六〇度の回転で全体が不変なのだ。

ペンローズ・タイリングの今一つの面白い点は、その非局所性にある。タイルを貼り付

図7　ペンローズ・タイル

けていく作業は、局所的に近くだけを見ていてはダメで、大局的に遠くまで見ながらうまく貼り付ける必要がある。いわば、情報が拡がって分散しているのだ。たとえば、CDがこのような大局的な情報構造を持っている（準結晶ではないが！）。CDの一部を局所的に傷つけても、音楽がとぎれることはない。音楽情報がある程度拡がって記録されているために、局所的な一点が破損しても大丈夫なのである。あまりおすすめできないが、CDにわざと線のような傷をつけると音がよくなる、という話がある。事の真相はさだかではないが、少し傷がついていても音が飛ばないことは確かだ（注・傷のつけ方によっては音が飛ぶこともあるので、真似しないでください。保証の限りではありません）。

実は、量子力学でも、この非局所性が問題になることがある。遠く離れた粒子同士が「つながっている」ような奇妙な状況が量子力学にはある。もしかすると、ペンローズの頭の中では、量子重力理論と脳とタイル問題が互いに関連しあっているのかもしれない。非局所性、計算不可能性、意識と創造性は、どこか深いところで密接なつながりを持っているのだろうか？

以上で、私の「前座」の解説は終わりです。やれやれ、前座が引っ張りすぎると客席がしらけるんですよねえ。まったく。反省！（反省猿のポーズを御想像ください）

次は、いよいよ、お待ちかね、「真打ち」ペンローズご本人の登場。

ジェーン・クラークによるペンローズのインタヴューで、『心の影』の内容をおおまかに解説した格好となっている。一般に、書き言葉より話し言葉のほうが簡単で理解しやすいので、このインタヴューは、ペンローズの思想への入門として最適だ。ただし、途中で一箇所、筋がわかりにくいところがあるので、先に、「影への疑いを超えて」の3節の冒頭の「まとめ」に目を通しておかれると、よりスムーズに理解が進むかもしれない。

ペンローズ・インタヴュー

聴き手　ジェーン・クラーク

クラーク　『皇帝の新しい心』（*The Emperor's New Mind*, 邦訳・みすず書房）は分厚いだけでなく内容も詳細を極めた本でした。あれから五年もたたないうちに意識についての本をもう一冊お出しになったのは驚きです。

ペンローズ　そうですね、実は私も、また意識の本を書くことになろうとは考えていませんでした。言うべきことは『皇帝の新しい心』で言い切ったつもりでしたから。『心の影』（*Shadows of the Mind*, 邦訳・みすず書房）を書いたのは、いろいろと誤解が生まれたからなんです。私の見解の核心であるゲーデル的な議論についての誤解が多いのです。ゲーデルの議論については、『皇帝の新しい心』ではざっとしか触れられなかったもので。

まあ、今回の本も前に劣らず誤解されるでしょうが。なぜ、われわれの思考は単なる計算でないのか？　それを理解するにはゲーデルの定理が欠かせないのですが、十分に述べることができなかったし、人々の反論についても深く考えていなかったのです。本の出版後に噴出したさまざまな批判のほとんどは、なにがしかの誤解に基づくものでしたから、私としては、誤解を正したかった。たぶん、一番大きな理由は、私の議論に納得できない人が大勢いる、と感じたからでしょう。

　こうして二冊目の『心の影』ができたのですが、この本には三つのポイントがあります。まず第一に、量子力学の状態の収縮（state reduction）です。この問題に対する私の考えは、『皇帝の新しい心』執筆時からいくらか変わってきています。第二に、前は知らなかったマイクロチューブルなどの話が盛り込まれています。『皇帝の新しい心』で一番自信がなかったのが、ホントに神経信号が量子力学的に扱えるのかどうか、という点でした。

　スチュアート・ハメロフが手紙をよこして、マイクロチューブルがシナプスの強さをコントロールしている話を教えてくれたので、私は、脳の中で実際に量子的な効果が起こっていることに確信を持つようになりました。

　第三に、ゲーデルの議論を全面的に書き換えたことです。議論も深くしましたし、新しい議論も登場させました。ゲーデルの定理に依存するのは前と同じですが、より強力になっており、意識が計算にすぎない、と主張する人々への強い反論になっていると思います。

クラーク　その議論の要点をまとめていただけますか？

ペンローズ　お安い御用です。もともとゲーデル型の議論[原注1]では、いわゆるトップダウン方式の人工知能がダメなことを示しました。トップダウン方式というのは、コンピューターのプログラムに、あらかじめ、特定の明らかな規則が書き込んである場合を指します。

私は、数学的な理解力（understanding）というものは、そのような特定の明らかな規則（数学的信条）には帰着できないのだ、と主張したのです。しかし、アルゴリズムに従いつつも、規則が明示されない〝無意識的〟なプログラム方式の可能性については論じませんでした。

そこで、今回の新しい議論では、未来の仮想的な状況を想定しました。奇跡的に知的な人間が、人間の活動を完全にシミュレートできる人工知能（ＡＩ）のロボットを訓練する話です。このロボットに組み込まれているプログラムは、積み上げ方式（bottom-up）、トップダウン方式、自然淘汰などあらゆる方式を網羅していて、もしかすると、出来の悪いロボットを殺す機構も含まれているかもしれません。

クラーク　つまり、単なるデジタル製品ではない、経験から学ぶことのできるロボットということですね？　ちょうど、ジェラルド・エーデルマン（Gerald Edelman）が作っているような……

ペンローズ　そうですね、依然としてコンピューターであることには違いないんですが。今日の意味でのコンピューターです。でも、ニューラル・ネットのような学習機能も備えているし、ファジー論理など、あらゆるものが入っているわけです。

さて、ポイントは、このような機能を全部働かせるためには、それも計算として働かせるためには、最初にいくつかの規則が必要な点なんです。原理的には、これは数学的な形式システムにほかなりません。だから、ロボットたちは、その定理を絶対の自信をもって保証することができるのです。絶対的な「定理」には☆印でもつけて区別しておくのがよいでしょう。なにかエリートのロボットの学会のようなものが存在して、このようなつけいる隙のない（unassailably established）定理を決定する状況を思い浮かべてください。

クラーク　つまり、彼らの仮定というかプログラムの中の前提を保証するわけですか？

ペンローズ　ええ。OK、これとこれは定理として受け入れるよ、というための何らかの規則が必要なわけです。ロボットたち自身が自分たちの規則を決めるのです。問題は、このような規則を決めることによって、正確な形式システムができあがったことです。なにしろ、OK、この命題は確かだ、といって☆印をつけたものは形式システムの定理ですから。これは計算システムだし、システムの定理があって、論理結合子（「かつ」、「または」等）を使えば定理を組み合わせることもできる。まさに形式システムそのものですよ。もちろん、このような高度のシステムをつくるのは難しいはずですが、それは論点とは関係ありません。ポイントは、このロボットの学会がある種の形式システムだという点です。

さて、私の議論にはいくつかのステップがあります。ここで立ち入らない問題の一つは、「誤り」の問題です。ロボットたちは時々間違うかもしれませんが、そうすると議論が複雑になってしまうのです。そこで、この問題はひとまずおいておいて、第一のステップとして、この形式システムについてのゲーデル文をつくってロボットたちに見せて、そのゲーデル文を信じるかどうか訊くのです。

すると、ロボットたちは、「さあ、そのゲーデル文は必ずしも受け入れることができない。なぜなら、われわれの人工頭脳の規則から導かれるかどうかわからないから。もし導かれるなら、受け入れて☆印をつけてあげるが、わからないのだから☆印をつけて学会の保証を与えることはできない」と答えることでしょう。

ここまでは何も矛盾はないから問題ない（訳注：以下の議論は少しわかりにくいので、まず、本書の「影への疑いを超えて」の第3節の冒頭の背理法の解説をお読みください。ロボットの学会は、そこではFという記号で表されており、議論の骨子がまとめてあります）。

さて、次のステップとして、今度はちょっと違うタイプのゲーデル文をつくります。今までロボットたちが無条件で保証していた数学的な文（命題）より範囲を拡げるのです。すなわち、「もし、君たちが次のようなメカニズムによってつくられたなら、その知識から、あなたはどのような数学的な命題を導くことができますか？」という質問に対する返答として出てくるような数学的命題を含めるのです。範囲を拡げたからといって、含まれる数学的命題があいまいになることはありません。そこで、ロボットたちにこう訊くのです。「これらの規則に従って君たちがつくられたという前提（仮定）から、どのような、つけいる隙のない導出ができるだろうか？」。そして、追い打ちをかけるように、彼らの目の前で、彼らのゲーデル文をつくってやるのです。すると、矛盾が生じてしまう！　ちょっと話は複雑なのですが、最終的に、ロボットたちは、自分たちがこのような規則に従ってつくられたはずはない、という結論に達する。この議論は、どんな規則を使っても同じように当てはまります。

ここで、今の議論をロボットでなく人間に当てはめたらどうなるか。その場合、規則がわかっていないということよりも、むしろ、規則が計算的でないかもしれないことなのです。今の議論は、計算的な規則だけにしか当てはまりません。

クラーク　つまり、このロボットたちは自分たちの公理（axioms）を理解することができないのですか？

ペンローズ　これは一種の背理法（reductio ad absurdum）なのです。私は、もし、人間と同じような理解力を持ったロボットをつくったらどうなるかを示そうとしたのです。ゲーデルの定理は基本的には理解力についての定理です。ゲーデルの定理は、一つの形式システムからそのシステムの外へ出る方法を教えてくれます。システムの発言をもとにして。この定理は、記号の「意味」についての質問に関係していて、計算システムには「意味」という次元は存在しないのです。計算システムには、従うべき規則があるだけ。数学では、記号の意味を理解して、形式的な規則を超えて、当てはまる新たな規則を探すことができます。その際、意味の理解が不可欠なのです。

要するに、完全に計算的なシステムはこのような意味の理解はできない、ということです。

クラーク したがって、ロボットは本当に人間のような意識を持つことはない。

ペンローズ それが結論です。

クラーク たとえばダニエル・デネット（Daniel Dennett）のような『皇帝の新しい心』の批判者たちは規則に縛られたシステムに自然淘汰を導入すれば困難は克服できる、と言っています。デネットは、「われわれ人間は生存競争に打ち勝つようなアルゴリズムを持ったシステムだと言って何が悪い」という意見のようですが。

ペンローズ　その議論については、すでに述べたように思います。つまり、このロボットたちには、あらかじめプログラムの一部として自然淘汰のメカニズムが組み込んであるわけです。

デネットは私の考えを誤解していますね。彼は、ときおり、「ペンローズは自然淘汰を信じていない。なぜなら自然淘汰はアルゴリズム的であるから。すべては究極的に計算である、ということを信じないペンローズは、自然淘汰も信じることができない」という奇妙な発言をするようですね。でも、自然淘汰は何に対する操作（operation）なんですか？　自然淘汰はおおまかな図式にすぎない。操作する対象の詳細については何も語らないのだから、生存に都合が良くて貴重ならば、アルゴリズム的でない性質を選んでも不思議ではないじゃありませんか？

クラーク　『皇帝の新しい心』の中で、生存に関しては意識が貴重な役割を果たす、という意味のことをおっしゃっていますね。意識は単なる付随現象ではなく、進化においてなにがしかの役割を演じた、と。今でもそのようにお考えですか？

ペンローズ　はい。私は、意識を機能的な能力として捉えています。実際に何かをする機能を持ったものとして。それに対して、付随現象は、機能に付随してたまたま生存するだけです。

意識というのは、何か別の存在です。それは部分の寄せ集めではなく、一種の大局的な能力で、おかれている全体の状況を瞬時にして考慮することができる。だから、私は意識が量子力学と関係すると考えるのです。

量子力学でも、意識に似たような状態があるのです。大局的で、それ自体で存在していて、こまかい部分の結果ではないような状態が。

あなたのご質問に対しては、やはり答えはイエスですね。たぶん、もっと確信が増したと思います。あれ以来、いろいろと知識も増えましたから。

クラーク　意識と量子論については、依然として論争が絶えませんが、今おっしゃった、大局的な能力が、意識と量子論の関係についての主張の主な理由でしょうか?

ペンローズ　たしかに主要な理由の一つだと言えます。でも、ほかの人が量子論に助けを求めるのとは違った理由からですが。量子論のランダム性や決定不可能性（indeterminacy）によって、非物理的な心が物理法則によらずに物質のふるまいに影響を与えることができる、という人々がいるのです。このようなシステムには自由度があるというのです。

クラーク　ジョン・エックルズ（John Eccles）やカール・ポパー（Karl Popper）のような人々のことですね。

ペンローズ　そうです。ジョン・エックルズ卿が実際に何を考えているのかはわかりませんが、最近、彼の新しい著書についてのディスカッションに居合わせたのです。私の見るところ、彼の主張は一種の二元論で、物理的世界に影響を与える（物理的でない）心が存在する、ということらしい。私は全く別の考え方です。私の見解は、たとえば超伝導のような巨視的で大局的な量子状態が必要だ、というものです。どうして、こういう考えに到達したかは、ちょっと遠回りの議論になるのですが、かなり強力な議論でもあるので、ご披露しましょう。

まず第一に、人間が何か非計算的なことをしている、というゲーデル型の議論を受け入れる必要があります。

第二に、このことから、現在の理解力のシステムの外に出なくてはならない、ということが結論づけられます。現在のところ、物理学は、量子レベルではシュレディンガー方程式という計算可能な決定論的方程式があって、古典レベルでも、決定論的で計算可能な方程式があります。

この第二の点は、ちょっと問題かもしれません。物理学はデジタルではなく連続なシステムを扱っていますから。まあ、とりあえず、その問題はおいておきましょう。標準的な物理理論では、「波動関数の収縮」と呼ばれる方法によって量子レベルから古典レベルに移行することができます。これがいわゆる「観測問題」で、今のところ、全くランダムに移行することになっています。つまり、ここでは決定論的な計算可能性がランダム性と結びついています。でも、これは私が非計算的と呼ぶものではありません。非計算性は、このような図式を超えたものなのです。ですから、私は、真の非計算性を考慮するためには、現在の物理学では不十分だと主張するのです。

クラーク それでは、あなたは、「量子力学は不完全である」と言っている人たちに賛成するのですね。

ペンローズ そのとおりです。それも、純粋に物理的な理由からね。量子力学については、実際、随分長い間考えてきましたよ。それで、量子力学は不完全だと確信するのです。

一番の理由は、私たちの住むようなマクロの世界で起こることを説明できないことです。

たしかに、ごく少数の粒子の世界や、エネルギーの差がそれほど大きくないシステムでは非常にうまくいくのですけど。でも、マクロの世界のふるまいについては、全く説明できないわけです。したがって、何か深いレベルで、欠けているものがあるように思うのです。

量子力学には根本的に欠けているものがあるわけだから、それを完成するためには、現在の理論にはない何かが必要です。そこで、私は、「非計算的」な要素を付け加えるというのは、それほど悪い考えではないと思うんです。

もちろん、現時点では憶測にすぎません。ですが、そのような方向が正しいと信じる十分な理由があると思います。つまり、私の考えは、意識を説明するには量子力学が必要だということではないんです。意識を説明するには、量子力学を超える必要があるんです。

意識を説明する理論が必ず持たなければならない性質があることは確かです。たとえば、巨視的な量子的状態があって、その波動関数が自発的に収縮するという要素は、絶対に必要だと思っています。この点は、『心の影』の中で、波動関数の収縮過程の新しい理論という形で触れました。通常の量子力学の観測過程では、波動関数の収縮は、環境の中で起こるわけですね。

粒子の波動関数が、環境に「巻き込まれて」、環境が、粒子の波動関数の収縮を引き起こすわけです。これは、実は、標準的な量子力学の解釈で人々が持ち出す議論なわけです。

つまり、環境に巻き込まれると、位相に関する情報が失われ、その結果、波動関数が

「実際上」収縮するというわけです。でも、私の理論の中では、「実際上」収縮するのでは不十分で、「現実に」収縮しなければだめだと考えるのです。

ところで、もし実際に環境の中で収縮が起こるのだとすると、その時どうしてもランダムな要素が入ってくるわけです。だとすると、新しい理論でも、標準的な解釈と結論は変わらなくなってしまいます。意識にとって役に立つような、非計算的な要素は入ってこなくなってしまうのです。非計算的な要素を取り入れるためには、環境に頼らないで自分自身で収縮できるくらい、十分に大きい量子的な状態が必要になります。これが、私の現在のスキームで予言されることです。

実は、私の理論は、ハンガリーの物理学者、L・ディオシ（L. Diósi）によって考えられた理論と共通点があることがわかりました。理論を作っているときにはそのことに気がつかなかったわけですけど。

クラーク　そのような「自己収縮」を引き起こすために、何か新しいものを付け加えるわけですね。標準的な量子力学では、波動関数の収縮を引き起こすようなものは何もないのですから。収縮は、単に「ミステリアス」なプロセスとして片付けられてしまっていますから。

ペンローズ　そのとおりです。私の見解は、標準的な量子力学とは全く違っています。一番の違いは、重力の効果を取り入れたことで、ここがディオシと共通するところなのです。

私が提案しているプロセスは、重力相互作用があれば、すぐに効果を持ち始めます。どのようなレベルで波動関数の収縮が始まるのか、計算することができます。つまり、収縮の起こる頻度を計算できるわけですね。

『皇帝の新しい心』の中では、私は収縮を、「スイッチが入ったり、切れたりする」プロセスだと考えていました。つまり、量子的に重ね合わされた状態の間の差が大きくなりすぎたときに、収縮が起こるのだと考えていたわけです。

今では、それとは少し違うふうに考えています。つまり、重ね合わされた状態の間の差の大きさに応じて、ある一定の収縮の頻度があって、差が大きくなればなるほど、頻度も高くなると考えているのです。そのようにして、以前より具体的に計算ができるようになっています。

クラーク　ということは、あなたは、脳は、大きなスケールの量子効果が出現できるような環境を整えているのだ、と予言していることになりますね。おそらく、とても特殊な環境ということになるのでしょうが。

ペンローズ　そうです。ただ、人間の脳に限られるというわけではありません。同じような効果は、動物の脳でも起こるでしょう。人間の脳で起こる効果が、非常に高度に発達したものであることは確かでしょうがね。

それで、私は、今、その効果は、マイクロチューブルで起こるのではないかと思っているのです。マイクロチューブルには、注目すべき特徴があります。すなわち、それは、中空の円筒状の構造物であるということです。この内部に存在するある特定の構造を持った水が、大きなスケールの量子的効果に関係しているのではないかという説があるのです。

私は、この説は、たいへん魅力的だと思います。ただ、まだその詳細が明らかになったわけではありません。基本的に、いくつかの競合する理論があって、そのうちのどれが最も見込みがあるのかまだわからないのです。

私が見るところでは、意識は、量子力学の収縮過程と関係していると思います。時々、量子的な状態が、他の量子的な状態へとジャンプするわけです。もし、十分に大きな量子的状態があって、それが、十分に複雑な外部のシステムと関係するならば、そこには意識が生ずると思うのです。もちろん、その際にニューロンが重要な役割を果たすことは疑いありません。

クラーク　アリゾナで開かれた会議「意識の科学的基礎を求めて」では、デイヴィッド・

チャーマーズが、意識における「難しい問題」(hard problem) という概念を出しました。そこで、誰でも訊くであろう質問をします。たとえ、脳の中でそのような量子的過程が起こっていることが確認されたとしても、それで意識における「難しい問題」が解決されることになるのでしょうか？ たとえば、私たちがものを認識したり、考えたり、さらには自己意識を持つのはなぜかという問題が？

ペンローズ そうですね……たしかに、これらの問題が、「難しい問題」だというのは正しいでしょう。難しいことは間違いないのですから！ ただ、私は、そのような「難しい問題」にも、まずは物理的側面から迫っていくべきだと思っているのです。私たちは、意識の物理的側面についてさえ、十分理解しているとは言えないのですから。

私自身のアイデアの中心になるのは、「計算不可能性」(non-computability) です。現在知られている物理法則は、すべて計算可能なタイプです。つまり、私たちは、現在の物理学の描像の外側に行かなければならないのです。

そのようにして、世界がどのように動いていくかということがもう少しよくわかれば、意識に見られるような主観性との関係も、少しずつわかってくるのではないでしょうか？

私の新しい本、『心の影』では、私はこのような問題を、もっと広い観点から取り上げました。つまり、私たちの心が物理的世界からいかに生じるかというのが唯一のミステリ

ーではないということです。実は、ミステリーは三つあります。つまり、物質的世界、心の世界、そしてプラトン的世界の三つの世界の間の関係が謎なのです。

このように言うと、カール・ポパーの考えに似ているように聞こえるかもしれません。でも、実際には少し違うのです。まず、ポパーの言う、「第三の世界」は、私の言う「第三の世界」、すなわちプラトン的世界とは違います。さらに、私はポパーのように三つの世界が線形につながっているのではなく、一つのサイクルをなしていると考えているのです。

私が考える三つの世界の間の関係は、『心の影』の最後に図として表されています。つまり、第三の、プラトン的世界があって、それは本質的に数学的な世界なのです。もちろん、数学的な考えでは捉え切れない、プラトン的な概念がある可能性は否定しません。とにかく、そのようなプラトン的世界から、物質的な世界が生じると考えられるのです。

ここで、「生じる」というのは、適切な言い方ではないかもしれません。しかし、物質的な世界の構造が、数学に根差していることは確かなのです。一方、私たちの心の世界は、物質的な世界に根差しているように見えます。さらに、私たちの心は、プラトン的な世界の真実を認識する能力を持っているように見えます。この三つの世界の関係は、とても深遠なミステリーなのです。

私は、このようなミステリーの直接的な解答を求めようとしているのではありません。

私が提案しているのは、これらの三つの世界を一度に考えるべきなのではないかということです。

たとえば、心の世界と物質的な世界だけに注目して、どうして心が物質から生じるのかと思い悩むだけでは駄目だということです。数理物理学の分野で研究していますと、数学的な法則が物質のふるまいをいかに正確に記述するか、また、その際に必要になる数学的なアイデアが、いかに繊細で深遠なものかということに、常に驚かされます。ここには、明らかに深い謎が秘められているのです。

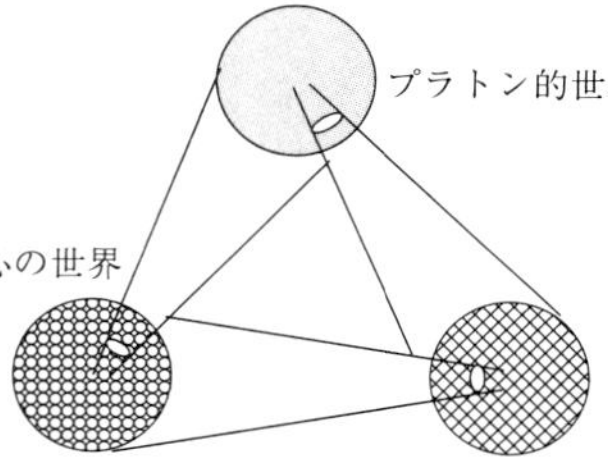

ペンローズの三角形の図

クラーク　「プラトン的世界」といった概念を持ち出すということは、あなたは、私たちの心は、全面的に物質的世界に縛られているわけではないと思っているのではないですか？　実際のところ、あなたは、意識はどうしても物質的な基礎を持たなければならないと思っているのですか？

ペンローズ　そうですね……この図を最初に書いたときには気がつかなかったのですが、実はここには、私の思い込みというか、信念のようなものが現れているようです。この図は、まるで一つのパラドックス、たとえば「不可能な三角形」のように描かれています。

物質的世界は、プラトン的世界の一部から生じます。だから、数学のうち、一部だけが現実の物質的世界と関係しているわけです。次に、物質的世界のうち、一部だけが意識を持つように思われます。さらに、意識的な活動のうち、ごく一部だけが、プラトン的世界の絶対的真実にかかわっているわけです。このようにして、全体はぐるぐる回っていて、それぞれの世界の小さな領域だけが一つにつながっているようなのです。

もちろん、これは私個人の信念にすぎません。もう一つ指摘すべきことは、基本的に、すべては数学に支配されていると考えていて、数学的でない要素は、この図では考慮されていないということです。

また、心の世界は、例外なく物質的世界に基礎を置いていると考えています。だから、物質の裏付けもないのに、ふらふらとさまよっているような「魂」のようなものは考えないわけです。もう少し微妙な問題としては、プラトン的世界のすべては、原理的には私たちの知性にとってアクセス可能であるという仮定があります。

もちろん、実際問題としては、いくら頭をしぼっても特定の真理に到達できないということもありえますが！　別の言い方をすると、数学的真理の中で、原理的に私たちの知性が理解できないものはないはずだということになります。実際、数学では、しばしばこの点が問題になるのです。たとえば、整数に関する定理で、証明できないものがあるのではないか……とね。

しばしば、ゲーデルの定理は、人間の証明できない定理があることを意味すると考えられていますが、そうではないんです。ゲーデルの定理が証明していることは、私たちは常に新しいタイプの理屈を探し続けなければならず、ある一定の、固定したルールの集合に頼ることはできないということだけです。

「洞察力」さえあれば、すでに存在しているルールの外に出て、新しいルールを見いだすことは可能なのです。そして、このような「洞察力」を、実際私たち人間は持ち合わせています。ですから、私が言いたいことは、原理的に、人間の知性にとって到達できない真理などないということです。

随分回り道しましたが、あなたの質問に対する私の答えは、**意識は、必ず物質的な基礎を持たなければならない**ということになります。

クラーク それでも、物質的な現実の外にある、なんらかの現実を考えることはできるのではないですか？　あなたは、物質的な世界がすべてであると考えているわけではないでしょう？

ペンローズ　うーん。そのように言われると、イエスと答えるしかないですね。私は、実際、概念がそれ自体で現実性を持つことはあると考えています。この点は、私の図の中に現れているパラドックスとも関係します。つまり、ある世界をとると、それは別の世界の一部分にすぎず、それにもかかわらず、図をぐるりと一周すると、その別の世界よりも大きいということですね。

クラーク　では、あなたの世界観は、完全に物質主義的というわけではないのですね。

ペンローズ　私が言いたいのは、「物質主義的」などという言葉は、少し古くさい、ということかもしれません。なぜなら、現在の「物質」のイメージは、昔とは全く異なるものになっているからです。「物質」とは何かということを真剣に考えたとき、今ではそれは数学的な存在だということになっています。

「物質主義者」とか、「イデア主義者」というような言葉が最初に考えられたとき、「物質」のイメージは、非常に具体的で、まさにそこに「ある」ものだというものでした。それに対立するものとして、人々はミステリアスな「心」というものを考えたわけです。

ところが、今では、物質そのものが、ある意味では精神的な存在であるとさえ言えるのです。

そのことを見るためには、私の図で、二つのステップを追う必要があります。つまり、物質はプラトン的世界の数学的構造に根差しており、そして数学的構造は、私たちの精神世界の中でつくりだされるものだということです。

そのように考えていくと、そこに「ある」、堅固な存在という物質のイメージが、どこかに蒸発していってしまうのです。ですから、もう少し世界のことが深いレベルでわからないと、本当のところはつかめないでしょう。「物質主義的」かどうかとか、そういう言葉で議論していると、世界観がどうしても制限されてしまうように思います。

クラーク あなたの考えを私なりに要約すると、次のようになりますね。古いカテゴリーに無理やり押し込もうとしても、ろくなことにはならない。その前に、世界がどのようなカテゴリーから成り立っているか、それ自体を考え直してみるべきだということですね。

ペンローズ 全くそのとおりです。「物質主義的」などという言葉は、もう時代遅れもいいところで、今日では歴史的な意味しか持ちません。

クラーク もう少し、その線で話を進めましょう。最近では、量子力学で意識を理解しようとする人々が大勢いて、彼らはさまざまな哲学的、時には神秘主義的な考え方さえこのような路線の中に押し込もうとしているようです。このような動きについて何か感じることがありますか？

ペンローズ　まあ、そのような方向には、慎重でなければならないと思います。もっとも、ニールス・ボーア（Niels Bohr）でさえ、似たようなことをしましたからね。つまり、彼は「相補性」（complementarity）という量子力学の考え方を、全く関係ない分野にまで広げていったわけです。たとえば、「陰と陽」、「真実と明晰性」とかね。

実際、そのような関係性を見ることはできるし、アナロジーもいろいろ働くから、量子力学が、他の分野、たとえば社会学などでも使える概念を含んでいるというのはありうるかもしれません。ただ、漠然とした類似性という以上に、このようなアナロジーを進めていくのは危険だと思いますね。なぜって、量子力学というのは、もともとは非常にかっちりと決められたルールの集合だからです。たとえば、量子力学では複素数が重要な役割を果たしますが、人々が「量子力学と関連性がある」として持ち出す漠然としたメタファーには、複素数は関係していないでしょう？　概念の間に、複素数のからんだ線形的な重ね合わせがあるわけではないのです！　そのようなことを考えると、私はとても慎重にならざるをえません。たしかに興味深いし、面白くもあるけれども、それ以上のものではないという感じですね。

Journal of Consciousness Studies, (1) 1 (1994), pp. 17-24.
〔訳〕竹内薫・茂木健一郎

原注1　ゲーデル型の議論（ゲーデルの定理とアルゴリズム）……アルゴリズムは、問題を解くための機械的な規則や手続きのこと。アルゴリズムは数学のあらゆるレベルに登場する。単純な例は、学校で教わる長除法（long division）と乗法。

どんな数学証明も論理的なステップの連続の形をとり、機械によってチェックすることができる。一九二〇年代にドイツの数学者ダーフィト・ヒルベルト（David Hilbert）は、数学的命題の真偽を解釈ぬきに決定するアルゴリズムが存在して、原理的には数学を形式化することが可能だと提案した。この数学の形式化によって、一九世紀以来、数学の基礎をゆるがしてきた哲学的諸問題を一掃することができるとヒルベルトは考えていた。もしヒルベルトの予想が正しいとすると、たとえば、幾何学や算術に関する命題を適当に符号化して、判定機械に入れさえすれば、その真偽がわかるはずだ。

一九三一年にオーストリアの数学者クルト・ゲーデル（Kurt Gödel, 一九〇六―一九七八）がヒルベルトの夢が不可能なことを示した。ゲーデルの定理は、数学の真理を決定するアルゴリズムがどんなに精巧なものであっても、真理を決定できない命題が存在してしまって完全でない、という内容だ。ゲーデルは、そのような決定不可能な命題（ゲーデル文）を実際につくってみせた。

実際、特定の健全なアルゴリズムについてのゲーデル文は真だ（正しい）が、アルゴリズム自身は、その真偽を決定できないのである。ところが、人間の心は、その真偽がわかる。ペンローズ教授は、このことが、人間の心が単なるアルゴリズム以上の能力を持っている証拠だと考える。

ペンローズとの会遇

一九九七年一月、ケンブリッジ

茂木健一郎

（I）

セミナーの前日の夕方、私は駅にロジャー・ペンローズを迎えに行った。アダー・ペラーとロジャー・トーマスが同行した。アダーはバーロー研究室における私の同僚であり、私と一緒に今回のペンローズのセミナーを企画したのだ。一方、ロジャー・トーマスは生理学教室のスタッフであるとともに、アマチュアの天文学者でもあり、ペンローズと会うことを楽しみにしていたのだ。ペンローズは、旅行鞄を二つ下げて現れた。どうやら、アメリカから帰ったばかりで、ロンドンのロイヤル・ソサエティに何日か滞在していたようだった。ペンローズの外見上の特徴の一つが、特に私の注意をひいた。彼の頭蓋の側面は、ふさふさとした豊かな毛に覆われていたが、その頂点は、ハリケーンのように円形に薄くなっていたのだ。ペンローズは、少し老けて、疲れて見えた。そして、まるで森の妖精のように、繊細な雰囲気を持っていた。私たち三人は、自己紹介して、握手した。私の順番が来たので、私は「私はケン・モギです」と言って、手を差し出した。ペンローズは、

「ああ！」

と少し注意を喚起されたようだった。それまでの手紙や電子メイルを通じてのやりとりで、私の名前を記憶していたのかもしれない。

その日は、昼間のうちに雪が降り、空気は凍り付くように冷たかった。私たちはさっそく車に乗り込んだ。ペンローズは、アメリカでひどいインフルエンザにかかって、その結果、片耳の鼓膜が破れてしまったと言った。少し、人の話が聞き取りにくくなっているようだった。アダーとロジャー・トーマスが、ペンローズと世間話をした。私にとってはほとんど興味のない話題だった。

やがて、車はチェスター・ロード二二番のレストランに着いた。「二二番」と番地を名前にとったそのレストランは、隠れ家的な雰囲気のある店で、二階に特別なプライベート・ルームがある。他のゲストたちは、すでに席に着いていた。このレストランをアダーに紹介した視覚の研究者ジョン・モロンは、

「まるで自分の家で食事しているようだろう!?」

と自慢した。まあ、このような場所を見つけるのは、ジョン・モロンの得意とするところだ。神経生理学者のホラス・バーロー、その妻ミランダ、それに数学者のグレアム・ミッチソンが立ち上がってペンローズを迎えた。彼らとペンローズは、お互いにすでに良く知っているように見えた。イギリスのアカデミックなエスタブリッシュメントのメンバー同士といったところだろうか。

注文の儀式が終わり、料理が運ばれてきた。私は、アダーと一緒に、テーブルのペンローズと反対側の席に座って、彼ら「オールド・ボーイズ」が、いったいどんな話をするのか耳を傾けた。彼らは、まずオーストラリアのグレート・バリア・リーフでのスキューバ・ダイヴィングの話をした。それから、どうやったら売れる科学の本を出版できるかという話になった。ペンローズは、私たちに、ホーキングの宇宙論をテーマにした『ホーキング宇宙を語る（A brief history of time）』という映画に出演したときのエピソードを語ってくれた。ハリウッドから映画のスタッフが、オックスフォードのペンローズのオフィスにやってきた。スタディオに、彼のオフィスと全く同じセットを作るというのだ。彼らは、オフィスをじろじろと見回して、メモをとったり、あちらこちらの長さを測ったりして帰っていった。いよいよ撮影の日になってペンローズがスタディオに行くと、彼を迎えたのは、巨大なオフィスの怪物だった。彼らは、オフィスのセットの中に大企業の社長が座るような革の椅子を据え、その前にばかでかい机を置いていた。しかも、数理物理学者のオフィスにあるまじきことに、机の上は紙一つ散らかっているのでもなく、新品のようにぴかぴかにきれいという有様だった。その上、本棚にはいかにもそれらしいアンティックの本が並べられていたが、その内容はペンローズの研究とは全く関係のないものだった。椅子に座ってみると、そのままでは机に手が届かないことがわかった。そこで、ペンローズは、椅子を机に引き寄せようとした。ところが、椅子は、釘で床に打ち付けられていたのだ! ペンローズが文句を言うと、テクニシャンがわっとやってきて、釘を抜き、椅子を動かして、再び椅子を打ち付けた。すべてが、驚くほど大げさで費用のかかる遊びのように思われた。

いよいよ撮影になって、スタッフはペンローズに、

「どのようなときに時間は逆流するのですか？」

と聞いた。このような質問をしたのは、ホーキングが、宇宙が収縮し始めると、熱力学的な時間の矢が逆転するという説を提唱していたからだ（後に、ホーキングはこの説を撤回した）。ペンローズは、自らの信念に従って、

「どんな状況下でも、時間が逆に流れることはないと思います」

と答えた。

「カット！」

スタッフは、明らかに慌てたようだった。

「それじゃあ困るんですよ。とにかく、どんな状況でもいいから、時間が逆に流れる場合を考えてください」

再びフィルムが回り始め、ペンローズは困惑して言った。

「私には、時間が逆に流れ出すような状況は、全く想像がつきません……」

「カット！」

「ノー、ノー、それじゃあ、絶対に困るんですよ。とにかく、お願いですから、どんな極端な場合でもいいから、時間が逆に流れるような例を考えてくれませんか」

そんなやりとりの結果、ペンローズは、恐ろしく複雑怪奇なことを言うはめになってしまった。最初に言おうと意図したことから、全く外れたことを強制的に言わされてしまったのだ。もちろん、でき上がった映画の中で、ペンローズは自分でも訳のわからないことを言ったことになっている……

ペンローズは、聴衆を引き込む話し手だった。そして、その表情は、駅での第一印象よりも随分と若返り、いきいきとしたものになっていた。

私はといえば、次第にイライラし始めていた。テーブルでの会話の内容が、どうでもよいことに思われたのだ。たしかに、『ホーキング宇宙を語る』の映画撮影の話はそれなりに画白かった。だが、オーストラリアでのスキューバ・ダイヴィングや、いかにして成功するポピュラー・サイエンスの本を出版するかといった話題は、私にはどうでもよかった。そのような話題は、誰とでも話せるテーマだ。しかし、私たちは、今、ロジャー・ペンローズと話しているのだ。これこそ、宇宙論や、物理学、それに意識の問題について彼と議論する、黄金の機会ではないか。なぜ、この人たちはハイデガーの言う「冗語」をして時間を無駄にしているのだろう？　それでも、私はテーブルにいる最も若いメンバーだったので、私の好きな方向に話題を変えることは遠慮しなければならなかった。

そんなことを考えているとき、グレアム・ミッチソンが、もし古代ギリシャにタイム・トリップして、何の道具の助けもなしに、彼らに現代の進んだ科学的知識をデモンストレーションするとしたら、どうするのが良いかという話を持ち出した。テーブルのゲストは、紙や、ガラスを作って見せることを提案したり、あるいは数学の定理を証明するというのはどうかと、口々に言い合った。そのようにして、「古代ギリシャへのタイム・トリップ」の話題は、延々と一時間も続いた。たしかに、そんなに趣味の悪い話題というわけではなかった。他の誰かと時間をつぶすためには、十分に使える話題だったろう。しかし、私たちは、今、ペンローズと話しているのだ。ペンローズがこの地上に滞在する時間は、限られている。私たちは、たとえば、量子力学をいかにして完全な理論にするかということについて、話し合うべきなのだ！　そのうち、グレアムが、

「もし古代ギリシャ時代にタイム・トリップしたら、ペンローズ・タイルを作ることができるか？」

と質問した。ペンローズは、短く、

「ええ」

と答えた。もちろん、古代ギリシャに行こうが、ペンローズ・タイルを作ることはできるに決まっているではないか！　ただ、地面の上に、それを描けばいいのだから。

結局、その夕食会中、まともな話題について話す機会が訪れたのはたった一回だった。

一瞬の会話の途切れをついて、私は、ペンローズが『皇帝の新しい心』、『心の影』に続いて、『心』（Mind）シリーズの三冊目の本を書く予定があるかどうかを聞いた。答えはイエスだった。どうやら、ランダム・ハウスから、三冊目の本を出す予定らしいのだ。それに、九七年の二月に、物理学のさまざまな理論について、ペンローズが自分の意見を述べる本を出すのだと言った（『自然界における極小、極大と人間の心』〔邦題『心は量子で語れるか』〕*The large, the small and the human mind*）。ペンローズは、その本の中で、ホーキングがペンローズの説を酷評しているのだと愉快そうに言った（ホーキングとペンローズは昔時空の特異点に関する歴史的な論文を共同で書いたが、最近では意見が対立することが多くなっている）。私は、スーパー・ストリングの理論について何か書くつもりかと聞いた。ペンローズの目がいたずらっぽく笑った。

「そう、明らかに、それについては書かなければならないでしょう。だけど、私が理解するところでは、スーパー・ストリングの理論は終わりを告げて、今や『m－理論』というのが流行らしいよ。『m』というのは、本来は『膜（membrane）』の『m』なんだけど、『神秘的な（mysterious）』の『m』だとか、『母（mother）』の『m』だとか、あるいは提唱者のウィッテン（Witten）の頭文字のWをひっくり返したのだとか、いろいろに言われている！　スーパー・ストリングの理論の最大の『売り』は、正しい理論がただ一つに決まるということだったんだけど、数個の異なる理論が出て、ユニークさというスーパー・ストリングの長所が失われてしまっていたんだ。それじゃあ困るというわけで、連中は今度は『膜』の話を始めたというわけさ」

ここで、グレアムが、

「ウィッテンは未だにスーパー・ストリングが二一世紀の理論だと言っているのかい？」

と尋ねた。

そこで、ペンローズは、腕時計を覗き込んだ。

「どうやら、まだそう言っているらしいね。だけど、二一世紀は、もうすぐそこに迫っている。してみると、彼らは急いだほうが良いらしい！」

そんなやり取りが私にとって興味のあった会話のすべてで、その夕べは消化不良に終わった。

その夕食の出来事で、一つ私の記憶に残っていることがある。それは、ペンローズが、魚を食べるときに、ナイフとフォークを皿に押し付けてキィキィ言わせたことだ。それは、まさに、皿に襲いかかるという勢いだった。といっても、ペンローズの食事のマナーが粗野なものであったというわけではない。彼のマナーは、むしろ、優雅なものと言ってもよかった。ただ、ナイフとフォークをキィキィ言わせたというだけだ。他の人々は、もう魚を食べ終わっていたので、その音は静かな部屋の中にアンプで増幅したように響きわたった。居合わせた人々は、きっと当惑したのではないかと思う。しかし、私にとっては、それは、不思議に魅力的な光景だった。

夕食会が終わり、私はアダーの車でペンローズをセント・ジョンズ・カレッジ（St. John's College）へと送っていった。ドライヴの所要時間は三分ほどだった。ペンローズはフロント・シートに、私はバック・シートに座っていた。私は、さっそく「どうでもよくない話」を始めた。

「私は、量子力学は、ツイスター的な時空構造から自然に導かれると思います。あなたはどう思いますか？」

「……まあ、なかなか実現できない長期的な夢というのは、いろいろあるものです。私自身は、現在の形の量子力学は不完全なものであると信じています」

「あなたは本の中のイラストはすべて自分で描くようですね。『心の影』の中には、意識の進化における利点についての複雑なイラストがあります。男が地面に何か幾何学的な模様を描いていて、一匹の虎がその男に襲いかかろうとしているやつです」

「ああ、あのイラストには、ジョークが隠されているんですよ。今のところ誰も気がついていないようですがね。ジョークは、男が証明しようとしている定理に関することなのですが……」

私たちは、セント・ジョンズ・カレッジに着いて、ポーターから鍵を受け取り、ペンローズが今夜泊まることになっている部屋へと歩き始めた。

「ペンローズ・タイルの三次元版は考え付きましたか？」

「ええ、私ではなく、他の人が考案しています」

「何種類のピースが必要になるのですか？」

「四種類です。実際には、一種類のタイルでも、非周期的に空間を埋め尽くすことができます。ただ、これはあまり面白くないのです。空間の一つの点から、らせん状に飛び出していくだけですから」

「それは、『皇帝の新しい心』の中にある二次元のやつと似ているのでしょうね」

「そうです。三次元版のタイリングを説明することは難しくありません。『…………』（言葉がよく聞き取れなかった）があると思ってください。それに、屋根をつけるのです。……角度が、有理数でない数になっています。……でも、これは、一種の〝ズル〟で、だから面白くないのです」

「『真正の』タイリングのように、近似的な並進対称性はないのですね」

「いいえ、ありません」

「『皇帝の新しい心』の中で、n番目のチューリング・マシーンが停止するかどうかによって系の時間的発展が非計算的に決まるダイナミックスの例を挙げてますね。もし、離散的な時間でこのような時間発展の具体的な例を考えると、必ず、少なくとも一つはその特定の時間発展を実現するアルゴリズムがあることになります。つまり、非計算的なダイナミックスの結果が、計算的にも実現できることになりますね」

「そのとおりです。だから、計算的か非計算的かという区別は、常に、一つの例だけでなく、あるクラスについて考えなければならないのです。もし、ある特定の例だけを考えると、常に、それを計算的に実現することは可能になってしまうのです」

私は、そのクラスの濃度は連続無限でなければならないのかどうかを聞きたかったが、もうすでにペンローズが泊まることになっている部屋に近づいていた。

「n番目のチューリング・マシーンが停止するかどうかを使うダイナミックスは、実際のシステムとして実現するのは難しそうですね。そうではなく、実際に実現できる非計算的なダイナミックスはあるのでしょうか?」

ペンローズは、何か口の中でもごもご言ったが、私たちはもうすでに部屋のドアの前に着いてしまった。

そこで、私とアダーは、ペンローズに、

「お休みなさい」

と言って、ドアを閉めた。ペンローズはとても疲れているように見えた。アメリカへの旅行と、旅行中にかかったインフルエンザが、ペンローズの体力を低下させていたのだろう。あるいは、夕食会でのどうでもいいおしゃべりが、彼を疲労させたのかもしれない。それとも、私の最後の質問の嵐がペンローズを疲れさせたのかもしれないが!

時計は一一時半を指していた。セント・ジョンズ・カレッジから家に帰る途中で、アダーはペンローズはナイス・ガイだったじゃないかと言った。それから、思い出したように、グレアムは胡麻すり野郎だと付け加えた。

（II）

翌日の金曜日、私はセント・ジョンズ・カレッジにペンローズを迎えに行った。私とアダーは、ペンローズの滞在している塔のらせん階段を上り、「シニア・ゲスト・ルーム一番」のドアをノックした。応答はなく、アダーは、ドアを何回も何回も叩かなければならなかった。

二、三分後、ドアの中から物音が聞こえた。ペンローズがドアを開け、私たちは部屋の中に入った。

まず目に入ってきたのは、窓際の机の上に散らかった何枚かのOHPシートだった。さまざまな色のマーキング・ペンが、椅子の近くの床の上に散乱していた。ペンローズは、鞄の中にものを詰め始めながら、以前にセント・ジョンズ・カレッジの全く同じ部屋に泊まったときのことを話し始めた。その時も、ペンローズは窓際の机で仕事をしていたのだが、突然塔から見える芝生の上に、ヘリコプターが降り立ったのだ。そこは、セント・ジヨンズ・カレッジの隣にあるトリニティ・カレッジの敷地で、その日、アン王女が訪問したのだ。すぐさま、警察の車が数台、着陸地点へと急行したという。

朝、アダーと会ったときに、私がペンローズについての本を日本で書いている人間だとはっきり言うべきだと言われていた。私が、日本的な奥ゆかしさ（?）で黙っているのを見かねて、アダーがペンローズに事態を暴露した。

「ところで、ケンはあなたの論文を訳し、あなたの理論に関する本を書いているということを知っていましたか?」

ペンローズは、OHPシートを片付けながら言った。

「ええ、何か関係があるのだろうとは思っていました。特に、昨日の夜の質問攻めの後ではね」

ペンローズは、私に、本に収録される予定の論文の一つで、インターネット上で電子出版された論文が印刷されたのを見たことがあるかと聞いた。そもそも、その論文を書いた経緯は、カリフォルニアの心脳問題を扱っている哲学者、デイヴィッド・チャーマーズに頼まれてのことである。執筆を引き受ける際に、ペンローズは二つの条件を出した。まず第一は、ペンローズの論文に対してコメントを寄せる科学者の人数は一〇人以下であること（コメントに対しては、回答を書かなければならないので、コメントを寄稿する著者の数が増えれば増えるほど、ペンローズの負担は重くなる）、そして、最終的には論文は印刷された形にならなければならないということであった。インターネット上で電子出版された後に、ペンローズがチャーマーズに論文は印刷されたのかと尋ねたところ、チャーマーズは「イエス」と答えたのだが、今日に至るまで、ペンローズは肝心の印刷された論文を受け取っていないのだった。

ペンローズは、それから、以前に同じ部屋に滞在したとき、朝起きると無数のてんとう虫が部屋の中に入り込んでいたことがあったと言った。アダーが、てんとう虫の色や形を見ると、なぜだか知らないが危害を加えようという気持ちがなくなってしまうと言った。そこで私は、てんとう虫は、もともと、ひどくまずいらしいと言った。そして、

「もっとも、自分で試してみたわけじゃないけど」

とジョークを付け加えた。ペンローズが、

「日本でも、てんとう虫が珍味と考えられているわけではないでしょう?」

とジョークで答えた。私は、

「もちろんそんなことはありません!」

と応じた。

そのような会話を交しながら、「ため息橋」(セント・ジョンズ・カレッジは、ヴェニスの有名な同名の橋のイミテーションを作っている)に向かって歩き始めたころ、私は再び「質問攻め」を開始した。

「もし、非計算的なプロセスの結果の特定の例をとると、それは必ず計算的なプロセスでシミュレーションできます。昨日、あなたは、計算的なプロセスと非計算的なプロセスを区別するためには、ある特定の問題ではなく、問題のクラスを考えなければならないと言いました。ところで、そのクラスの濃度は、連続無限でなければならないのでしょうか？」

「いいえ、そうではありません。私が理解するかぎり、計算可能性に関する議論は、常に加算無限の範囲で議論されるのです。加算無限の範囲だけで議論していたとしても、その中に、計算可能な帰納的関数の部分集合があるのです。その範囲が、『計算可能』なのです」

そこまで議論が進んだところで、私たちはポーターの詰所に着いた。ペンローズは鍵を返し、私たちは車に乗り込んだ。

アダーは、将来自分の家を作るときに、ペンローズ・タイルを使ってよいかと聞いた。ペンローズは、

「もちろんいいですよ」

と快諾した。それから、いかに多くの人々がペンローズの許可なしにペンローズ・タイルをデザインに使って金儲けをしようとしているかという会話になったが、例によって私には興味がなかった。

私たちは、車をホラス・バーロー研究室の入ったケネス・クレイク・ビルの前に停め、研究室のある三階へと上がっていった。私は、ペンローズにホラス・バーローを以前から知っていたかと尋ねた。ペンローズは、実際、バーローのことはずっと以前から知っていると答えた。

アダーはペンローズを自分のオフィスに連れていって、旅費の精算などの手続きをした。ペンローズは、『心の影』があったら貸してほしいと言って、アダーから本を借りると、セミナーの準備を始めた。もう、セミナー開始まで、一時間を切っていた。私は、自分のマッキントッシュに行って、電子メイルをチェックした。それから、準備をしているペンローズのところに行って、理化学研究所にいたときに結晶学研究室の人にもらった、非周期的タイリングをデザインしたハンカチを見せた。そのタイリングは、近似的な八回対称性を持っていて、近似的な六回対称性を持っているペンローズ・タイリングとは別物であった。

ペンローズは、ハンカチを見た瞬間に、

「ああ、これはアンマンの考えたタイルだ」

と言って、すっかりハンカチに魅入られていた。ペンローズは、ハンカチを調べながら、実際にはペンローズによって発見されたのではないのに、「ペンローズ・タイル」と呼ばれる模様がたくさんあるのだと言った。時には、「ペンローズ・タイル」という名称が、ペンローズが発見した特定のタイルではなく、一般に非周期的なタイリングという意味で使われることがあるのだと言った。私がそのハンカチは差し上げますと言うと、ペンローズは非常に喜んで、

「本当にもらっていいのか?」

と聞いた。そして、アンマンは不幸な男で、すでに死んでしまったが、一生アカデミックな地位に就くことがなかったのだと言った。それから、近似的な一二回対称性を持つタイリングなどについて、ぶつぶつとほとんど独り言のようにしゃべり続けた。タイリングの話は、ペンローズが本当に愛しているトピックのようだった。

アダーとペンローズは、一足先にティー・ルームへ行った。私は、しばらくたってから、原節子の写真が焼き付けられたコーヒー・カップを持ってティー・ルームに移動した。ティー・ルームに入ると、すでにグレアム・ミッチソンがペンローズの前の席に腰掛けていた。ホラス・バーローもそこにいた。二、三分後、アンドリュー・ハックスレーがティー・ルームにやってきた。ハックスレーは、アラン・ロイド・ホジキンとともにニューロンが発火する機構を解明して、ノーベル生理学医学賞を受賞した伝説的な生理学者だ。ホラス・バーローが席から立ち上がり、ペンローズをハックスレーに紹介した。ハックスレーは、ペンローズよりも、一〇歳ほど年上である。私には、二人がごちょごちょと言っている内容が聞き取れなかった。後にアダーが私に教えてくれたところでは、ハックスレー

はペンローズを知らず、ただペンローズの父親のことは覚えていて、「君はあの……の息子なんだろう?」と聞いていたということだ。つまり、ハックスレーは、ペンローズをその父親の息子としてのみ認識したということだ。アダーも笑っていたが、それは、七六歳と六六歳の二人の男の間の会話としては、はなはだ奇妙なものであった!

驚くべきことに、グレアム・ミッチソンは、未だに「古代ギリシャへのタイム・トリップ」の話題について、ペンローズと議論していた。私は、ホラスがもうしばらくするとオーストラリアに行くので、その旅行の予定についてホラスとおしゃべりした。

午後一時になり、セミナーが始まった。話の内容は、私がほとんど暗記していることだった。何しろ、私は、『皇帝の新しい心』と『心の影』をそれぞれ二回ずつ読んだのだから。そこで、私は、どちらかというと、話の内容よりは、ロジャー・ペンローズの人となりに注意を向けた。ペンローズは、二つのOHPプロジェクターを使った。最初のOHPシートは、物理的、精神的、そしてプラトン的世界の関係を三つの球で表した有名な図だった。私は、その図を見ながら、おそらく、今から一〇〇年後には、この図がペンローズの哲学を表すシンボルと考えられるだろうと思った。

ペンローズは、それから、人間の知性には、非計算的な側面があると強調した。そして、「知性」(intelligence)は、「理解」(understanding)を必要とし、「理解」は、「覚醒」

(awareness)を必要とするという、現在のペンローズの理論の根幹となっている考え方に触れた。すべてのOHPシートは、マーキング・ペンで手書きされていた。初めて気がついたのだが、ペンローズは、どうやら、色を使うのが大好きなようだった。「色でも考える」人なのだ。今まで、線画のイラストばかりに接していたので、そのことに気がつかなかったのだ。セミナーについて連絡し合っているとき、ペンローズはアダーに、物理的世界、精神的世界、そしてプラトン的世界を表すそれぞれの球を何色に塗ったらいいのか、具体的な指示を出していた。なぜだか理由はわからないが、それぞれ、**青**、**赤**、**黄色**でなければならないというのだ。その図を使ったカラー印刷のポスターを見て、ペンローズは、

「これは私が思っている色と少し違う」

とさえ言った。それほど、具体的な色にこだわりがあるのだ。私は、ペンローズをバーロー研究室に案内する途中で、なぜ、青、赤、黄色でなければならないのか尋ねたが、ペンローズ自身も、なぜだかわからないということだった!

セミナーの後で、聴衆からありふれた三つの質問があった。まだまだ質問が続きそうだったが、司会をしていたアダーは打ち切らなければならなかった。何しろ、セミナーは一時間の予定だったのに、ペンローズはすでに一〇分間オーバーしていたからだ。

私たちは、レセプションの行われる部屋へと移動した。そこには、スリマンとアダムがすでにいた。スリマンはインドから来ているポスドクだ。アダムは、熱心な最終学年の学

生で、スリマンと卒業研究のプロジェクトをしている。アダムは、私に、計算論的神経科学（computational neuroscience）を勉強するには、何を読めばいいかと尋ねてきたので、セノフスキーの本をすすめた。ペンローズは、何人かの熱狂的な若い学生に取り囲まれていた。スリマンは、私に間の抜けた質問をした。ペンローズが、人間の思考はアルゴリズムに基づく計算的なプロセスでは理解できないと主張している点に関しての質問であった。「私たちの思考が、アルゴリズムに基づいていないことは当たり前ではないか。なぜなら、私たちは、『経験則』（heuristics）に基づいて行動しているのだから」

私はあきれて、その「経験則」とやらが何なのか、数学的に定義できなければ、そんなことを言っても何にもならないと言ってやった。スリマンは、これでも、コンピューター・サイエンスの学位を持っているというのだから不思議だ。アダーは、後に、皮肉たっぷりに、きっとスリマンは「経験則」に基づくアルゴリズムだって作れることを知らないのだろうと言った。

どうやら、ペンローズのセミナーは、生理学教室を中心とした聴衆の平均的な知性のレベルでは理解するのが辛かったようだ。韓国から来ている博士課程の学生のヨンは、セミナーの最中に、生理学者が、

「いつになったらニューロンが出てくるんだろう？」

としきりに文句を言っていたと証言した。私は、生物学的常識論を振りかざす、凡庸な

生理学者が嫌いだ。彼らは、量子力学やチューリング機械が何なのか全く理解せず、ただ「常識的な」世界観で、ああでもないこうでもないと言っているだけなのだ（もちろん、すべての生理学者が「常識的」な世界観にこだわっているわけではないが!!!）。

ホラス・バーローは、セミナーが気に入ったと言った。そして、ペンローズが言っていることは正しいかもしれないと認めた。さらに、

「ペンローズは恐ろしく賢く、チャーミングなやつだ」

と付け加えた。しかし、彼自身は（ペンローズの言っているように、「意識」の理解には量子力学が必要だと言うつもりはなく）、

「古典物理の枠内で考えることで十分幸せ」

なのだそうだ。ホラス・バーローは、リーズナブルな人間だと思う。たとえ、何か自分に理解できないことがあったとしても、ホラスは、それが「ひょっとしたら偉大なものかもしれない」と判断する洞察力を持っている。それに比べて、同じロイヤル・ソサエティの会員でも、網膜の光受容体を研究してきたトレバー・ラムは、ペンローズのセミナーは「ゴミ」だったと言ったと聞いた。前日の歓迎の夕食会にも出たジョン・モロンに至っては、アダーに、

「セミナーに自慰野郎（!?）を招くのはやめろ」

と言ったそうだ!!!

というわけで、聴衆のリアクションは、これ以上ないというくらい二極化していた。私のように、ペンローズの言っていることはすべて正しいわけではないが、彼のヴィジョン自体は、意識の本質を捉えており、二一世紀の科学につながると考える人間もいれば、一方では、ペンローズの話はたわ言で、ペンローズはホラ吹き野郎だと、口汚くののしる人々もいる。個人的な意見だが、「連続体仮説」(continuum hypothesis)が何なのか理解できない人に、ペンローズの仕事を批判する資格はないと思う。時には、人々はあるアイデアを、それを理解できないというだけの理由で拒否することがあるからだ。

ペンローズは午後三時のオックスフォード行きバスに乗りたがっていたので、私とアダーは、彼をレセプションからそっと抜け出させた。ペンローズはトイレに入り、数分間戻って来なかった。私たちが階段を降りて行くと、グレアム・ミッチソンがペンローズを見つけて声をかけた。

「ロジャー、私の家では、時々とても素敵なディナー・パーティーをするんだ。ぜひ、来てくれよ。とても素敵なパーティーなんだ」

私とアダーは一足先に階段を降りた。

車に向かって歩きながら、私は、ペンローズに、一番重要な質問をした。

「私は、あなたが量子力学の波動関数の収縮の過程は決定論的であると考えているように思うのですが、そうではないですか?」

「ええ、そのとおりです。もし、環境の影響があると、問題が複雑になって、ある種のランダムさが現れるかもしれませんが」

「でも、孤立系があって、その系が独自に収縮した場合、その収縮の過程は決定論的だとお考えなのですね」

「そうです。一〇〇パーセント確信があるというわけではありませんが、どちらかと言えば、そう考えたいと思っています」

「それを聞いて大変うれしく思います。今、ちょうど、あなたに関する本で、量子力学の収縮過程について書いているところなのです。私は、あなたが、量子力学の収縮過程を、非計算的ではあるが、決定論的だと考えていると書こうと思ったのですが」

「ええ、そう書いて構いません」

それから、私は、量子力学の収縮過程が、決定論的な法則で書けるというヴィジョンこそ、将来にわたって最もエキサイティングで深遠な可能性だと付け加えた。


一〇分後、私たちはペンローズをバス・ステーションで見送った。列の中に並んでいるときに、ペンローズは突然私のほうを振り向いて、

「本を書く上で何か質問があったら、いつでも連絡してください」

と言った。

私がお礼を言っているうちに、ドライバーがチケットを売り始めた。私たちは、別れの握手をした。やがて、ペンローズがバスの中に消え、私は初めて街の中をまともに見回した。私は、空気が暖かくなりはじめていることに気がついた。昨日降った雪もすっかり解けていた。

コラム

『心の影』の要約

ペンローズの意識の物理学に関する二冊目の本『心の影』は、『皇帝の新しい心』と同様に、一つの寓話から始まる。洞窟を探検している少女ジェシカとその父親の物語だ。二人は、生まれたときから洞窟に閉じ込められて、外の世界を見たことがない人に、外の世界の存在をどのように説得するかという問題を話し始める。洞窟の住人が見られるのは、外の世界の鳥や木の葉が洞窟の壁に投げかける「影」だけだ。「影」だけしか見えない人に、どのようにして「外の世界」の存在を確信させるのか？　この説得はあんがい難しいと、ジェシカの父親は言う。

というのも、洞窟の住人は洞窟の壁に投げかけられた「影」だけが世界のすべてだと思っている。洞窟の外に、さまざまな色や形に満ちた豊かな世界が広がっているなどとは、想像もつかない。自分に見えるものだけがすべてだと思う頑迷さが、洞窟の住人が真理に導かれるのを妨げている。

これは、もちろん、有名なプラトンの洞窟の比喩を踏まえている。私たちが、洞窟の住人の愚かさを笑うのは簡単だ。だが、ペンローズの辛辣な批判は、実は心と脳の関係を解明するときに、人間の知性が、「意味」の理解に支えられていることを受け入れない人工知能の研究者たちに向けられている。そして、人間が「意味」を理解できるということは、人間の意識が、意味の棲む「プラトン的世界」の実在に接触できることを意味すると主張する。

本は二部に分かれている。

第一部では、ゲーデルの定理やチューリング機械を例に取り上げて、人間の知性には、計算不可能な要素があることを検証する。テーマになっていることは『皇帝の新しい心』と基本的に同じだが、『皇帝の新しい心』に向けられたさまざまな批判に対して、細かく反論しているのが特徴である。特に、二一節にわたって、批判の一つ一つを細かく「つぶして」いくところは、ペンローズの知性の緻密さを表していて、圧巻だ。

第二部では、人間の知性の計算不可能な要素を理解するためには、新しい物理学が必要であると論じられる。量子力学の不完全性が指摘され、量子力学と重力理論が統合された量子重力において、われわれは初めて新しいより完全な理論を得るとする。そして、意識の作用は、量子重力的な効果、すなわち波動関数の自己収縮と関連していると主張する。ここまでは『皇帝の新しい心』でも論じられた点だが、ペンローズは、具体的に、ニューロンの中にあるマイクロチューブルが、量子重力的効果による波動関数の自己収縮の起こる場所だと提案する。

全体として、『心の影』は、『皇帝の新しい心』に寄せられた批判に反論しながら、ペンローズの世界観に基づく議論をさらに深く進めた本だと言うことができる。

ペンローズ世界を理解するためのキーワード

竹内薫の解説その2

ミニ用語辞典をどうぞ!

ペンローズの本も論文も専門的な概念がたくさん出てきて**ハッキリいって難しい**。世界有数の頭脳が言うことだから、難しくて当たり前なのだが、あんまりわからないのも悔しい。そこで、及ばずながら、「ミニ用語辞典」をつくってみた。ざっと目を通されてからペンローズの論文をお読みになると、多少、理解が進むのではないかと思う（まあ、私とて、ペンローズの言っていることが全部わかるわけではないのだが、少しはお役に立ちたくて）。

簡単な解説と少し詳しい解説があるが、適当に読み飛ばしてくださってけっこうだ。

健全（sound）と完全（complete）……大まかに言って、「健全」な理論は「証明や計算が間違った結果を出さない」。その反対に、「完全」な理論は「正しい結果は必ず証明あるいは計算できる」。ペンローズがこの健全性を強調するのは、そもそも不健全な理論を論じてもはじまらないからである。①健全な状態と②完全な状態と③健全かつ完全な状態の比較は前出「ツイスターとペンローズのプラトン的世界」の図6（五九頁）を見てほしい。健全は「証明できる」、完全は「真」に対応する。

ω《オメガ》無矛盾性……ωはギリシャ語のアルファベットの最後の文字（オメガ）。小文字。大文字は（時計で有名な？）Ω。ωは自然数の集合を表す。自然数は無限にたくさんある。ω無矛盾というのは、ふつうの無矛盾よりも弱い（制限付きの）概念。

論理学者のレイモンド・スマリヤンの考えた例に「矛盾した小切手」と「ω矛盾した小切手」というのがある。要するに、使えない小切手のお話。全世界に無限に多くの（つまりωの）銀行が存在するとしよう。商売相手から「この小切手は、どこかの銀行で使えますよ」と言われて、近くの銀行に換金に行くと「うちの銀行ではお取り扱いできません」と断られる。毎日、毎日、どこの銀行でも断られる。怒り心頭に発して、商売相手に文句を言いに行くと、「お待ちなさい。私はうそつきではありません。あなたは、まだすべての銀行で試していないではないか！」と逆に叱られる始末。こういう状態が「ω矛盾した小切手」なのである。これは、不渡りではない。つまり本当に「矛盾した小切手」ではない。なぜなら、ωの数だけある、すべての銀行で断られてはいないから。ちょっぴり使える可能性というか希望的観測が残っているわけだ。

ω無矛盾というのは、理論体系が完璧に無矛盾（つまり整合）ではないにしても、「ほぼ完璧に無矛盾」なことを指す。いちいち区別をしなくてもよさそうなものだが、**無限が関係する局面では、このように概念が複雑にならざるをえない**のである。自然数の数が有限個しかないのであれば、このような複雑な状況は生じない。たとえば、自然数が有限のZ個しか存在しないのであれば、無矛盾とZ無矛盾は一致する。

Π《パイ》‐文……論理学では「すべてのxについて云々」という文章が出てくることが多いが、そのような文章をΠ‐文と呼ぶ。「あるxが存在して云々」という文章もあって、Σ《シグマ》‐文と呼ばれる。なお、Πはギリシャ語のパイの大文字で、Σはギリシャ語のシグマの大文字である。

これは、実は、計算可能性に関係した概念である。一番カンタンで単純な計算は、「何回計算せよ」というふうに計算回数があらかじめ決まっている場合で、そのような計算を「原始帰納的」(primitive recursive) とか「for-times 計算可能」などと呼んでいる。ちなみに、for-times というのは、コンピューターのプログラム言語に出てくる命令で、何回計算を繰り返せ、という程度の意味。

より一般的に「計算可能」なことを「帰納的」(recursive) とか英語のままでリカーシブと言う。プログラムが停止するかどうかを判定する一般的な方法は存在せず、計算不可能な例になっているが、そのような計算不可能な例にもいろいろあって、「ちょっと不可能」な計算から「ものすごく不可能」な計算まで段階別になっている。ちょっと不可能な場合を「帰納的に可算」(recursively enumerable) と呼び、停止判定プログラムなどはこの範疇に属する。

図示すると、二種類の計算不可能性のヒエラルキーがあることがおわかりいただけるだろう。この片方の系列がΣ－文で、もう片方がΠ－文なのである。このヒエラルキーを「算術的階層」と呼んでいる。計算不可能な算術にもいろいろあるのである(図8)。

ゲーデル文……ペンローズの記号ではG(F)。理論体系ごとにゲーデル文をつくることができる。つまり、その理論の言葉を用いて、「私は証明不可能です」という内容の文をつくることができるのだ。理論Fと別の理論F′とではゲーデル文も違ってくるため、単なるGではなく、G(F)とかG(F′)と書く。ゲーデル文の具体的な形は非常に複雑で、ゲーデルの原論文ではG(F)を定義するのに、準備として四〇個以上の術語の定義が延々と続く。具体的なゲーデル文の構築法をたどってみたい方は、参考文献の専門書を参照されたい。このゲーデル文をつくる際に「ゲーデル数」と「対角線の方法」というテクニックが使われる。

真偽値……数理論理学の意味論では、与えられた文章が真か偽かのどちらかに決まると考え、真ならば1、偽ならば0という値を割り当てる。真偽値とは、この0か1のこと。文章は、真か偽のどちらかなのであるから、真偽値の関数になっており、真偽値関数という言葉も使われる。

対角線の方法……もともと数学者のゲオルク・カントールによって「実数のほうが自然数より多い」ことを証明するのに使われた方法。ゲーデルの不完全性定理やチューリングの停止判定不可能定理でも使われている。

停止判定不可能な関数が存在する証明は、(厳密ではないが!)次のようにして行うことができる。

ステップ1　計算可能な関数をすべて集めた「完璧な一覧表」をつくる。

ステップ2　表の対角線に注目して、f_x(x)をf_x(x)+1でおきかえた新しい関数h(x)をつくる。

ステップ3　新しい関数h(x)は、表のどの関数とも最低一箇所(対角線のところで)ずれているから、表のどの関数とも違っている。すなわち、表に載っていない。つまり、h(x)は計算不可能な関数ということになる。

このように**対角線をずらして「表に載っていない」関数や文をつくる**のが対角線の方法なのである。「対角線論法」とも呼ばれる。なんで「対角線」かというと、f_n(m)でn

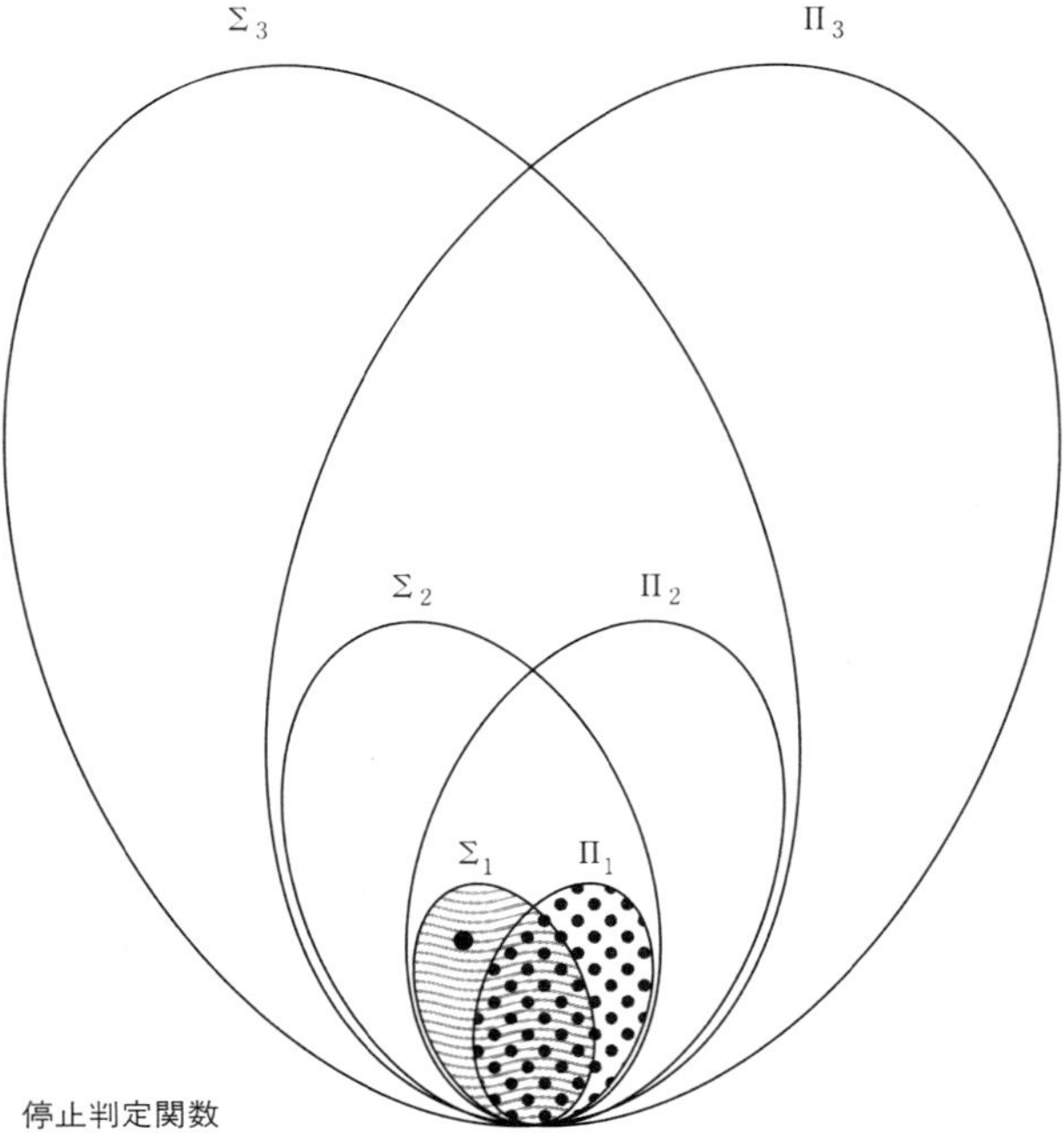

図8　Σ_1 - 文と Π_1 - 文の共通部分 が“帰納的”と呼ばれる計算可能領域。その一部分が、“原始帰納的”と呼ばれる、本当に計算しやすい領域。計算不可能な“停止判定関数”は Σ_1 - 文。数学の文（関数）は不可能な度合いに応じて、階層構造をなしている。この図からわかるように、ほとんどの関数は計算不可能なのである！

を列、mを行と考えると、n＝mは、一行一列、二行二列、三行三列などと対角線になるから。

ゲーデル文Gは「私は証明できない」という意味だが、計算プログラムの観点からすると、「私は自分が停まるかどうか判定できない」すなわち「私は計算できない」に相当する。ここで証明（？）したh（x）という関数の仲間で計算不可能な関数（つまり停まるかどうか決定不能なコンピューター・プログラム）は無数にたくさんあるわけであるが、そのうちの一つが「自分自身が停止するかどうかわからない奇妙な関数」なのである。私の説明は厳密性に欠けるので、より詳しくは、本書の茂木健一郎の解説「ツイスター、心、脳――ペンローズ理論への招待」と、たとえばクリーネ（Kleene）の教科書の四二節、四三節あたりをご覧ください。

なお、対角線の方法の原型を図9に載せておいた。ご存じなかった方は、この機会にじっくりと考えてみてください。

プラトン主義……プラトニック・ラブという言葉をご存じかと思う。プラトンは、古代ギリシャの哲学者で、かの有名なソクラテスの弟子。『ソクラテスの弁明』、『饗宴』など、師ソクラテスを主人公にした対話篇を数多く書いた。ちなみに、ソクラテス自身は、お釈迦様やキリストと同じで、何も書いていない。偉い人はしゃべるだけしゃべって、本は弟ステップ１　実数の完璧な表をつくる（無限に大きい）。

背番号	実数
1	0.2268794‥
2	0.0002655‥
3	0.1115554‥
4	0.0102032‥
5	0.9876540‥
6	0.3578444‥
7	0.0685176‥
⋮	⋮

ステップ２　対角線の数をとってきて各桁をずらす。

0.2012546 …　（対角線の数）

0.3123657 …　（対角線をずらした数）

ステップ３　対角線上をずらした数は表に載っていない。

なぜなら、表のｎ番目の実数とは、ｎ桁目が食い違うから。
たとえば、３番目の実数とは３桁目が違う。
（１を２にずらしてある）
表のどこまで見ていっても、事情は同じで、最低１桁は食い違う。
実数に自然数の背番号はつけられないのだ。
（実数の総数のほうが自然数の総数より多い）

図９　対角線の方法

子に書かせるのだろうか。プラトンの作品は、ソクラテスの言葉という形をとっているが、かなりの部分、プラトン自身の哲学を綴ったものと思われる。

さて、プラトン主義というのは、一言で言ってしまえば、理想主義（idealism）のこと。プラトンは、「イデア界」という理想的な世界を考えていた（イデアは英語のアイデアである）。数学的プラトン主義というのは、数学のイデア界が存在する、という思想。たとえば、幾何学で三角形について論ずる場合、完璧で理想的な三角形が数学のイデア界に存在する、と考えるわけだ。たしかに、現実の物理的世界には、完璧な三角形など存在しない。あるのは、黒板にチョークで描かれた歪んで不完全な三角形だけである。とかく現実は醜い。

世の数学者は、多かれ少なかれ、数学的なプラトン主義者だと言えよう。

なお、プラトンの著作を読めば明らかであるが、プラトニック・ラブのもともとの意味は、「男性同士の崇高な純愛」のことであり、特に成人男性と美しい少年の愛を指す。昔の殿様とお小姓の関係である。プラトニック・ラブは、現代のような異性間の精神的な愛のことではない。古代ギリシャは、ゲイ文化が華やかだったのである。ただし、数学的なプラトン主義者というのはゲイとはいっさい関係ないので念のため。

積み上げ方式（bottom-up）……トップダウン方式の反対語。下から積み上げていく方法のこと。ペンローズは、人工知能などによって、プログラムが徐々に学習進化していく状況を言い表している。ただし、ペンローズによれば、あらかじめパターンの決まっているトップダウン式だろうが積み上げ式だろうが、人工知能では意識は扱えない。

人工知能……英語の Artificial Intelligence の翻訳。コンピューターなどの人工的な方法で人間の知能や感情をつくりだそう、という学問。ニューラルネットと呼ばれる人間の神経系をモデルにしたプログラミング方法などがあり、たとえば株価の予想や広告認知率予測などに使われている。

チューリング・テスト……人工知能がホントに人間の知能を実現しているかどうかを試す方法で、アラン・チューリングが提唱した。要するに、外見はわからないようにして、たくさんの質問をしてみて、相手が人間か機械かを判定する。もし、いくら質問をしても、相手が機械であることを見抜けないのであれば、人工知能は実現されているわけだ（詳しくは茂木健一郎の解説を参照してください）。

状態の収縮……量子力学は「状態の重ねあわせ」と「シュレディンガー方程式」からなる（実は、シュレディンガー式とハイゼンベルク式があるが、両者は数学的に同等であり、関数解析という数学の分野で詳しく扱われる)。量子力学では、シュレディンガー方程式に従う波動関数ψがいくつか重ねあわされているのが通常の状態。たとえば、電子がココにある状態とアソコにある状態が幽霊のように重なっている。電子がココにある確率が三〇パーセントでアソコにある確率は七〇パーセントだ、などということになる。状態は空間的に拡がっているのがふつうで、波の束であることから波束(wave packet)と呼ばれる。「状態の収縮」は、「波動関数の収縮」、「波束の崩壊(wave packet collapse)」とも言うが、要するに**状態が一〇〇パーセント決まること**。収縮は英語で reduction なので、その頭文字をとって、ペンローズは収縮を「R」という記号で表す。

波動関数はヒルベルト空間のベクトルという数学的な意味があるため、「波動ベクトル」とも呼ばれる。

状態の収縮がどのようにして起こるか、というのは量子論の長年の問題であり、「観測問題」と呼ばれる。現状では、

●観測問題は解決済みで、たとえば町田・並木理論で説明できる
●観測問題は未だ解決されておらず、重力をとりこんだ量子重力理論を待つ必要がある

などの立場があり、物理学界にも哲学界にも統一的なコンセンサスはないように思われ

る。私の個人的な見解としては、たしかに町田・並木理論（あるいは類似の説明）で収縮は起こるが、それは「観測装置」との相互作用によるため、ペンローズらによる「客観的な収縮」を排除するものではなく、将来、量子重力理論とのかねあいで新展開が見られる可能性はあると思う。

いずれにせよ、量子力学の観測問題は、完全なコンセンサスを得た解決法がなく、かなり混乱した状況にある。

なんとも中途半端な用語解説で、背筋をつつーっと冷や汗が……という感じだが、ペンローズの思想を理解する際の大きな障害の一つである「論理学用語」を中心に説明するよう努力したつもりだ。ただし、私は生物学は全く専門外で、オルガネラとオリガミの区別すらつかない。そこで、次のペンローズの論文「意識は、マイクロチューブルにおける波動関数の収縮として起こる」をお読みになる前に、生物物理学が専門の茂木健一郎の解説の3・2にある「マイクロチューブルとは何か?」（二五九頁）にちょっと目を通されると、マイクロチューブルなんて怖くない、はずである。

読書案内（☆は一般向けで★は専門書）

●ペンローズ自身によるもの。

『皇帝の新しい心』ロジャー・ペンローズ著、林一訳（みすず書房）☆

『心の影』1・2、ロジャー・ペンローズ著、林一訳（みすず書房）☆

『心は量子で語れるか——21世紀物理の進むべき道をさぐる』（*The Large, the Small and the Human Mind*）ロジャー・ペンローズほか著、中村和幸訳（講談社ブルーバックス）☆

Spinors and space-time, I, II, R. Penrose and W. Rindler (Cambridge) ★

The Road to Reality, R. Penrose (Vintage) ☆

ツイスターの解説書は、なんといっても*Spinors and space-time*, I, IIがバイブルであるが、ほかに、

An Introduction to Twistor Theory, S. A. Huggett and K. P. Tod (Cambridge) ★……練習問題と解答付きの入門書

Twistor Geometry and Field Theory, R. S. Ward and Raymond O. Wells, Jr (Cambribge) ★……数学的アプローチですっきりしている

Complex General Relativity, Giampiero Esposito (Kluwer Academic Publishers) ★

などがある。日本語で読める解説としては、

『ペンローズのねじれた四次元』竹内薫著（講談社ブルーバックス）☆
『ツイスターの世界』高崎金久著（共立出版）★

などがある。

相対論については、あまりにもたくさんあるので、手前みそで申し訳ないが、変わった切り口のものとして、

『ゼロから学ぶ相対性理論』竹内薫著（講談社サイエンティフィク）☆……時空図を用いた相対論講義
『脳とクオリア——なぜ脳に心が生まれるのか』茂木健一郎著（日経サイエンス社）☆……相対論の考えを脳に応用した衝撃の説

の二冊を挙げさせてほしい。

量子重力とひも理論については、

『素粒子の超弦理論』江口徹、今村洋介著（岩波書店）★
A First Course in String Theory, Barton Zwiebach (Cambridge) ★

などがあり、解説では、特に、

"The holes are defined by the string", Edward Witten, *Nature* 383, pp. 215-216 (1996) ☆

を参考にした。

不完全性と計算不可能性など。実にたくさんあるので、以下はほんの一部だと考えてほしい。日本語のものを中心に挙げておく。

『ゲーデルの不完全性定理』レイモンド・スマリヤン著、高橋昌一郎訳（丸善）★……タルスキーの定理を使った一番カンタンな証明が出ている

『決定不能の論理パズル　ゲーデルの定理と様相論理』レイモンド・スマリヤン著、長尾確、田中朋之訳（白揚社）☆……パズル好きにおすすめ

『数学基礎論入門』R・L・グッドステイン著、赤攝也訳（培風館）★

『計算可能性・計算の複雑さ入門』渡辺治著（近代科学社）★

『ゲーデルの謎を解く』林晋著（岩波書店）☆……ドラえもんの応用でゲーデルの定理を説明

『不完全性定理』野﨑昭弘著（ちくま学芸文庫M&S）☆

『ゲーデル、エッシャー、バッハ　あるいは不思議の環』ダグラス・R・ホフスタッター著、野﨑昭弘、はやしはじめ、柳瀬尚紀訳（白揚社）☆……ピューリッツァー賞受賞のベストセラー

『ゲーデルは何を証明したか』E・ナーゲル、J・R・ニューマン著、はやしはじめ訳（白揚社）☆……黄色い表紙のロングセラー

『はじめての現代数学』瀬山士郎著（講談社現代新書）☆……竹内薫のおすすめ

『集合とはなにか』竹内外史（講談社ブルーバックス）☆……公理的集合論の概要がわかる

『数学基礎論序説』R・L・ワイルダー著、吉田洋一訳（培風館）★……素朴集合論入門によい

『論理学』野矢茂樹著（東京大学出版会）★……哲学的な考察が対話形式で出ている

『数理論理学』福山克著（培風館）★

『数学基礎論講義』田中一之編著、鹿島亮、角田法也、菊池誠著（日本評論社）★……不完全性定理の復習から最近の話題まで出ているレベルの高い良書

『ゲーデルを語る』ゲーデル他、前原昭二、本橋信義訳（遊星社）☆

『ゲーデルの世界』広瀬健、横田一正著（海鳴社）★……ゲーデルの論文の翻訳が入っている

On Formally Undecidable Propositions of Principia Mathematica and Related Systems, Kurt Gödel（Dover）★……ゲーデルの原論文の英訳

Mathematical Logic, Joseph R. Shoenfield（Addison-Wesley）★……数理論理学の古典

Mathematical Logic, S. C. Kleene（John Wiley & Sons）★……竹内薫のおすすめ

Mathematical Logic and Computability, H. Jerome Keisler et al.（McGraw-Hill）★……ソフトつき

人工知能の具体的なプログラミング技術について一冊だけあげておく。

Simulating Neural Networks with Mathematica, James A. Freeman (Addison-Wesley) ★

本書のツイスターとペンローズ・タイルはマセマティカを使って描いたが、ペンローズ・タイルについては、『Mathematicaで見える現代数学』S・ワゴン著、長岡亮介監訳（ブレーン出版）☆の方法を参考にした。この本は、マセマティカの非常にいい入門書であり、楽しくためになる構成になっている。

意識は、マイクロチューブルにおける波動関数の収縮として起こる

ロジャー・ペンローズ／スチュアート・ハメロフ

*文中の（　）内の数字は、末尾に挙げた参考文献を参照。

要約：「意識」とは何だろうか？

哲学者の中には、「クオリア」、すなわち、「意識」を構成する経験のメディアが、現実の基本的な構成要素となっていると主張する人もいる。たとえば、ホワイトヘッドは、宇宙は、「経験の機会」（occasions of experience）の集合であると述べた。このような世界観は事実なのだろうか？

その可能性を科学的に追求するためには、物理的現実自体の性質を再検討する必要がある。たとえば、アインシュタインの一般相対性理論によって記述される四次元時空の物理学と、量子力学との関係を再検討しなければならないだろう。

このような検討の結果、私たちは、「客観的な波動関数の収縮」（objective reduction）という新しい物理学に到達する。以下では、このプロセスを、簡略化して「ＯＲ」という記号で書くことにする。

「ＯＲ」は量子重力理論と関係している。また、「ＯＲ」は、量子力学と古典力学の間の境界で起こる基本的なプロセスを記述する。(39、41)「ＯＲ」のスキームの下では、量子力学における波動関数の収縮は次のようにして起こる。

すなわち、量子力学の重ね合わせの状態は、ある「客観的な」基準（量子重力理論に関係したあるしきい値）に到達することによって、自ら収縮を起こす。脳のように、ある基準を満たす形で組織されたシステムでは、「ＯＲ」の際に「意識」が生ずると考えられる。私たちは、「ＯＲ」は、意識の本質的な属性の一つである「計算不可能性」（non-computability）を導入すると考える。時間的に言えば、「ＯＲ」は、瞬間的に起こる。それは、時空構造の自己組織化のプロセスの、一つのクライマックスである。哲学との関連で言えば、「ＯＲ」は、ホワイトヘッドの言うような「経験の機会」を支えるプロセスの候補でもある。

では、「ＯＲ」のプロセスは、脳の中で、ニューロンの活動と関連して、どのような形で起こりうるのだろうか？　また、「ＯＲ」は、「意識」のさまざまな特徴とどのように関係しているのだろうか？　この論文で、私たちは、脳のニューロンの中にある「マイクロチューブル」（microtubules）において、意識を支えるのに要求されるような性質を持った「ＯＲ」のプロセスが起こっていると提案する。[20,21,40]

マイクロチューブルは、「チューブリン」（tubulin）と呼ばれる蛋白質のサブユニットから構成されている。私たちのモデルでは、量子力学的な重ね合わせ状態が、チューブリンの中で出現し、そのままコヒーレントな状態（波動関数の位相がそろった状態）に保たれる。そして、ある質量―時間―エネルギーのしきい値（このしきい値は、量子重力理論で与えられる）に達するまで、他のチューブリンの波動関数を次々と巻き込んでいく。

こうしたプロセスの結果システムがしきい値に到達したときに、瞬間的に、波動関数の自己収縮、すなわち「ＯＲ」が起こるのである。私たちは、波動関数の収縮が起こる前のコヒーレントな重ね合わせの状態（すなわち、量子力学的な計算が行われている状態）を、「前意識的プロセス」と見なし、瞬間的に起こる（そして、非計算論的な）波動関数の収縮を、「一つの離散的な意識的イベント」と見なす。このような「ＯＲ」が次々と起こることによって、「意識の流れ」(stream of consciousness) が生ずるのである。

マイクロチューブルと関連する蛋白質 (Microtubule-associated-proteins, ＭＡＰｓ) は、このようなコヒーレントに重ね合わせられた量子力学的状態の振動をチューニングすると考えられる。こうして、マイクロチューブルで起こる「ＯＲ」は、自己組織化され、全体としてオーケストラのように調整されたものになる。以下では、マイクロチューブルで起こるこのような「ＯＲ」を、一般の「ＯＲ」と区別するために、「Ｏｒｃｈ ＯＲ」(Orchestrated OR＝組織化された「ＯＲ」) と書くことにする。それぞれの「Ｏｒｃｈ ＯＲ」イベントは、それ自体は古典的な信号伝達手段を用いて、マイクロチューブルのサブユニットがシナプス、およびより一般のニューロンの機能を制御するときに、非計算論的な「選択」を行っている。

波動関数の自己収縮の量子重力理論におけるしきい値は、どのような形で意識と関係してくるのだろうか？　私たちは、この問題は、マクロに重ね合わせられた量子力学的状態が、それぞれのシステムに固有な時間−空間の幾何学構造を持っていることと関連していると考える。これらの幾何学構造は、波動関数と同様に「重ね合わせ」られているのだが、一方では「分離」されてもいる。この「分離」が十分に大きくなると、時間−空間の幾何学的構造の重ね合わせは無視できないくらい不安定なものになり、やがて第一の状態へと収縮するのである。量子重力は、このような不安定性を特徴づけるスケールを決定している。さらに、このような収縮の際に実際にどの状態が選ばれるかという選択のプロセスは、非計算論的であると考えられる。こうして、それぞれの「Ｏｒｃｈ ＯＲ」イベントは、時間−空間の幾何学が自己選択していく過程であり、マイクロチューブルや他の生体分子を通して、脳の中のプロセスに関与していくのである。

私たちは、意識的な経験は、時空構造の背後にある物理学そのものと、深く関係していると考える。そして、マイクロチューブルにおける「Ｏｒｃｈ ＯＲ」イベントは、意識をめぐる困難な問題に対して、全く新しい、そして非常にユニークで有望な視点を与えてくれると考えるのである。(39、41)

1――イントロダクション

経験のメディアの中の、自己選択？

意識という現象にかかわる「困難な問題」(hard problem) を科学的な世界観の中に位置づけることを考えよう。この時、中心となるのは、いかにして「クオリア」、すなわち精神的な状態の主観的な経験を説明するかということである。[4、5] この点に関して、還元主義的な科学は、なすすべを知らない。そもそも、なぜ私たちは内面生活などを持っているのだろうか？ いったい、意識とは、何のことなのだろうか？

意識に関する「困難な問題」に取り組むとき、一つの可能な哲学的立場は、意識を、物理的現実の基本的な構成要素の一つであるとみなすということだ。最も極端な視点、すなわち「汎精神主義」(panpsychism) をとった場合、意識は、すべての物質が持つ性質であるとされる。原子や、その中の構成粒子も、意識の要素を持っているというわけである。[44、48]

ライプニッツやホワイトヘッド[58]のような「精神主義者」(Mentalists)は、通常、「物理的」と考えられているシステムも、ある意味においては精神的な実在から構成されているのだとした。バートランド・ラッセル[45]は、「中立的単一主義」(neutral monism)の考え方を述べた。すなわち、物理的でも、精神的でもないある中立的な存在が、物質と心の両方の起源になっているという考え方である。最近になって、シュトゥーベンベルク[49]は、クオリアこそが、ラッセルの中立的な存在であると主張した。単一論的理想主義(monistic idealism)の立場では、物質も心も、意識から生ずるとされる。すなわち、意識が、実在の根本的な構成要素であるというわけだ。[16]一方、ウィーラー[57]は、情報こそが宇宙を記述する物理にとって基本的だと示唆した。これを受けて、チャーマーズ[4、5]は、情報が物理的であると同時に経験的な側面を持つという、両義的な理論を提唱している。

これらの立場の中では、おそらくホワイトヘッド[58、59]の哲学が、私たちが以下で問題とすることに一番関係がある。ホワイトヘッドは、宇宙の中の究極の具体的な実在は、個々の「経験の機会」であるとする。それぞれの「経験の機会」は、「感覚」に似た性質を持っている。ホワイトヘッドは、「経験」という言葉を、広い意味で解釈する。そして、それは汎精神主義と矛盾しないような意味だ。たとえば、「電子のたどる履歴の中で起こる時系列のイベントも、何らかの原始的な精神性を持つ」ということになる。しかし、ホワイトヘッドの考えは、単なる汎精神主義とは区別できる。というのも、ホワイトヘッドの言う

「経験の機会」は、「量子的イベント」と関連づけることができるからだ[47]。ここで重要なのは、量子力学の標準的な記述法の下では、ランダムな要素は、量子的な状態の収縮において見られるということだ。すなわち、量子的レベルのプロセスが、マクロなスケールにまで拡大されるときに起こる現象が重要なのである。

量子的状態の収縮（以下では、省略して「R」と表すことにする[37,39]）は、物理学者が量子力学における観測過程を説明するときに用いる概念だ。「R」が、実際に起こる物理現象なのか、それとも何らかの幻想にすぎず、自然のふるまいの基本的な要素とはみなせないのかは、今でも激しく議論されている。私たちの立場は、「R」が実在のプロセスであるというものだ。というよりも、「R」を、客観的で、実在するプロセス、「OR」のほど良い近似とみなそうということだ。ここで重要なのは、「OR」は、「R」のようにランダムに起こるのではなく、決定論的ではあるが、非計算論的なプロセスとして起こるということだ[37,39]。ほとんどすべての物理的状況において、「OR」は、環境からのランダムな影響が支配的な中で起こるだろう。だから、実際のところ、「OR」と「R」は、区別が付きにくいかもしれない。しかし、もし、問題となる量子的システムが環境から十分隔離され、コヒーレントな状態に保たれるならば、「OR」のメカニズムによって、自発的に収縮することが可能になるのである。この際、システムは、ランダムにではなく、非計算論的にふるまうのだ。しかも、このような「OR」のプロセスは、物理的宇宙の幾何学の、最も深いところと関係しているのだ。

私たちの観点は、経験的な現象を物理的な宇宙と切り離せないものとして扱うことだ。実際のところ、私たちの経験することは、物理的宇宙を支配する法則自体と深く関係しているのだ。この関係性はあまりにも深いものであるので、今日ある物理学の範囲では、そのほんの表面の輝きしか見ることができない。私たちは、このようなかろうじて見える輝きの一つが、意識的な思考プロセスに必然的に含まれる非計算論的要素であると主張する。

そして、このような非計算論的性質が、量子的状態の自己収縮――すなわち、前に述べた「OR」にも潜んでいると考えるのである。これが、著者の一人、ペンローズが一九九四年に出版した『心の影』の主なテーマの一つであった。意識的な思考は、他にどのような性質を持つかは知らないが、とにかく非計算論的であることは間違いないという結論は、ゲーデルの不完全性定理からの演繹によって導かれる。そして、この結論は、一見小さく見えるが、実は恐ろしく価値のあることを示唆しているのである。それはすなわち、少なくともある種の意識的状態は、それに時間的に先立つ状態から、アルゴリズム的プロセスによっては導かれないということである。このことこそ、人間(そしておそらくは他の動物)の心を、コンピューターと区別しているのである。たしかに、非計算論的であるということ自体は、私たちの経験にまつわる「クオリア」のような困難な問題と直接関係しているとは言えない。しかし、計算不可能性は、私たちの経験の背後に横たわる物理的活動を理解する鍵になるのである。すなわち、無意識の活動の背後にあるような物理現象とは、全く異なる性質を持つ「OR」にスポットライトが当たるのだ。この鍵を、感受性と忍耐を持って探求することは、最終的に心という現象を、その外面的な側面だけでなく、内側的な側面においても理解することにつながると信じるのである。

「OR」という視点から見ると、組織化された量子的システムが、その時間─空間的な分離の量子重力的しきい値に到達するまで孤立し、コヒーレントな重ね合わせを維持することに成功したとき、その時に意識が生ずる。その後、システムは自己収縮するのである（もちろん、非計算論的に！）。意識が生ずるためには、「自己」収縮が起こることが本質的である。すなわち、環境からのランダムな影響に基づく収縮ではダメだということなのだ。環境からの影響を受けて収縮した場合、そのプロセスは実際上ランダムであり、意識に直接関与できるような、役に立つ計算不可能性を欠いていることになるだろう。私たちは、自己収縮は、一瞬のうちに起こる現象であると考える。それは、時間─空間構造の根本に横たわる、自己組織化のプロセスの一つのクライマックスである。そして、この描像は、ホワイトヘッドの「経験の機会」の概念とも一致するのである。

「OR」は、原理的には、生命体以外のさまざまな物質内で幅広く起こりうる。したがって、ここでは、一種の「汎精神主義」、すなわち、一つの電子にさえも、ある種の経験的な質が宿りうるという描像が示唆されているように思われる。しかし、「OR」を支配する原理によると、[39、41]単一の電子が、仮にその孤立を維持できたとして、その重ね合わせ状態を「ＯＲ」で収縮させることができるのは、宇宙の現在の年齢よりも長い時間に精々一回きりなのである。単一のマクロな量子系の中で、コヒーレントな状態に保たれた粒子の集合だけが、私たちの持つ意識に意味を持つような短い時間の間に「ＯＲ」を起こすことができる。したがって、私たちの意識を支えることができる可能性があるのは、次のような非常に特殊な場合だけである。

（1）量子的状態のコヒーレンスが高いレベルで保たれていること。そして、「ＯＲ」のしきい値に到達するのに十分な時間が経過し、しかもそれに必要な時間が、私たちの思考のプロセスで役に立つほど短いこと。

（2）「ＯＲ」のプロセスが、少なくとも自発的な状態の収縮が起こるのに十分な時間が経過するまで、ノイズにあふれたまわりの環境から隔離されていること。このような隔離は、状態の収縮が単なるランダムな過程ではなくなるために重要である。環境の中の大きな変動が量子的状態と絡み合って引き起こされる収縮は、効果としてはランダムな（すなわち、非計算論的ではない）ものとなってしまうだろう。

（3）連続して起こる一連の「OR」が、「意識の流れ」を引き起こさせる。人間の一生の間には、莫大な数の「OR」のイベントが起こることになる。

量子重力的なしきい値に達することによって、一つ一つの「OR」イベントは、時間―空間の幾何学に重大な意義を持つことになる。実際、「OR」イベントの流れが、現実に出現する時空間構造の選択を決定づけるのである。

脳内の過程に利いてくるような物理現象のスケールを考えたとき、そこに量子重力の効果が現れるというのは驚くべきことのように思われるかもしれない。というのも、量子重力は、通常、日常目にするようなスケールでは、ばかばかしいほど小さな影響しか持たないとみなされているからである。しかし、このような考え方は間違っている。実際には、後に示すように、量子重力の基本的原理から決定されるスケールは、脳の中の意識を支えるプロセスを特徴づけるスケールと一致するのである。

それでは、今まで議論してきたような「OR」のプロセスは、実際の脳の中でどのように起こるのか？　当然そのような疑問が湧いてくるだろう。「OR」のプロセスは、ニューロンの活動に、どのようにしたら高い情報交換速度で関与できるのだろうか？　「OR」は、前意識的状態から意識的状態への遷移や、空間的、あるいは時間的な統合、そして同時性や時間の流れといった、私たちの心の持つ性質を説明できるのだろうか？

私たちは、私たちの心の持つ性質を説明できるような「ＯＲ」のプロセスが、ニューロンの中のマイクロチューブルにおいて起こっていると結論する。私たちのモデルにおいては、マイクロチューブル関連蛋白質が、「ＯＲ」に至る量子的な振動を調節する役割を果たしている。こうして、私たちは、「調節された客観的状態収縮」(orchestrated objective reduction)、「Ｏｒｃｈ ＯＲ」の概念に到達するのである。

2――時間と空間：量子力学と、アインシュタインの重力理論

量子力学は、私たちの住む宇宙を基本的なところで構成している物質やエネルギーの、驚くべきふるまいを記述する。量子力学の根本にあるのは、原子や、分子、さらにそれらの構成粒子の持つ、「波でありしかも粒子である」という二重性である。原子や、原子を構成する粒子などの量子系は、環境から隔離された状態に置かれると、起こりうるさまざ

まな可能性を表現した波＝波動関数としてふるまう。すなわち、複素数の値を持つ、コヒーレントな重ね合わせ状態としてふるまうのである。このような量子レベルの物体のふるまいは、状態ベクトルを使って表現することができる。そして、この状態ベクトルは、シュレディンガー方程式に従って、決定論的な時間発展をする。今、このような時間発展を「U」と表そう。

ミクロなレベルの量子的な重ね合わせは、どのようにしてかわからないけれど、私たちになじみの深いマクロなレベルの、重ね合わせの解かれた安定した構造へと変化する。この変化が、すなわち波動関数の収縮、「R」である。波動関数の収縮によって、いくつかの可能性を表現した量子的な波は、一つのマクロな現実へと落ち込んでいく。結果として生ずるのは、何らかの適当な演算子の固有状態だ。つまり、いくつか存在する固有状態のうちの一つが選ばれるわけである。このプロセスは、マクロ的な観測の過程において起こると考えられる。すなわち、ミクロな、量子力学的なスケールから、マクロな古典的力学的スケールへの拡大が行われる過程である。

通常の量子力学の解釈によれば、どのような固有状態が選ばれるかは、全くランダムである。これがすなわちいわゆる「コペンハーゲン解釈」だ。どのような固有状態が選ばれるかは、量子力学の法則に従って計算される確率の重みによって決定される。この、量子力学の確率的側面が、アインシュタインをはじめとする多くの人々を不愉快にさせてきたのだった。

「あなたは、サイコロ遊びをする神を信じるわけですが、私は完全な法則と秩序を信じています」

これは、マックス・ボルンに宛てた手紙の一節である。著者の一人のペンローズ(37、39)は、より深い記述のレベルにおいては、固有状態の選択は、今のところまだ知られていない「非計算論的な」数学的、あるいは物理学的な(すなわちプラトン主義的領域の)理論によって説明されるのではないかと主張した。つまり、波動関数の収縮は、アルゴリズム的には演繹できないという主張である。ペンローズは、このような計算不可能性は意識にとって本質的であると主張する。なぜならば、意識的な精神活動の少なくとも一部分は、コンピューターによっては実現不可能だからだ。

現在の物理学は、なぜ、どのようにして波動関数の収縮「R」が起こるのかを明確に説明することができないと断言してよいだろう。一九三〇年代を通して、実験的あるいは理論的な証拠に基づく物理学者たち(たとえば、シュレディンガー、ディラック、フォン・ノイマンその他)の考えは、量子力学におけるコヒーレントな重ね合わせは、時間的にはいつまでも続きうるというものだった。したがって、原理的には、ミクロなスケールからマクロなスケールまで重ね合わせが維持されうると考えられた。あるいは、意識を持つ観測者によって観測が行われ、その結果波動関数が収縮するまで、重ね合わせは維持されると考えられた。このような波動関数の収縮を、主観的収縮、「SR」(subjective reduction)と呼ぼう。「SR」の考え方によれば、マクロな物体でさえ、もし観測されないまま放っておかれれば、重ね合わせ状態のままでいることになる。[46]このような考え方がいかに馬鹿げているかを示すために、エルヴィン・シュレディンガーは、有名な「シュレディンガーの猫」の思考実験を提出した。つまり、観測者が箱を開けて見るまで、中の猫は死んでいる状態と生きている状態の重ね合わせ状態にとどまっているという常識では受け入れがたい結論だ。

このような困った状況を避けるために、客観的な基準による波動関数の収縮(客観的収縮、「OR」)のメカニズムが最近になって提案されている。このようなメカニズムに基づくと、重ね合わせられた状態は、時間発展して、やがてしきい値に達し、そこで波動関数の収縮、すなわち「OR」が、急速に起こる。[15,34]これらのメカニズムのうちのいくつかは、重力の効果が「OR」を引き起こすとしている。[8,14,25,35,37,39,42]

表1は、このような収縮のメカニズムを分類したものである。

物理現象としての重力は、一六八七年にアイザック・ニュートンの数学によってかなりの程度正確に記述された。重力は、その後の自然科学の発展において鍵となる役割を果た

メカニズムが働く枠組み	収縮が起こる原因	メカニズムの名称	省略記号
量子的 コヒーレントな 重ね合わせ	収縮は起こらない	波動関数の時間発展（シュレディンガー方程式）	U
通常の量子力学 （コペンハーゲン解釈）	環境との巻き込み観測 意識を持つ観測者による観測	収縮 あるいは 主観的収縮	R あるいは SR
新しい物理学 （Penrose 1994）	自己収縮 量子重力によって引き起こされる （Penrose,Diosi他）	客観的収縮	OR
意識 （この論文）	自己収縮 マイクロチューブルにおける量子重力的しきい値がMAPsなどによって調節される	調節された客観的収縮	Orch OR

表1　波動関数の収縮メカニズムの分類

してきた。しかし、一九一五年になって、アインシュタインの一般相対性理論が私たちの科学的世界観に革命を起こした。

アインシュタインの理論によれば、重力は、物理学において、非常にユニークな役割を担っている。[39]その理由の中で最も重要なものは、次のとおりだ。

(1)重力は、時空間の中で起こるイベント間の因果関係に影響を与える唯一の物理現象である。

(2)重力は、何の局所的な実在性も持たない。なぜならば、適当な座標変換をほどこせば、局所的な重力は、いつでも消してしまうことができるからだ。重力は、むしろ、空間のグローバルな性質に関係している。そして、すべての粒子と力を含む、時空間自体の持つ曲率を決定している。

以上のような理由により、重力は、他の物理的効果から導き出される、二次的な現象とはみなされえない。重力は、物理的実在の最も根本的な因子であると考えなければならないのである。

アインシュタインによる一般相対論と、量子力学を統一すること、すなわち、量子重力をつくることは、未だに成功していない物理学の最重要課題の一つだ。そして、量子重力理論が完成した場合には、一般相対論と量子力学の両方が、根本的な変化を余儀なくされるだろうと考える強力な証拠がある。(36、40)

そして、何よりも、量子重力理論は、物理的現実について、全く新しい理解をもたらすことになるだろう。重力の大きさはきわめて小さい（たとえば、電気的力に比べると、四〇桁ほども小さい）。それにもかかわらず、重力は量子的状態がミクロなレベルからマクロなレベルに発展する上で深い影響力を持つと信じる理由がある。量子重力を生物学と結びつけること、少なくとも、神経系と結びつけることによって、「意識」という現象の、全く新しい理解がもたらされる可能性があるのである。

3——曲がった時空間の重ね合わせと客観的収縮(「OR」)

現代物理学の描像によれば、現実世界は、三次元の空間と一次元の時間が組み合わされた、四次元の時空の中に埋め込まれている。この時空は、アインシュタインの一般相対論に従って、少しだけ曲がっている。空間の曲がりは、質量密度の分布を重力場が反映することによって引き起こされる。質量分布があるかぎり、たとえどんなに小さくとも、時空の曲率に影響を与える。

以上が、古典的な物理学の下での標準的な描像だ。一方で、量子的なシステムが物理学者によって研究される際には、このような、質量の存在によって引き起こされる時空構造の小さな曲がりは、全くと言ってよいほど無視されてきた。その理由としては、重力の効果は、量子力学が対象としているような問題においてはほとんど微々たるものであるということが挙げられた。しかし、驚くことに、時空構造のこのような小さな違いが、実際には大きな効果を持つことがありうるのだ。というのも、時空の曲がりは、量子力学の法則自体に、デリケートだが根本的な影響を及ぼすからだ。

重ね合わせられた量子的状態が、異なる質量分布を持つ場合、それぞれに対応する時空の幾何学も異なることになる。こうして、重ね合わせられた量子的状態が存在するときには、同時に、異なる時空構造の重ね合わせも存在する。量子重力理論が完成していない現状では、このような時空の重ね合わせを扱うための信頼できる方法は存在しない。

実際のところ、アインシュタインの一般相対論の基本原理は、量子力学の基本原理と、深刻な矛盾を引き起こす。[41] それにもかかわらず、右のような異なる時空構造の重ね合わせを記述するための、さまざまな試みが提案されてきた。私たちの現在の提案に特に関係があるのは、何人かの研究者[8、14、25—28、35、38、39、41、42]のとったアプローチである。すなわち、波動関数の客観的収縮（「OR」）は、まさに異なる時空構造が重ね合わされたときに起こるというアイデアだ。

このアプローチでは、「OR」の起こる速さ、ないしは時間スケールは、量子重力の基本的な考察に基づいて計算することができると提案されている。もっとも、詳細の部分に関する考えは、研究者の間で異なっている。ここでは、私たちは、ペンローズ[39、41]によってなされた提案を採用する。すなわち、十分異なった時空構造の量子的重ね合わせは不安定であり、その寿命は時空構造のずれに応じた時間スケールで与えられる。このような重ね合わせの状態は、やがて単一の時空構造へと収縮する。すなわち、最初に重ね合わされていた時空構造のどれか一つへと収縮するのである。

このような「OR」のプロセスは、たしかに、標準的な量子力学において一般に認められているメカニズムではない。しかし、だからと言ってそれにかわるもっともらしく明瞭なスキームなどありはしないのだ。このような「OR」のプロセスを採用することによって、「同時に複数の宇宙が存在する」[10、56]といった解釈（多世界解釈）は必要なくなる。実際、量子重力の専門家の間では、「OR」以外にどのようなスキームを考えうるのか、合意がない状態だ。ここでは、この根本的な問題の解決が、重力によって引き起こされる「OR」によって与えられると仮定することにする。

図Ⅰは、マクロなレベルでの異なる質量分布が量子力学的重ね合わせを起こした場合、時空構造がどのように影響を受けるか、その様子を示したものである。それぞれの質量分布は別々の時空構造を生じ、異なる曲率を持つ。これらの二つの質量分布が量子力学的重ね合わせを保っているかぎり、それらに対応する二つの時空構造も重ね合わせられたままだ。一般相対論の原理によれば、一つの時空の中の点をもう一つの時空の中の点に対応させるような自然な方法は一般の場合には存在しない。したがって、二つの時空構造はある意味では「分離」しており、二つの時空構造が分岐するところに、「傷」ができることになる。

図Ⅰでは、分岐する時空構造は下に示されている。この時空は、図の上の二つの時空構造を「張り合わせた」ものである。それぞれの時空の時間的な起点は、時空ダイアグラムの一番下の点にある。張り合わされた時空構造は、二つの異なる質量分布が実際に量子力学的重ね合わせ状態にあるところを示し、一方上の二つは、重ね合わされた二者択一的な

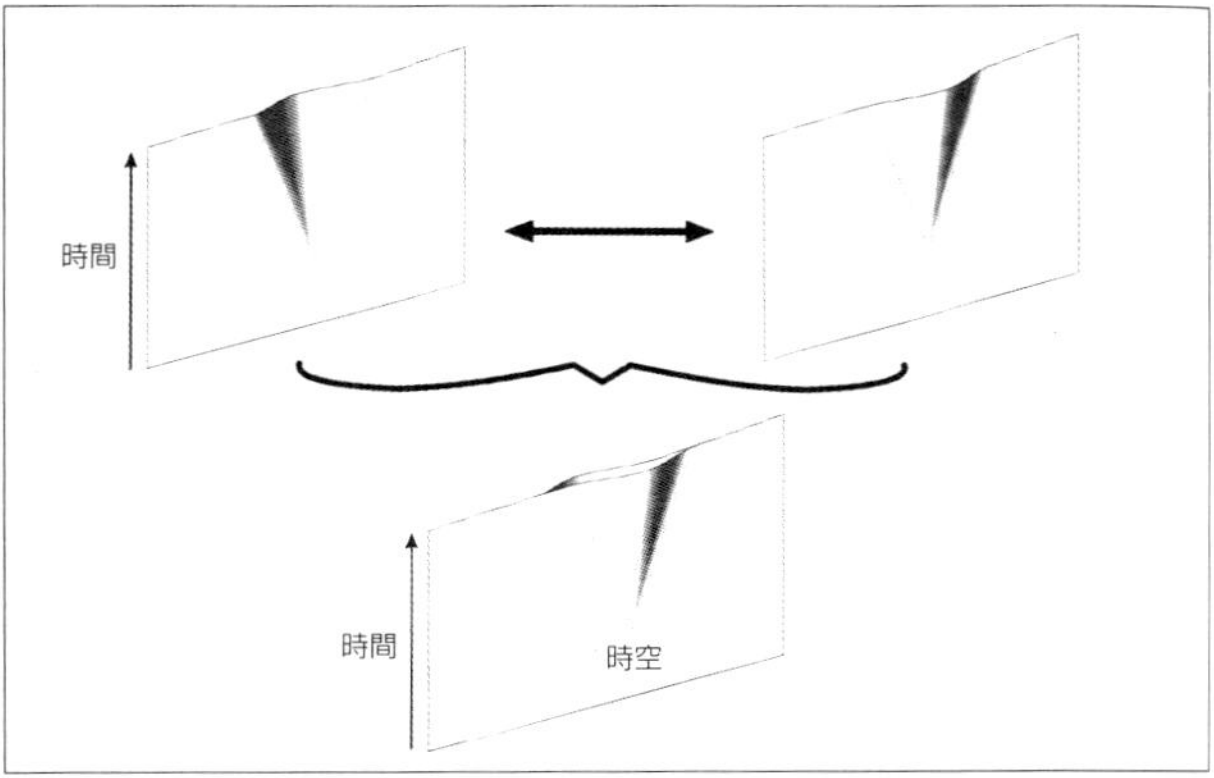

図1　時空の分裂として現れたコヒーレントな量子的重ね合わせ。図の下には、分裂しつつある時空が描かれている。この時空は、上の二つの時空の履歴が「張り合わされた」ものである。分裂しつつある時空は、二つの質量分布が、量子的な重ね合わせの状態にある結果として生ずる。上の二つの時空は、重ね合わせに参加している二つの選択肢を表している。

質量分布を表している。張り合わされた時空構造は、最初は同一の点にあった質量が、二つの選択肢に分裂し、時間が経過するにつれて(ダイアグラムの上の方向にいくにつれて)次第にお互いから離れていく様子を表している。

量子力学的に言うと、「OR」が起こらないかぎり、このような重ね合わせ状態が、物理的現実を表す。「OR」が起こった瞬間、重ね合わされた二つの時空構造のうちどちらかが支配的になり、状態はどちらかの時空構造に落ち込む。二つの時空構造の一方が「凸」、一方が「凹」として描かれているのは、単に図をわかりやすくするためである。図では時空は二次元の多様体として描かれているが、もちろん、実際には時空構造は四次元である。

ついでに言うと、これらの時空構造が「埋め込まれて」いるように見える、想像上の三次元空間には、何の意味もない。つまり、分岐しつつある時空構造の内部的な幾何学のみが物理的意味を持つのであって、それが埋め込まれている「より高い次元」の空間などないのである。張り合わされた二つの時空の間の「分裂」があるしきい値に達すると、二つの時空のうち一つは消滅する。これがすなわち「OR」の過程である。残されたもう一方の時空が、物理的現実として定着する。このようにして、量子的状態は、図1の「凸」と「凹」の時空のどちらかを選ぶことによって、収縮の過程(「OR」)を起こすことになる。

図1では、二つの時空の間の「分裂」の大きさは、張り合わされた時空における凸と凹

の間の距離として表されている。だが、これはあくまでも便宜上だ。右に述べたように、二つの時空がその中に埋め込まれている「より高次の」空間には、何の物理的意味もない。二つの時空の間の「分裂」の大きさは、もっと抽象的な数学的概念である。この大きさは、むしろ、四次元時空の計量の上の、「シンプレクティック測度」(symplectic measure)として表されるのが適当だ。[38] だが、その数学の詳細(そしてそれにまつわるさまざまな困難)は、ここではあまり関係ない。重要なことは、この「分裂」は時間と空間にまたがる分裂であり、単なる空間的なものではないということだ。したがって、時間的な分裂が、空間的な分裂と同じくらい重要であるということになる。大まかに言えば、時間的分裂の大きさをT、空間的分裂の大きさをSとすると、その積が全体の分裂の大きさの目安になる。そして、「OR」は、この分裂の大きさがしきい値に達したときに起こると考えられる。

しきい値の大きさは、絶対単位系では1のオーダーである。ここで、絶対単位系とは、プランク＝ディラック定数($=\hbar/2\pi$)、重力定数G、光速度Cをすべて1とした単位系である。

こうして、小さなSの値に対しては、重ね合わせられた状態の寿命Tは大きいし、逆に、もしSが大きければ、寿命Tは小さいことになる。Sを計算するためには、弱い重力場におけるニュートン近似を用いて、二つの重ね合わせられた時空構造の間の差に対応する重力場の自己エネルギーEを計算すればよい。この際、一方の質量分布は正、他方の質量分布は負の値を持つことになる。[39、40] Sは、最終的に、絶対単位系で、

$$S = E$$

と与えられる。こうして、普通の単位で書くと、

$$E = h/T$$

を得る。

大筋でいうと、Sは三次元の分裂の大きさを表しているから、この分裂の大きさは空間の各次元にほぼ均等に分けられていると考えていい。実際、図ーの下の重ね合わされた空間の絵では、そのように描かれている。しかしながら、このような絵はあくまでも理解を助けるためのもので、実際の法則は、上に挙げたような数学的なものであることを忘れてはならない。上の二つの式は、ある「OR」のイベントについて、質量分布、コヒーレントな重ね合わせが継続する時間、および時空間的な分裂の大きさの間の関係を与えている。もし、何人かの哲学者が主張するように、私たちの心の中の経験が時空間の中に埋め込ま

れているものだとすると、このような「OR」のイベントは、心のような経験のメディアの中の自己組織的なプロセスであるということになる。すなわち、意識が関係する可能性が出てくるだろう。

だが、脳の中のいったいどこで、そしてどうやって、コヒーレントな重ね合わせと、その結果としての「OR」が起こりうるのだろうか？　この点については、いくつかの候補となる場所と、そこでの量子力学的相互作用が提案されてきた。私たちは、マイクロチューブルこそ、「OR」が起こる場所として最も可能性が高いと考える。もちろん、オルガネラや、クラスリン、ミエリン、前シナプスの小胞体構造[3]、それにニューロンの細胞膜蛋白質[31]なども関与している可能性がある。

4――マイクロチューブル

コヒーレントな量子的重ね合わせや「OR」が起こり、したがって意識と関連が深いと思われる脳内の構造が持つと考えられる性質の中には、次のようなものがある。

(1)脳の中に広範に分布していること。
(2)機能的に重要であること。たとえば、ニューロン間の結合性や、シナプスの機能の制御にかかわっていること。
(3)双極子が長い距離にわたって周期的で、結晶構造に準じた構造の中に埋め込まれていること。
(4)一時的に外界からの影響から孤立することが可能なこと。
(5)機能的に、量子レベルのイベントと結びついていること。
(6)中空で、円筒形の構造を持ち、その中を波が伝わることが可能なこと。
(7)情報処理に適した構造を持っていること。

細胞膜や、膜蛋白、シナプス、DNAなどの構造は、上に挙げた性質の一部は持っているが、すべてを持っているわけではない。細胞骨格の中のマイクロチューブルのみが、上

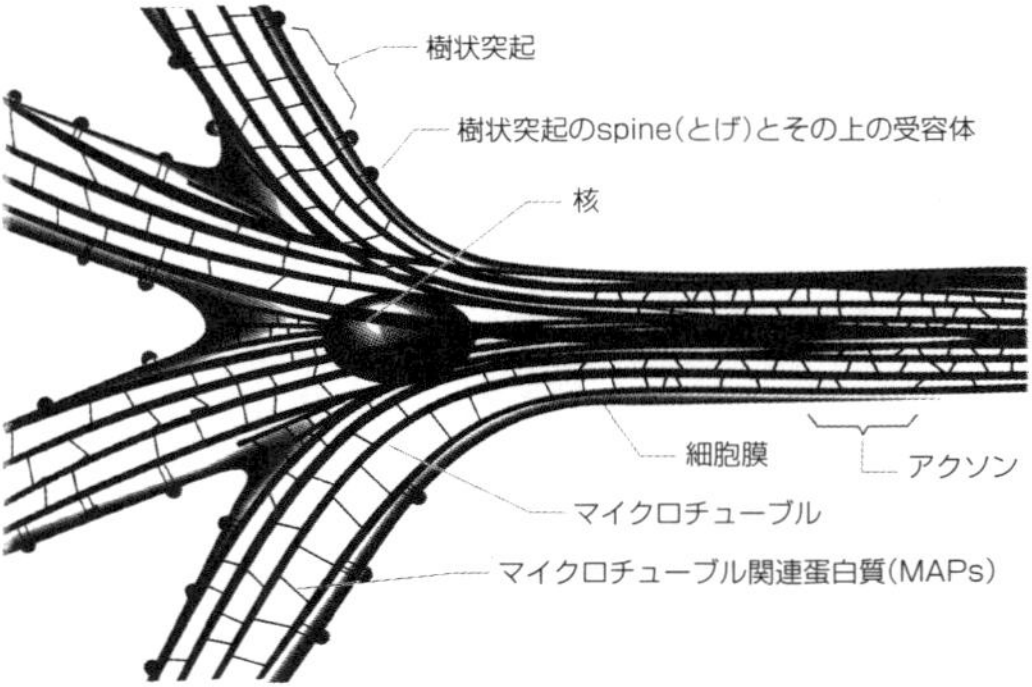

図 2　ニューロンの中央部分の概念図。軸索の末端と樹状突起の先端部分は省略されている。並列したマイクロチューブルが、マイクロチューブル関連蛋白質（MAPs）によって架橋されている。軸索内のマイクロチューブルは、長く、一つながりである。一方、樹状突起の中のマイクロチューブルは短く、極性もそろっていない。架橋蛋白質が、マイクロチューブルを、樹状突起の spine を含む細胞膜上の膜蛋白質に結びつけている。

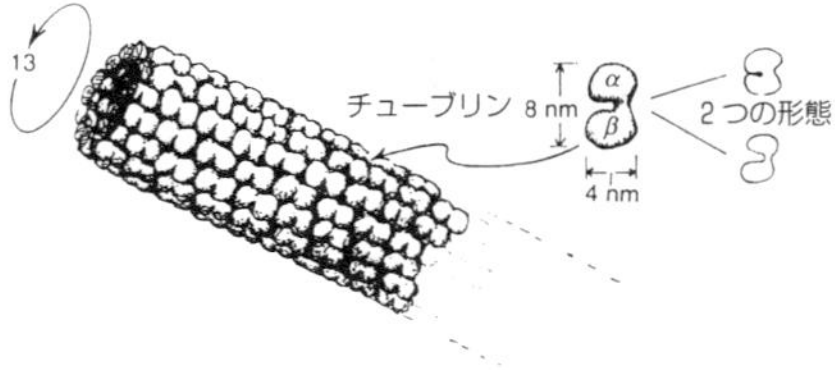

図 3　マイクロチューブルの構造。マイクロチューブルは直径 25 ナノメートルの中空の円筒であり、チューブリン 2 量体からなる 13 個のコラムから構成されている。それぞれのチューブリンの分子は、少なくとも二つの異なる形態をとりうる。

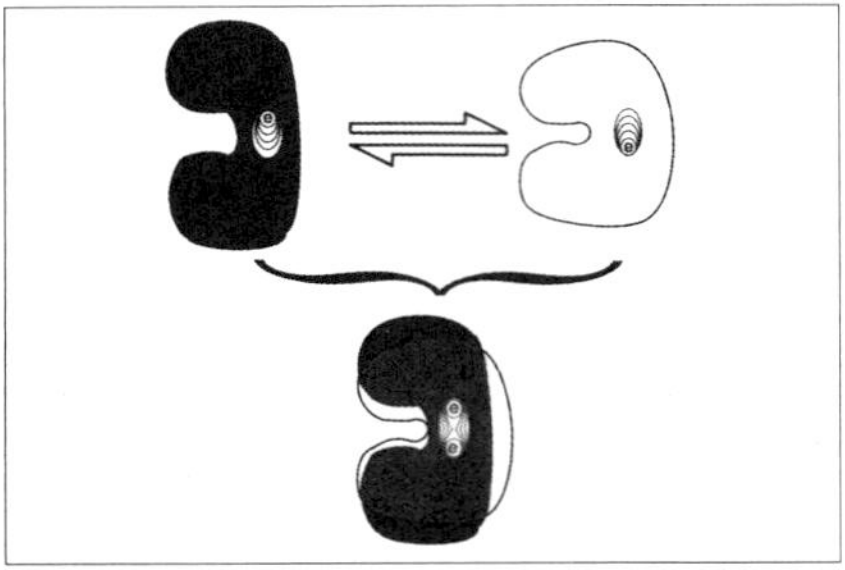

図4　上：二つのチューブリンの形態。疎水性のポケットの中の電子の位置に関連した量子的状態が、蛋白質のグローバルな形態と結びついている。二つの蛋白質の状態の間のスイッチングは、ナノ秒からピコ秒の範囲で起こりうる。下：コヒーレントな量子的重ね合わせの状態にあるチューブリン分子。

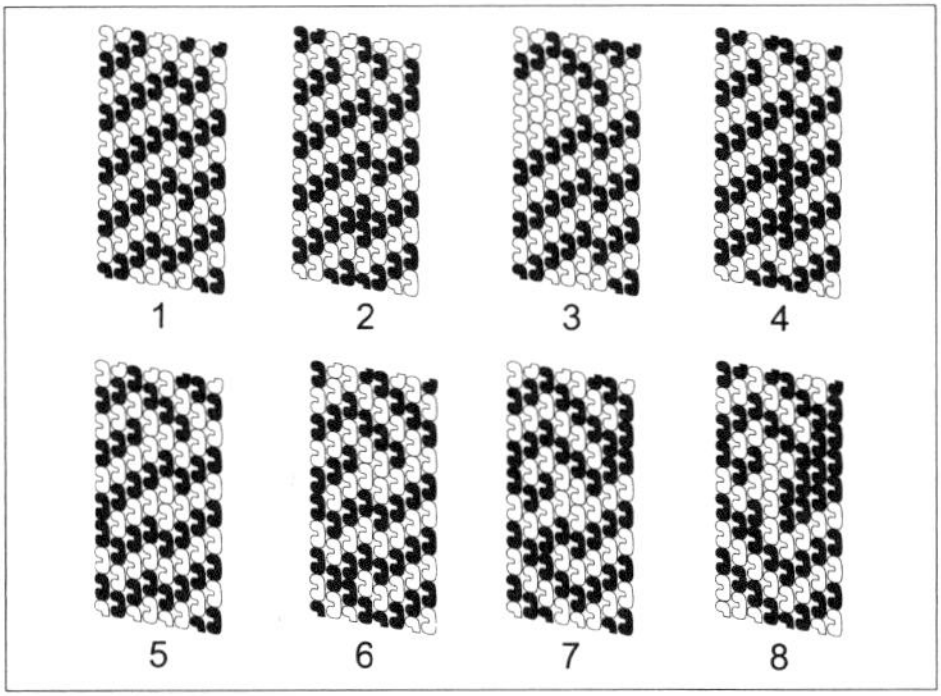

図5　マイクロチューブル上のオートマトンのシミュレーション〔注(43)〕。白と黒のチューブリンは、それぞれ図4に示された状態を表す。1フレームが1ナノ秒を表す。8ステップ、すなわち8ナノ秒の間に、マイクロチューブルの部分が、「古典的計算モード」の動きを示している。すなわち、パターンが動き、発展し、相互作用し、新しいパターンを作り出している。

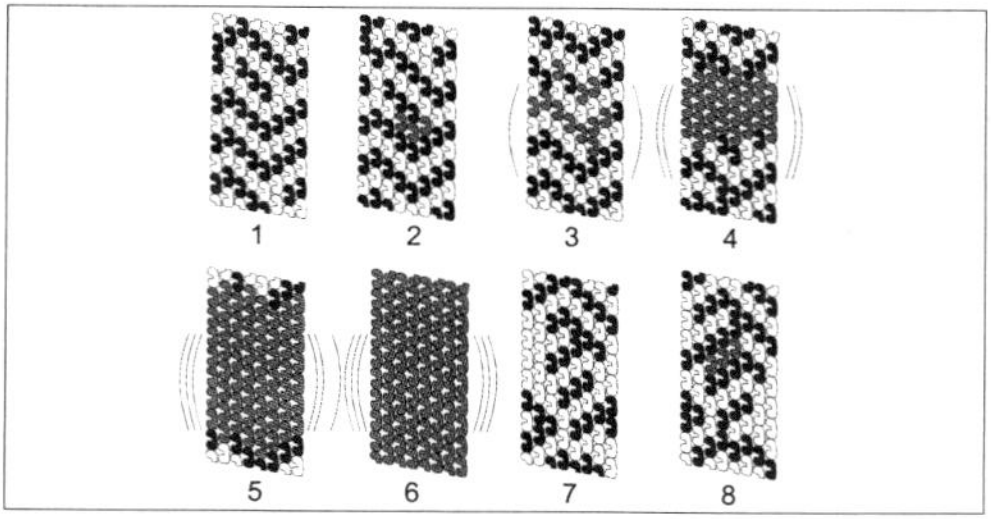

図6　マイクロチューブル上のオートマトンのシミュレーション。ここでは、ステップ1の古典的な状態が、ステップ2から6にかけて、次第に量子的にコヒーレントな重ね合わせの状態へと発展していく。ステップ6では、量子重力で決定される自己崩壊（Orch OR）のしきい値が実現される。意識は、ステップ6からステップ7への、「Orch OR」に伴って生ずる。ステップ7は、質量分布の固有状態を表し、この固有状態から再び古典的計算モードのオートマトンが発展して、ニューロンの機能の制御が行われる。ステップ8では、再びコヒーレントな量子的重ね合わせが生じ始める。

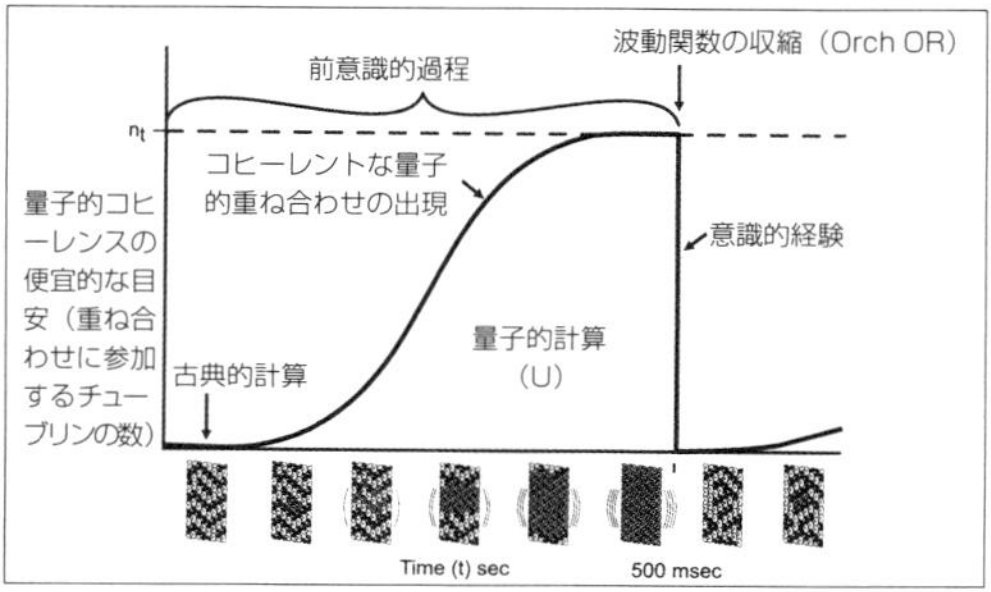

図7　コヒーレントな量子的重ね合わせの状態に参加するチューブリンの数の時間経過を表した概念図。前意識的プロセスに必要とされる時間は、約500ミリ秒であると考えられる〔注(29)〕。曲線の下の面積を通して、質量—エネルギーの差と、崩壊に要する時間が結びつけられる。そのメカニズムは量子重力的「OR」である。異なる時空の幾何学のコヒーレントな重ね合わせの程度がしきい値に達したとき、突然量子的状態から古典的状態への収縮（Orch OR）が起こる。

の性質をすべて満足するように思われる。

生きている細胞の内部は、脳のニューロンも含めて、空間的側面、ダイナミックスの側面から見て、自己構築的な蛋白質のネットワークによって組織されている。すなわち、細胞骨格（cytoskeleton）である。ニューロンにおいて、細胞骨格はその細胞としての形態を決定し、シナプス結合を維持、制御する役割を果たす。細胞骨格の重要な構成要素の一つがマイクロチューブルである。マイクロチューブルは、チューブリンと呼ばれる蛋白質が集まってできており、中空の円筒の形をしている。マイクロチューブルは、他のマイクロチューブルや細胞構造にマイクロチューブル関連蛋白質（ＭＡＰｓ）を通して結合しており、全体として格子状の細胞骨格のネットワークを形成している（図2）。

マイクロチューブルの直径は二五ナノメートル（一ナノメートルは一センチメートルの一〇〇〇万分の一）で、その長さはさまざまであり、ある種のニューロンの軸索においては、きわめて長くなることがある。マイクロチューブルの円筒形の壁は、一三のプロト・フィラメントから構成されており、それぞれのフィラメントは、チューブリンから構成されている（図3）。チューブリンは、極性を持った、八ナノメートルの長さの2量体で、αチューブリンとβチューブリンという、少し性質の異なる二つの1量体からできている。チューブリン2量体は電気的に言うと双極子で、過剰な負の電荷がどちらかの1量体に偏って存在している。[7] マイクロチューブルの構造の中で、チューブリンは少しねじ曲げられ

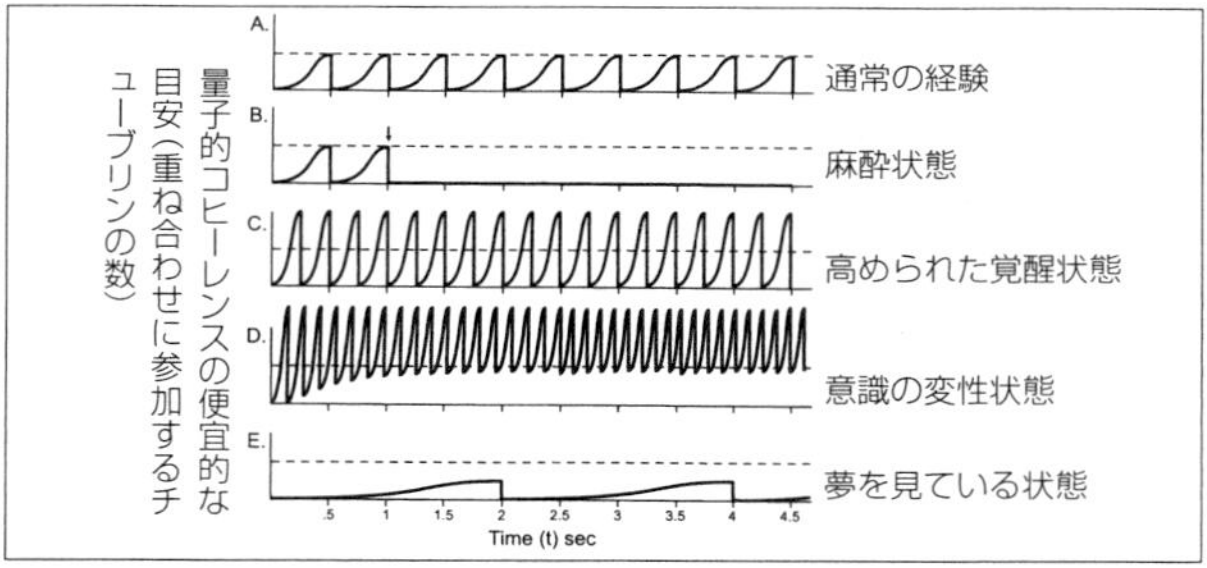

図8　より長い時間スケールで見たマイクロチューブル中のコヒーレントな量子的重ね合わせの状態の概念図。意識に関連する五つの異なる状態が示されている。それぞれのカーヴの下の面積は、すべての例で同じである。A：通常の経験。図7と同じである。B：麻酔下の状態。麻酔薬は、疎水性のポケットに結合し、量子的重ね合わせが非局所的に広がることを妨げる〔注（30）〕。C：高められた覚醒状態。たとえば、感覚入力の増加によって、コヒーレントな量子的重ね合わせの発展が速くなる。「Orch OR」のしきい値に達するまでの時間が短くなる（この例では、250ミリ秒）。D：意識の変性状態（Altered State）。コヒーレントな量子的重ね合わせ状態の出現がさらに速くなる。原因となるのは、過剰な感覚入力や、瞑想、さらには幻覚を起こす向精神薬などである。量子的重ね合わせ状態の基底レベルが増大し、収縮は不完全な形でしか起こらなくなる。このため、意識的な経験は、意識化の量子的計算モードと混ざることになる。E：夢を見ている状態。コヒーレントな量子的重ね合わせの状態が、長引いている（以上のすべては、きわめて概念的なシナリオである）。

た八角形の格子上に配列されており、三、五、八……ごとに繰り返すらせんの道筋が形成されることになる。

マイクロチューブルは、伝統的に細胞の「骨組み」とみなされてきた。しかし、骨組みとしての役割に加えて、マイクロチューブルや他の細胞骨格の構造は、信号伝達や信号処理の役割も果たしているようだ。いくつかのタイプの研究が、細胞骨格を認識のプロセスと結びつけている（これらの研究は、たとえばハメロフとペンローズの一九九六年の論文(21)でまとめて紹介されている）。

理論的なモデルやシミュレーションは、マイクロチューブルの中のチューブリンが、隣り合ったチューブリンと相互作用して情報を表現し、伝搬し、処理する能力を持つ可能性を示唆している。その過程は、図5のような、分子レベルの「セル・オートマトン」として表現される。(22、43、52) 以前に書いた論文の中で、(21、40) 私たちはマイクロチューブルと意識を結びつけるモデルを提出した。すなわち、量子力学的過程の、『心の影』(39)の中で説明したような非常に実在論的な解釈に基づくモデルである。

私たちのモデルでは、コヒーレントな量子的状態が、脳の中のマイクロチューブルの中で発生し、環境から隔離された状態に置かれる。そして、このような量子的状態が、重ね合わされたチューブリンの状態の間の質量—エネルギー分布の差が量子重力的なしきい値に達するまで維持されると考える。結果として生ずる波動関数の自己収縮、すなわち「O

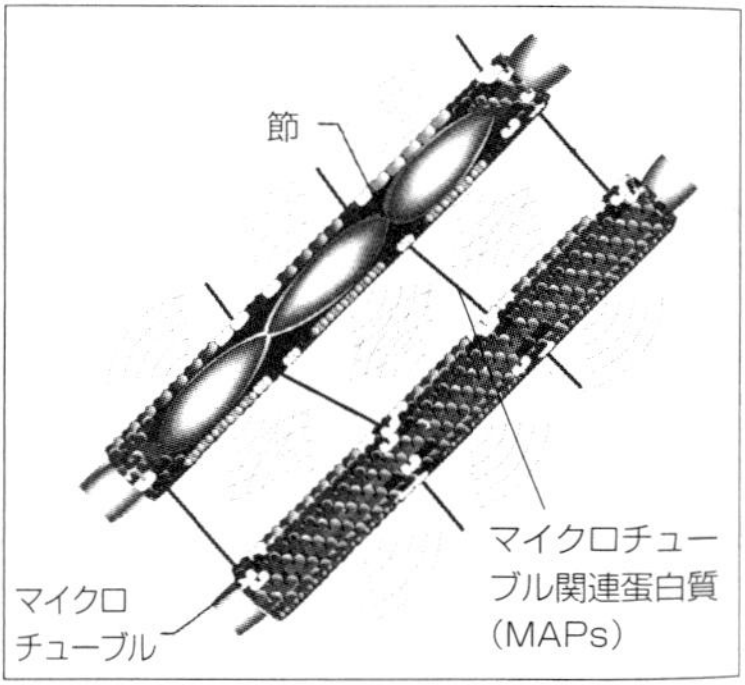

図9　マイクロチューブルの中の、コヒーレントな量子状態。古典的なオートマトンにおける共鳴状態から発展して、コヒーレントな量子状態は、マイクロチューブル内、およびマイクロチューブル間において重ね合わされたチューブリン（灰色）同士を結びつける。上のマイクロチューブルの切開図は、マイクロチューブルの表面の水分子中の量子的秩序化の結果生じたコヒーレントな光子を表す。この際、マイクロチューブルは導波管として働いている。マイクロチューブル関連蛋白質（MAPs）は、マイクロチューブルに結合することによって、マイクロチューブルの隔離を破り、コヒーレントな量子状態ができるのを妨げる。こうして、MAPsが結合した点は、「節」として働き、量子的な振動の調節をする。その結果、収縮の起こる確率が変動する（Orch OR）。

R」が、時間的に不可逆なプロセスとして起こる。これが、意識における心理的な「今」を決定する現象なのである。このような「OR」が次々と起こることによって、時間の流れと意識の流れが作り出される（図7、8）。

私たちは、マイクロチューブルと結合したマイクロチューブル関連蛋白質（MAPs）が、量子的な振動を調節すると考える。その結果、「OR」の性質が決定される（図9）。以上の理由で、私たちは、マイクロチューブル関連蛋白質が結合したマイクロチューブルで起こる自己組織的な「OR」を、調節された客観的収縮、「Orch OR」（Orchestrated Objective Reduction）と呼ぶのである。「Orch OR」は、このようにして、基本的な時空の幾何学の中での自己選択的なプロセスであると考えられる。もし、経験が真の意味で基本的な時空の要素であるとするならば、「Orch OR」は、クオリアをはじめとする、意識をめぐる困難な問題と深く関係しているはずだ。

5——「Orch OR」による意識のモデルの要約

私たちが提出しているモデルは、次のような内容を含んでいる。

(1) 量子力学のさまざまな側面（たとえば量子的コヒーレンス）と、前に示唆したような自己収縮の過程（客観的収縮、「OR」）は意識において本質的な役割を果たしている。これらの過程は、脳のニューロンの中で、細胞骨格のマイクロチューブルをはじめとする構造の中で起こっている。

(2) マイクロチューブルを構成するチューブリンの構造は、内部の量子状態と関連している。そして、チューブリン同士が協同的に相互作用することによって、古典的および量子的な計算が行われている[18,43]。前出の図4、5、6参照。

(3) 量子的なコヒーレントな重ね合わせがチューブリンの間に起こる際には、環境からの熱的エネルギーと、生体分子からの生化学的エネルギーが関与する[11-13]（この際、H・フレーリッヒが提案したようなメカニズムが働いているかもしれない）。最近になって、蛋白質の中のコヒーレントな励起状態の証拠が報告されている。[54]

さらに、マイクロチューブルの表面付近の水分子は、ランダムではなく、ある秩序の下に、蛋白質の表面と相互作用していると考えられる。マイクロチューブルの中空の構造は、量子的な波の伝導管として働き、量子的にコヒーレントな光子を作り出すかもしれない（ちょうど「超光放射」〈super-radiance〉や、「自己誘導透明化」〈self-induced transparency〉の現象のように）[23,24]。コヒーレントな状態は、周りの環境から隔離された形で、最大数百ミリ秒にわたって保たれる必要がある。このようなコヒーレントな状態は、

（a）マイクロチューブルの筒の中の中空
（b）チューブリンの疎水性のポケット
（c）コヒーレントの秩序づけられた水分子
（d）ゾル—ゲル層

の中で起こる可能性がある。[21]

ノイズにあふれ、混沌とした細胞内の環境で果たして量子的にコヒーレントな状態が維持できるのかという疑問があるだろう。この点については、生化学的なラディカル（遊離基）のペアが、細胞質内で分離した後も相関を保つという、肯定的なデータがある。[55]

（4）前意識的なプロセスにおいては、コヒーレントな量子的重ね合わせとそれに基づく計算が、マイクロチューブル内のチューブリンで起こる。この重ね合わせの状態は、チューブリンの固有状態の間の質量分布の差が量子重力のしきい値に達するまで維持される。しきい値に達したとき、自己収縮（「OR」）が起こる（前出図6、7）。

（5）自己収縮（「OR」）の結果、マイクロチューブル内のチューブリンは、古典的に定義された状態へと落ち込む。「OR」に関するある種の理論によれば[39]、結果として生ずる古典的な状態は、計算不可能である。つまり、これらの状態は、量子的計算の最初の状態から、アルゴリズムに基づいて決定することはできない。

（6）「OR」の結果、チューブリンがどのような状態になるかの確率は、チューブリンの初期状態や、量子的な振動を制御するマイクロチューブル関連蛋白質（MAPs）の状態によって決まる（前出図9）。このような理由で、私たちはマイクロチューブル内で自己調節しながら起こる「OR」のプロセスを、「調節された客観的収縮」、「Orch OR」と呼ぶのである。

（7）ペンローズ[39]によって提出された「OR」に関する議論によれば、重ね合わせられた状態は、それぞれが独自の時空構造の幾何学を持つことになる。コヒーレントな質量－エネルギー分布の違いが、十分に大きい時空の幾何学の分離をもたらしたときに、システムは単一の状態へと自己崩壊を起こす。こうして、「Orch OR」は、基本的な時空構造の幾何学における自己選択を含む（図10、11）。

（8）十分によく定義された質量分布を持つ二つの状態が重ね合わされた状態から「Orch OR」が起こるプロセスを定量的に評価するためには、二つの分布の間の差に対応する重力的自己エネルギーEを求めればよい。ここから、重ね合わせられた状態が自己収縮するまでの寿命Tが、

$$T = h/E$$

という式で求められる。私たちは、Tを、重ね合わせがコヒーレントに維持される時間＝「コヒーレンス時間」と呼ぶことにする。ここで、Tの大きさとして、T＝五〇〇ミリ秒という値を採用してみよう。これは、リベットら[29]によって、前意識的なプロセスを特徴づける時間とされてきた値である。この値からEを計算すると、コヒーレントな状態を五

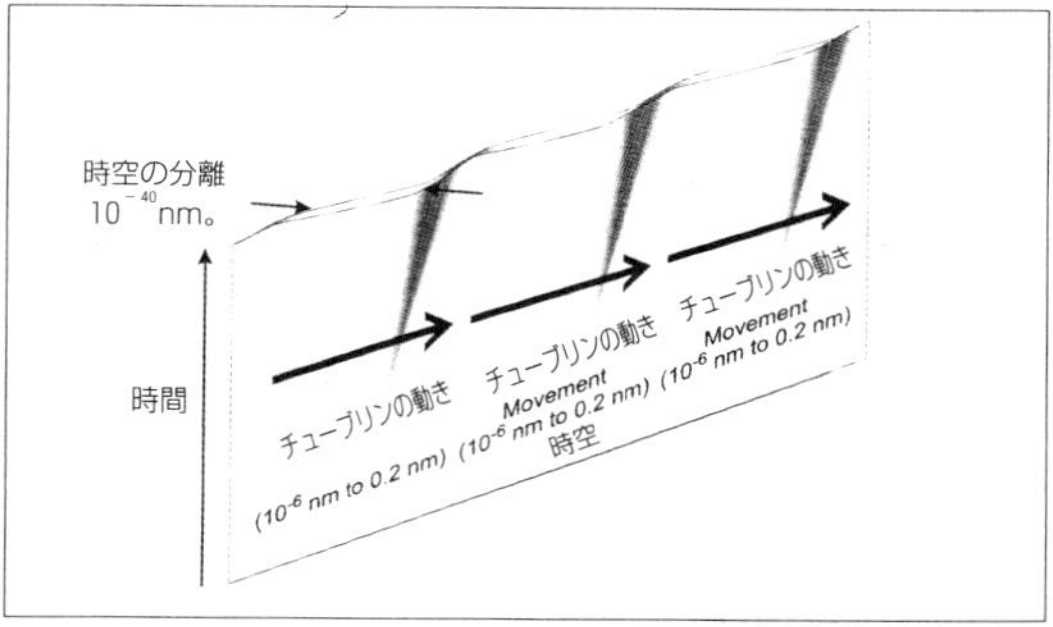

図 10　量子的に重ね合わされた三つのチューブリンの状態が時空間的に分裂していく様子を表したもの。時空間的な差は、きわめて小さい(10^{-40} ナノメートル)。たとえ、チューブリンの質量の動きが比較的大きいとしても(たとえば、数百個のチューブリンが、それぞれ 10^{-6} ナノメートルから 0.2 ナノメートル動いたとしても)、その時空の曲率に及ぼす影響は、きわめて小さい。

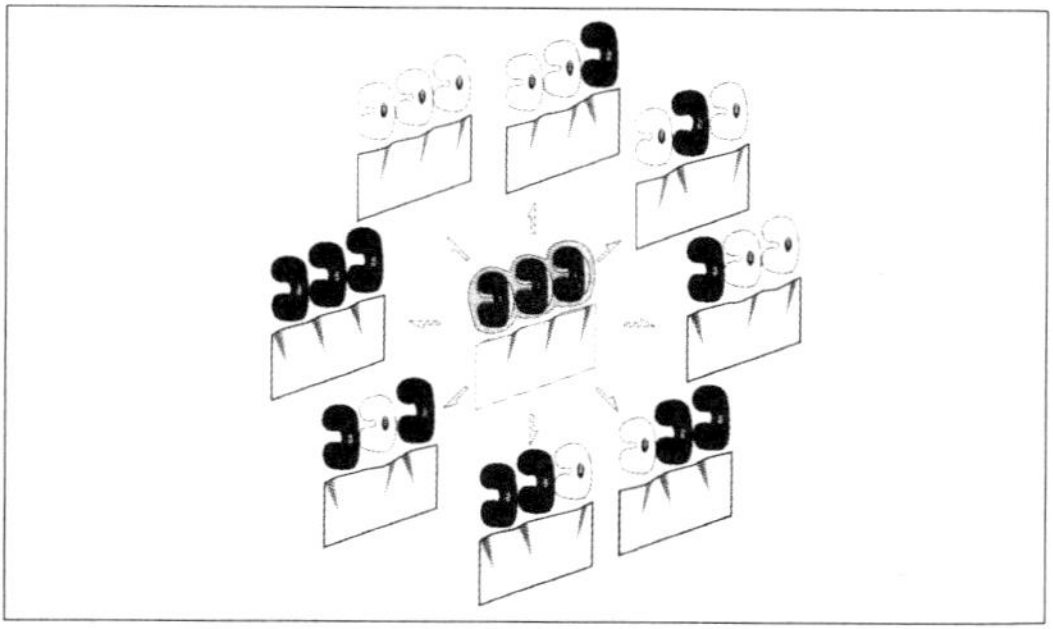

図 11　中央は、三つのチューブリンの量子的重ね合わせの状態を表している。周囲の八つの状態は、重ね合わせからの収縮の結果生じる可能性のあるチューブリンの固有状態と、それに対応する時空の幾何学を表している。

〇〇ミリ秒間保つために必要なチューブリンの数が推定できる。答えは、約10^9個のチューブリンということになる。

(9) 典型的な脳のニューロンは、約10^7個のチューブリンを持っている。[60] もし各ニューロンの中の一〇パーセントのチューブリンがコヒーレントな量子的重ね合わせに参加しているとすると、約10^3個のニューロンが、コヒーレントな状態を五〇〇ミリ秒保つために必要とされることになる。

(10) 私たちは、一つ一つの自己組織化された「Ｏｒｃｈ ＯＲ」を、単一の意識的イベントとみなす。このようなイベントが次々と起こることによって、「意識の流れ」が形成される。もし、何らかの理由によって、生体が脅かされたり、興奮したとしよう。この時には、コヒーレントな量子的状態が速く現れ、たとえば、10^{10}個のチューブリンが五〇ミリ秒以内に「Ｏｒｃｈ ＯＲ」を起こすと考えられる（前出図8）。もし、10^{11}個のチューブリンが参加すれば、五ミリ秒で「Ｏｒｃｈ ＯＲ」が起こる。

たとえば、あなたの前に突然ベンガル虎が現れたとすると、10^{12}個のチューブリンが、〇・五ミリ秒以内に「Ｏｒｃｈ ＯＲ」を起こすことになるかもしれない。もちろん、より遅い時間経過をたどるコヒーレント状態もあるだろう。ちなみに、単一の電子は、自己収縮を起こすために、宇宙の年齢以上の時間を要する。

(11) 量子的状態は、非局所的である。その理由は、量子的状態が、「巻き込み」(entanglement)、すなわち、EPR (Einstein-Podolsky-Rosen) パラドックスのような効果を起こしうるからだ。収縮の過程では、このような非局所的な状態が、一気に一つの状態に落ち込む。非局所的な収縮は、収縮を誘発する質量の移動が小さな領域で起こることによっても生ずるし、あるいは大きな領域にわたって均一に起こることによっても生ずる。個々の瞬間的な「Orch OR」のイベントは、空間的、時間的な広がりを持つ重ね合わせの自己エネルギーが、特定の瞬間にしきい値に達することによって生ずる。情報は、このような瞬間的なイベント(意識の中での心理的な「今」)に結びついて表現される。このような一連の「Orch OR」が、私たちにとってなじみの深い「意識の流れ」を形成し、また、一方向に進む時間の流れを形成する。[1,9,51]

以上のような私たちの考察と、意識的な経験の時間的経過についての私たちの主観的な見方を比べることは面白いだろう。たとえば、仏教においては、意識が一つ一つ独立した、離散的なイベントのつながりであるという考え方がある。修養を積んだ瞑想者は、現実の経験において、「ちらちらする瞬間」を経験するという。[50] 仏教の経典は、意識を、「精神現象のある瞬間における集合」や、「明瞭な、お互いに独立した、永続しない瞬間が、生成したと同時に消滅する過程」として説明している。それぞれの意識的な瞬間は、次々と生成し、存在し、消滅する。その存在は瞬間的で、時間的な継続はない。なぜならば、点には長さがないからだ。私たちの通常の認識は、もちろん、連続的である。これは、ちょうど私たちが実際には不連続なフレームからできている映画を、連続的な流れとして認識するのと同じことなのだろう。いくつかの仏教の経典の中では、意識の瞬間の頻度について定量的な記述さえ見られる。たとえば、サルヴァースティヴァーディン（Sarvaastivaadin説一切有部）では二四時間の間には六四八万個の「瞬間」があると言われている。[53]つまり、平均すると一つの瞬間は一三・三ミリ秒だということだ。別の仏教の経典は、瞬間を、〇・一三ミリ秒としている。[6]一方、ある中国仏教の伝統の中では、一つの「思念」が二〇ミリ秒続くとされている。このような記述は、瞬間の長さの変化も含めて、私たちが提案した「Orch OR」と矛盾しない。たとえば、一三・三ミリ秒の前意識的瞬間は、4×10^{10}個のコヒーレントなチューブリンを巻き込んだ「Orch OR」に対応し、〇・一三ミリ秒の瞬間ならば、4×10^{12}個のチューブリン、二〇ミリ秒ならば$2\cdot5\times10^{10}$のチューブリンのコヒーレントな状態に対応する。こうして、仏教的な「経験の瞬間」や、ホワイトヘッドの「経験の機会」、そして私たちの提案した「Orch OR」は、お互いに許容できるくらいの一致を見ていると言ってよいだろう。

まとめると、「Ｏｒｃｈ ＯＲ」のモデルは、次のような意識の重要な特徴を含んでいることになる。

（１）ニューロンの活動の制御
（２）前意識的状態から、意識的状態への遷移
（３）計算不可能性
（４）因果性
（５）さまざまな瞬間的および時間的重ね合わせが結び合わされて「現在」ができること
（６）時間の「流れ」
（７）経験が成立する基本的な時空の幾何学との結び付き

6――結論：線虫であるということはどんな感じがするか？

「Ｏｒｃｈ ＯＲ」のモデルは、たとえば10^9個のチューブリンの間で五〇〇ミリ秒の間量子的にコヒーレントな状態を維持できる生物体は、意識的な経験を持つ可能性があるということを示唆する。もちろん、より多くのチューブリンがより短い時間コヒーレントな状態を維持するのでもいいし、より少ないチューブリンがより長い間コヒーレントな状態を維持するのでもよい。必要な時間は、

$$E = h/T$$

で決まるのである。人間の脳は、たとえば、10^{11}個のチューブリンが五ミリ秒の間コヒーレントな状態を維持する「ベンガルの虎」の経験を持ちうるように見える。だが、より単純な生命体についてはどうなのだろうか？

進化という視点から見れば、ダイナミックで機能的な細胞骨格が現れたことは、真核生物にとって好都合なことであった（細胞骨格は、「スピローへータ」〈spirochetes〉との共生によって生じたと考えられている）[32]。たとえば、細胞運動や、内部の組織化、細胞分

裂の際の染色体の分離など、さまざまな意味において、細胞骨格は重要な役割を果たしている。細胞が軸足（axopods）や神経突起（neural processes）などの構造物を身につけ次第に特化していく過程の中で、細胞骨格の構造も次第に大きくなり、オルガネラの輸送や細胞運動に寄与してきた。このような機能の副産物として、フレーリッヒが提案しているようなメカニズムによって量子的にコヒーレントな状態が生まれたのかもしれない。

「Ｏｒｃｈ ＯＲ」と、その結果生ずる意識に至る変化の可能なシナリオとして、「細胞視覚」（cellular vision）がある。G・アルブレヒト＝ビューラーは、一九九二年に、単一の細胞が、赤ないしは赤外の光を検出し、それに対して方向性のある反応をするということを報告した[2]。この際、細胞骨格が関与しているらしいという。M・ジブらは、一九九五年に、このようなプロセスは、マイクロチューブルおよびその周囲の秩序だった水分子における量子的にコヒーレントな状態を必要とすると提案した[24]。一方、S・ハーゲンは、同じ年に、量子的な効果や、細胞視覚を通して、量子的にコヒーレントな状態になることのできる配列したマイクロチューブルは、進化上有利な位置を占めてきたと示唆した[17]。量子的にコヒーレントな状態がどのような理由で生じたかはわからない。だが、ある時、ある生物体が「Ｏｒｃｈ ＯＲ」を起こせるだけのマイクロチューブルにおける量子的コヒーレンスを実現し、「意識的」な経験を獲得したのであろう。

進化の過程のどの段階で、このような原始的な意識が発生したのだろうか？　ゾウリム

シ (Paramecium) のような単細胞生物は、驚くほど知的な行動を見せる。そして、細胞骨格を、さまざまな形で駆使している。では、ゾウリムシは、意識を持つと言えるのだろうか？

今、一匹のゾウリムシが、一つのニューロンと同じように、約10^7のチューブリンを持つとすると、ゾウリムシにおいては「Ｏｒｃｈ ＯＲ」が実現するためには、マイクロチューブル中のすべてのチューブリンが、一分近くにわたって量子的にコヒーレントな状態を維持しなければならないことになる。このようなことは、ありそうにもない。

一方、線虫のＣ・エレガンス (C elegans) を考えてみよう。この生物は、非常によく研究されていて、その三〇二個のニューロンは、すべてマップされている。Ｃ・エレガンスは、「Ｏｒｃｈ ＯＲ」を起こすことができるだろうか？ 3×10^9のチューブリンがあることになるから、全体の三分の一のチューブリンが量子的にコヒーレントな重ね合わせに参加したとして、五〇〇ミリ秒必要なことになる。これは、あまり現実的ではないが、しかし全く不可能というわけではない。もし、Ｃ・エレガンスがダメだとしても、同じようによく研究されているアメフラシ (Aplysia) ならば、一〇〇〇〇個のニューロンがあるから可能かもしれない。いずれにせよ、「Ｏｒｃｈ ＯＲ」は、このような可能性を考える、理論的な枠組みを提供するわけである。

原始的な「Ｏｒｃｈ ＯＲ」に基づく経験は、私たち自身の持つ内的経験とどう関係するのか？　もし、線虫が量子的な自己崩壊を起こすことができるとして、いったい、線虫であるというのは、どんな感じがするのだろうか？（T・ナーゲルによる、「コウモリであるというのはどんな感じ？」という古典的な議論を思い出す[33]）。C・エレガンスの中での、10^9個のチューブリンを巻き込んだ、五〇〇ミリ秒かかる「Ｏｒｃｈ ＯＲ」のプロセスは、量子重力的な自己エネルギーとしては、私たちの日常生活の経験と同じ程度である。これは、つまり「経験の強さ」も同じ程度であることを意味するのだろうか？　最も大きな差異は、私たちは、一秒間にたとえば10^9回の「Ｏｒｃｈ ＯＲ」を起こすことができるのに対して、C・エレガンスはせいぜい一秒間に二回の「Ｏｒｃｈ ＯＲ」しか起こすことができないということだろう。C・エレガンスは、記憶容量も少ないし、連合の複雑さや、感覚データの豊富さという点でも、人間とは比較することができない。だが、私たちの基準に基づけば、C・エレガンスの中で、10^9個のチューブリンが、五〇〇ミリ秒かけて起こす「Ｏｒｃｈ ＯＲ」のイベントは、意識的経験と言っていいのである。C・エレガンスにとっては、おそらく、うすぼやけた「現在」があって、すぐに「次の瞬間」へと移ってしまうだけなのだろうが。

意識は、宇宙の中で重要な意味を持っている。マイクロチューブルにおける「Ｏｒｃｈ ＯＲ」は、意識を、基本的な時空構造の中での計算不可能な自己選択の過程として捉えるモデルである。もし、経験が時空構造の持つ一つの性質だとするならば、「Ｏｒｃｈ Ｏ

R」は、意識における困難な問題に、正面から取り組むアプローチなのである。

"Conscious Events as Orchestrated Space-Time Selections"
Hameroff, S. and Penrose, R.
Journal of Consciousness Studies, (3) 1 (1996), pp. 36–53.
〔訳〕茂木健一郎

参考文献

(1) Aharonov, Y. and Vaidman, L. (1990), 'Properties of a quantum system during the time interval between two measurements', *Phys. Rev. A*, **41**, p. 11.

(2) Albrecht-Buehler, G. (1992), 'Rudimentary form of "cellular vision"', *Cell. Biol*. **89**, pp. 8288–92.

(3) Beck, F. and Eccles, J. C. (1992), 'Quantum aspects of brain activity and the role of consciousness', *Proc. Natl. Acad. Sci. USA*, **89** (23), pp. 11357–61.

(4) Chalmers, D. (1996), 'Facing up to the problem of consiousness', *Journal of Consciousness Studies*, **2** (3), pp. 200–19. Reprinted in Hameroff *et al*. (1996).

(5) Chalmers, D. (1996), *The Conscious Mind* (New York : Oxford University Press).

(6) Conze, E. (1988), *Buddhist Thought in India*, Louis de La Vallee Poussin (trans.), Abhidharmako' sab-haa. syam : English translation by Leo M. Pruden, 4 vols (Berkeley), pp. 85–90.

(7) DeBrabander, M. (1982), 'A model for the microtubule organizing activity of the

centrosomes and kinetochores in mammalian cells', *Cell Biol. Intern. Rep.*, **6**, pp. 901-15.
(8) Diósi, L. (1989), 'Models for universal reduction of macroscopic quantum fluctuations', *Phys. Rev. A*, **40**, pp. 1165-74.
(9) Elitzur, A. (1996), 'Time and consciousness : The uneasy bearing of relativity theory on the mind-body problem', in Hameroff *et al*. (1996).
(10) Everett, H. (1957), 'Relative state formulation of quantum mechanics', *Rev. Mod. Physics*, **29**, pp. 454-62. Reprinted in *Quantum Theory and Measurement*, ed J. A. Wheeler and W. H. Zurek (Princeton : Princeton University Press, 1983).
(11) Fröhlich, H. (1968), 'Long-range coherence and energy storage in biological systems', *Int. J. Quantum Chem.*, **2**, pp. 641-9.
(12) Fröhlich, H. (1970), 'Long range coherence and the actions of enzymes', *Nature*, **228**, p. 1093.
(13) Fröhlich, H. (1975), 'The extraordinary dielectric properties of biological materials and the action of enzymes', *Proc. Natl. Acad. Sci.*, **72**, pp. 4211-15.
(14) Ghirardi, G. C., Grassi, R. and Rimini, A. (1990), 'Continuous-spontaneous reduction model involving gravity', *Phys. Rev. A*, **42**, pp. 1057-64.
(15) Ghirardi, G. C., Rimini, A. and Weber, T. (1986), 'Unified dynamics for microscopic and macroscopic systems', *Phys. Rev. D*, **34**, p. 470.
(16) Goswami, A. (1993), *The Self-Aware Universe : How Consciousness Creates the Material World* (New York : Tarcher/Putnam).
(17) Hagan, S. (1995), Personal communication.

(18) Hameroff, S. R., Dayhoff, J. E., Lahoz-Beltra, R., Samsonovich, A. and Rasmussen, S. (1992), 'Conformational automata in the cytoskeleton: models for molecular computation', *IEEE Computer* (October Special Issue on Molecular Computing), pp. 30-9.
(19) Hameroff, S. R., Kaszniak, A. and Scott, A. C. (eds. 1996), *Toward a Science of Consciousness—The First Tucson Discussions and Debates* (Cambridge, MA: MIT Press).
(20) Hameroff, S. R. and Penrose, R. (1995), 'Orchestrated reduction of quantum coherence in brain microtubules: A model for consciousness', *Neural Network World*, **5** (5), pp. 793-804.
(21) Hameroff, S. R. and Penrose, R. (1996), 'Orchestrated reduction of quantum coherence in brain microtubules: A model for consciousness', in Hameroff *et al.* (1996).
(22) Hameroff, S. R. and Watt, R. C. (1982), 'Information processing in microtubules', *J. Theor. Biol.*, **98**, pp. 549-61.
(23) Jibu, M., Hagan, S., Hameroff, S. R., Pribram, K. H. and Yasue, K. (1994), 'Quantum optical coherence in cytoskeletal microtubules: implications for brain function', *BioSystems*, **32**, pp. 195-209.
(24) Jibu, M., Yasue, K. and Hagan, S. (1995), 'Water laser as cellular "vision"', submitted.
(25) Károlyházy, F., Frenkel, A., and Lukacs, B. (1986), 'On the possible role of gravity on the reduction of the wave function', in *Quantum Concepts in Space and Time*, ed. R. Penrose and C. J. Isham (Oxford: Oxford Science Publications; Oxford University Press).
(26) Károlyházy, F. (1966), 'Gravitation and quantum mechanics of macroscopic bodies', *Nuovo Cim.* A, **42**, p. 390.
(27) Károlyházy, F. (1974), 'Gravitation and quantum mechanics of macroscopic bodies',

Magyar Fizikai Polyoirat, **12**, p. 24.
(28) Kibble, T. W. B. (1981), 'Is a semi-classical theory of gravity viable?' in *Quantum Gravity 2 : A Second Oxford Symposium*, ed. C. J. Isham, R. Penrose and D. W. Sciama (Oxford : Oxford University Press).
(29) Libet, B., Wright, E. W. Jr., Feinstein, B. and Pearl, D. K. (1979), 'Subjective referral of the timing for a conscious sensory experience', *Brain*, **102**, pp. 193-224.
(30) Louria, D. and Hameroff, S. (1996), 'Computer simulation of anesthetic binding in protein hydrophobic pockets', in Hameroff *et al.* (1996).
(31) Marshall, I. N. (1989), 'Consciousness and Bose-Einstein condensates', *New Ideas in Psychology*, **7**, pp. 73-83.
(32) Margulis, L. (1975), *Origin of Eukaryotic Cells* (New Haven : Yale University Press).
(33) Nagel, T. (1974), 'What is it like to be a bat?', *The Philosophical Review*, **83**, pp. 435-50. Reprinted in *The Mind's I. Fantasies and Reflections on Self and Soul*, pp. 391-403, ed. D. R. Hofstadter and D. C. Dennett (New York : Basic Books, 1981).
(34) Pearle, P. (1989), 'Reduction of the state vector by a nonlinear Schrödinger equation', *Phys. Rev. D*, **13**, pp. 857-68.
(35) Pearle, P. and Squires, E. (1995), 'Gravity, energy conservation and parameter values in collapse models', *Durham University preprint*, DTP/95/13.
(36) Penrose, R. (1987), 'Newton, quantum theory and reality', in *300 Years of Gravity*, ed. S. W. Hawking and W. Israel (Cambridge : Cambridge University Press).
(37) Penrose, R. (1989), *The Emperor's New Mind* (Oxford : Oxford University Press). (邦

訳：『皇帝の新しい心』林一訳，みすず書房）
(38) Penrose, R. (1993), 'Gravity and quantum mechanics', in *General Relativity and Gravitation. Proceedings of the Thirteenth International Conference on General Relativity and Gravitation held at Cordoba, Argentina 28 June-4 July 1992. Part 1 : Plenary Lectures*, ed. R. J. Gleiser, C. N. Kozameh and O. M. Moreschi (Bristol : Institute of Physics Publications).
(39) Penrose, R. (1994), *Shadows of the Mind* (Oxford : Oxford University Press). (邦訳：『心の影』林一訳，みすず書房）
(40) Penrose, R. and Hameroff, S. R. (1995), 'What 'gaps'?—Reply to Grush and Churchland', *Journal of Consciousness Studies*, **2** (2), pp. 99-112.
(41) Penrose, R. (1996), 'On gravity's role in quantum state reduction', *Gen. Rel. and Grav.*, **28** (5), pp. 581-600.
(42) Percival, I. C. (1995). 'Quantum space-time fluctuations and primary state diffusion', *Proc. Roy. Soc. Lond*. A, **451**, pp. 503-13.
(43) Rasmussen, S., Karampurwala, H., Vaidyanath, R., Jensen, K. S. and Hameroff, S. (1990), 'Computational connectionism within neurons : A model of cytoskeletal automata subserving neural networks', *Physica D*, **42**, pp. 428-49.
(44) Rensch, B. (1960), *Evolution Above the Species Level* (New York : Columbia University Press).
(45) Russell, B. (1954), *The Analysis of Matter* (New York : Dover).
(46) Schrödinger, E. (1935), 'Die gegenwarten situation in der quantenmechanik', *Naturwissenschaften,* 23, pp. 807-12, 823-8, 844-9. (Translation by J. T. Trimmer, 1980, in *Proc. Amer. Phil.*

Soc., **124**, pp. 323-38.) In *Quantum Theory and Measurement*, ed. J. A. Wheeler and W. H. Zurek (Princeton : Princeton University Press, 1983).

(47) Shimony, A. (1993), *Search for a Naturalistic World View*—Volume II. *Natural Science and Metaphysics* (Cambridge : Cambridge University Press).

(48) Spinoza, B. (1677), *Ethica in Opera quotque reperta sunt*, 3rd edition, ed. J. van Vloten and J. P. N. Land (Netherlands : Den Haag)

(49) Stubenberg, L. (1996), 'The place of qualia in the world of science', in Hameroff *et al.* (1996).

(50) Tart, C. T. (1995), Personal communication and information gathered from 'Buddha-1 newsnet'.

(51) Tollaksen, J. (1996), 'New insights from quantum theory on time, consciousness, and reality', in Hameroff *et al.* (1996).

(52) Tuszýnski, J. Hameroff, S. R., Satarić, M. V., Trpisová, B. and Nip, M. L. A. (1995), 'Ferroelectric behavior in microtubule dipole lattices : implications for information processing, signalling and assembly/disassembly', *J. Theor. Biol.*, **174**, pp. 371-80.

(53) von Rospatt, A. (1995), *The Buddhisit Doctrine of Momentariness : A survey of the origins and early phase of this doctrine up to Vasubandhu* (Stuttgart : Franz Steiner Verlag).

(54) Vos, M. H., Rappaport, J., Lambry, J. Ch., Breton, J. and Martin, J. L. (1993), 'Visualization of coherent nuclear motion in a membrane protein by femtosecond laser spectroscopy', *Nature*, **363**, pp. 320-25.

(55) Walleczek, J. (1995), 'Magnetokinetic effects on radical pairs : a possible paradigm for

understanding sub-kT magnetic field interactions with biological systems', in *Biological Effects of Environmental Electromagnetic Fields* (Advances in Chemistry, No. 250), ed. M. Blank (Washington, DC : American Chemical Society Books, in press).

(56) Wheeler, J. A. (1957), 'Assessment of Everett's "relative state" formulation of quantum theory', *Revs. Mod. Phys.*, **29**, pp. 463-5.

(57) Wheeler, J. A. (1990), 'Information, physics, quantum : The search for links', in *Complexity, Entropy, and the Physics of Information*, ed. W. Zurek (Addison-Wesley).

(58) Whitehead, A. N. (1929), *Science and the Modern World* (New York : Macmillan).

(59) Whitehead, A. N. (1933), *Process and Reality* (New York : Macmillan).

(60) Yu, W. and Baas, P. W. (1994), 'Changes in microtubule number and length during axon differentiation', *J. Neuroscience*, **14** (5), pp. 2818-29.

ツイスター、心、脳——ペンローズ理論への招待

茂木健一郎の解説

1——意識も、自然法則の一部である

1・1　ペンローズの憶測

一〇〇年たってもばれない嘘

世界は、ペンローズが一九八九年に『皇帝の新しい心』を出版したときのショックからまだ立ち直っていないようだ。

科学の歴史を見ると、時折、その当時の人類の平均的知的水準を超えて、いきなりはるかかなたの未来に行ってしまうような業績、作品が現れる。たとえば、ニュートン力学の創設がそうだったし、メンデルによる遺伝法則の研究や、アインシュタインの相対性理論もそうであった。

ペンローズの『皇帝の新しい心』も、そのような作品である。もちろん、『皇帝の新しい心』は、完成した研究成果ではなく、どちらかと言えば未来へ向けての探究の方針表明のようなものだ。それにもかかわらず、これほどのインパクトを持ち続けているのは、『皇帝の新しい心』が、最近巷に溢れている脳と心を巡る凡百の本に見られない、恐ろしいほどの洞察力と、本質をずばりとつかむ芸術的と言ってもよいセンスに溢れていたからだ。たとえて言えば、『皇帝の新しい心』は、その精神において、二一世紀どころか、二三世紀あたりの科学を見通していると言ってよい。

もちろん、ペンローズの言っていることがすべて正しいというわけではない。だが、科学が、一〇〇パーセント正しいことだけで成り立っているのではないことも確かだ。すぐにでたらめとわかる嘘は、科学を発展させない。だが、一〇〇年たっても正しいか正しくないかわからないような嘘は、研究活動を推進し、時には全く新しい一つの分野を切り開いてしまうこともある。たとえば、

$$(x+1)^n+(y+1)^n=(z+1)^n$$

を満たす自然数（x、y、z）は$n \geqq 3$のときは存在しない

というフェルマー（Fermat）の最終定理がそうだ。

（以下では、ペンローズの『皇帝の新しい心』での方針に従い、自然数に0を含めるもの

とする。すなわち、

自然数の集合＝｛0、1、2、3、……｝

とする）

最近、ワイルズ（Wiles）によって証明されるまで、この最終定理が正しいのかどうかは、誰にもわからなかった。フェルマーが、本の余白に、

「私はこの定理の驚くべき証明を見いだしたが、それを書くにはこの余白は小さすぎる」

という有名な「いたずら書き」を書いたのは、一六三七年ごろのことと言われている。なんと、三五〇年間も、それが真実かどうかわからなかったわけである。「私はこの定理の驚くべき証明を見いだした」と書いたとき、おそらくフェルマーは考え違いをしていたものと思われる。だとすれば、「定理を証明した」というフェルマーの記述は「嘘」、別の言い方をすれば「はったり」だったわけだ。だが、この「嘘」は、一〇〇年たってもそれが本当かどうかわからないような、深遠な「嘘」であった。フェルマーの「嘘」の定理を証明、あるいは反証しようとして、ワイルズに至る多くの数学者が三五〇年にわたって真

剣な研究を積み重ねてきたわけである。

科学で最も重要なのは、すぐに正しいとわかるような事実を確立することではなく、一〇〇年たっても嘘か本当かわからないような、それでいて重要な研究の新分野を切り開く、そのような「嘘」をつくことと言ってもいい。たとえば、ダーウィンの自然淘汰による進化論は、そのような「嘘」の代表例である。

ペンローズの「嘘」？

このような視点から見ると、ペンローズが『皇帝の新しい心』の中で提出した、

私たち人間の意識下での知性には、非計算的（non-computational）要素がある。したがって、計算的プロセスに基づくデジタル・コンピューターでは、意識も、知性も実現できない。その非計算的要素は、未解決の量子重力（quantum gravity）理論と関連している。

というテーゼは、フェルマーの最終定理のレベルの「嘘」になりうるかもしれない。あるいは、「嘘」という言葉が通りが悪ければ、「憶測」＝「コンジェクチャー」（conjecture）と言ってもよい。実際、ペンローズの本が出現したことにより、人々は、意識と知性の本質について、今までよりも真剣に考えるようになった。ペンローズの「憶測」は、今後長い年月にわたって「本当か嘘かわからない」、グレー・ゾーンに属することになることは確かだろう（もちろん、その真偽がはっきりするまでに、三五〇年もかかることはないと思うが！）。フェルマーの最終定理が新たな数学の研究活動への呼び水となったように、ペンローズが『皇帝の新しい心』と『心の影』の中で提出したアイデアは、今後何年にもわたって心と脳の関係を巡る科学的探究にインスピレーションを与え続けるにちがいない。

1・2　精神現象も、自然法則の一部である

精神と物質の間の壁は、超えられる

さて、ペンローズの理論を理解する上で欠かせないのは、意識や心といった精神現象も、物理や化学、生物学の法則と同じように、自然法則の一部であるという視点だ。

精神と物質の間には、超えられない壁があるという考え方は根強い。最近では、意識の問題が、二一世紀の自然科学の最大のフロンティアになるだろうという認識が広がりつつ

ある。だが、その際に強調されがちなのは、意識の問題が、従来の物質を記述してきた自然法則のアプローチでは、解けないであろうという一種の悲観論だ。特に、私たちの感覚の持つ、「赤」の「赤らしさ」、水の「冷たさ」といった質感、クオリア（qualia）は、自然法則の対象外であるという考えが根強い。意識は、宇宙の中で特別な存在だと考えてしまうわけである。

一方、ペンローズは、精神現象も、自然法則の一部であると考えている。たしかに、現在知られている自然法則では心の問題は理解できないかもしれないが、将来、クオリアや自意識といった心の属性も、電子の持つ電荷や質量と同じように、自然法則で理解できる日が来ると考えているのである。ペンローズの立場は一見大変ユニークで、楽観的すぎるように思われる。だが、よく考えてみると、いたずらに悲観論を唱えるのは非論理的で、ペンローズの立場のほうが、リーズナブルと言えるだろう。現在人類が手にしている自然法則では意識の問題が解けないことは確かだ。しかし、だからといって、科学的な方法論では意識の問題には永遠に迫れないとか、そもそも人間には意識の問題は理解できないということにはならない。

ペンローズが主張しているのは、意識の問題を解決するためには、科学における革命が必要であるということである。その際ペンローズの頭の中にあるのは、二〇世紀初頭の量子力学や、相対性理論に匹敵する、私たちの世界観をゆるがすような革命だ。ここで重要なのは、たとえどのような革命が起こったとしても、その結果として私たちが獲得するのは、あくまでも「自然法則」であるということなのである。つまり、「意識」は「自然法則」では解けないというときに、現在の自然法則を頭に思い浮かべるから駄目なのであって、「自然法則」というときには、それが、量子力学や相対性理論に匹敵する「科学革命」によって全く新しいものに進化する可能性を考慮に入れなければならないのだ。

ペンローズが、意識と量子力学の関係を論ずるときに、ペンローズの頭の中にあるのは、現在ある形での量子力学ではなく、「波動関数の収縮問題」などの欠陥を克服した、新しい量子力学なのである。ペンローズは、量子力学の革命が起こって初めて、意識の問題を理解することも可能になると考えている。ペンローズが、「意識も自然法則の一部である」と言うときには、そのようなイメージがあるのである。

1・3　すべては、最終的には数学で書くことができる

$E=mc^2$ の衝撃

ペンローズの主張を理解する上でもう一つ押さえておくべきことは、

「すべては数学で書くことができる」

という彼の信念だ。今世紀、人類に最も深遠な影響を与えた理論の一つは、アインシュタインの相対性理論であると言ってよいだろう。その中でも、

$$E = mc^2$$

という式、すなわち、

エネルギー＝質量×(光速度)^2

という式は、核分裂の際の質量欠損がエネルギーに変換されうることを示して、原子爆弾の製造に道を開き、人類の歴史を変えた。

ところで、「質量とは何か？」ということに関しては、古代ギリシャの時代から、いろいろな人（主に哲学者）がいろいろなことを言ってきた。「ある粒子の質量は、宇宙の中の他のすべての粒子との関係で決まる」という「マッハの原理」のように、アインシュタインに直接影響を与えた思想もあった。だが、そのような質量に関するうんちくは、アイ

ンシュタインの、

$$E = mc^2$$

という式に比べれば、お話にならないくらい小さなインパクトしか人類にもたらさなかった。早い話が、いくら哲学者が「質量とは形質の一つである」とか、「質量の軽い物質は地上ではなく天上に属する」とか思索を積み重ねたとしても、アインシュタインの式一行の衝撃にはかなわないわけである。

アインシュタインの式には、それを書き下ろしたとたん、世界がそれに従っていることが明らかになってしまうような、強制力＝「暴力性」がある。それと言うのも、哲学者の使う言葉が、私たちが日常使っている言葉の延長、すなわち自然言語であるのに対して、アインシュタインの式が数学的言語で書かれているからだ。たとえば、円周率π《パイ》についていろいろ言うことはできる。だが、そのようなごちゃごちゃは、

$$e^{i\pi} = -1$$

という一つの式の持つイメージの広がりにはかなわない（ちなみに、この式は、数学の

「三天王」、「e」(自然対数の底)、「i」(虚数単位)、「π」(円周率)の関係を示した、とてつもなく美しい式だ)。数学的言語には、長々とした「あ〜でもないこ〜でもない」という議論をぴしゃっと終わらせてしまう、有無を言わせない「暴力性」があるのだ。

数学的言語には、有無を言わせぬ強制力があると同時に、詩的と言ってもよいイメージの広がりがある。

$$E = mc^2$$

というアインシュタインの式は、それが数学的言語によって書かれているからこそこれほどのインパクトを持ちえたのである。

「意識」の問題の発展は、数学的言語を通してのみ可能だ

今後、もし「意識」の問題に飛躍的な発展があるとすれば、それは、数学的言語を通してのみ可能だろう。アインシュタインの式のような、一見全く無関係に思えるものを結び付けるような式が現れて、初めて本質的な進歩があったと言えるのだ。逆に言えば、数学的言語に基づかない、「言葉」＝自然言語に基づく議論は、いくら積み重ねても限界があるということになる。

一九九六年に、カリフォルニアのデイヴィッド・チャーマーズが、私たちの感覚の持つ質感、「クオリア」こそが心と脳の関係を考える上で最も困難な問題だと指摘して、一つのトレンドを作った。本書でも、チャーマーズはペンローズの批判者の一人として登場している（本書の「ペンローズ卿と一〇人のこびとたち」の項参照）。たしかに、チャーマーズのような仕事は、「意識」の本質に関する議論の方向性をつける上ではある程度有効かもしれない。

だが、ペンローズの目指しているのは、そのような単なる「お話」ではなく、最終的には数学的言語できちんと書ける「意識」に関する自然法則を構築することなのである。ペンローズの主張していることは、いずれも、最終的には数学のレベルで決着のつけられるべき性格のものであることを忘れてはならない。たとえば、ペンローズが「意識は非アルゴリズム的な情報処理を行っている」とか、「コンピューターでは知性は実現できない」と言っているときには、最終的な目標として、

$$E = mc^2$$

のような数学的言語による表現をイメージしているわけである。たとえ、自然言語によ

る議論を進めているときでも、ペンローズのように最終的な到達地点として数学的言語による表現を目指しているかどうかで、議論の質は全く異なるものになってしまう。

一九九七年の二月に出版されたペンローズの本『自然界における極小、極大と人間の心』（邦題『心は量子で語れるか』）の中では、二人の哲学者、エイブナー・シモニー（Abner Shimony）とナンシー・カートライト（Nancy Cartwright）がペンローズの理論に対する批評を述べている。シモニーは、

「意識の特性としては、非計算的ということ以外にもいろいろと重要なことがあるのではないか？」

とジョン・サール（John Searle）の「中国語の部屋」（Chinese Room）の例を引き合いに出して、ペンローズの理論を好意的に補足している。一方カートライトのほうは、「なぜ物理学なのか？」（Why Physics?）というタイトルで、

「意識の問題にアプローチするためには、物理学よりも、むしろ生物学のほうが有効なのではないか？」

とよく見られる議論を展開している。

批判の内容はさておき、ペンローズの文章と比べて見ると、彼ら哲学者二人の言っていることは、要するに最終的に「数式」という形で白黒のつく責任をとる必要のない「言い放し」という印象が強い。すべての哲学者の言説が無責任だというわけではないが、最終的に何か具体的なものを建設するわけでもないのに偉そうな言い回しをする彼らの文章にうんざりする部分があることも確かだ。

ちなみに、宇宙論のスティーヴン・ホーキング（Stephen Hawking）もこの本の中で、

「ペンローズは現在の量子力学が不完全だと思っているが、私はそうは思わない」

とペンローズの量子重力のプログラムを批判している。ペンローズとホーキングのどちらが正しいか、歴史が判定してくれることだろう。

忘れてはならないのは、ペンローズは、意識について理屈をこねまわしている哲学者ではなく、数学者、数理物理学者であるということだ。しかも、数学的概念の住む「プラトン的世界」に対して並々ならぬ洞察力を持つ、天才的な思索家なのだ。したがって、ペンローズの説は、たとえそれが、

「脳における意識的プロセスには、マイクロチューブル（microtubule）が深くかかわっている」

といった一見非常に具体的で生物学的に響く説でも、あくまでもそれを支える強烈な数学的イメージを背景としていることを忘れてはならない。ペンローズは、最終的には、

$$E = mc^2$$

のような、はっきりと白黒のつく形で議論の決着をつけようとしているのである。多くの人々が批判しているペンローズのマイクロチューブルに関する説も、もし将来はっきりと否定的な方向で決着がつけば、ペンローズは自分が間違っていたことを喜んで認めるだろう。

「すべては数学で書くことができる」

これが、ペンローズの信念なのだ。

コラム

生物学的常識論では、意識の問題は解けない

ペンローズの意識の問題に関するアプローチは、物理的、ないしは数学的アプローチに基づいている。このようなやり方に対して、生物学の研究者、とりわけ実験的研究者から、

「そんな抽象的な考え方で、生物が理解できるはずがないよ」

という反論がよく聞かれる。先に挙げたナンシー・カートライトの「なぜ物理学なのか?」という批判もそのような例だ。実際、ペンローズの説に対する反論は、しばしばその議論の細部に入った技術的なものであるというよりは、そもそも、物理的ないしは数学的アプローチの意識の問題における有効性に対する懐疑に基づいている場合が多い。

たしかに、生物は複雑なシステムであり、複雑な環境の中で、複雑なふるまいをする。だからといって、そのような複雑なふるまいを一つ一つ取り上げて、そ

れについて常識的な知識をいくら積み上げても、それで意識の問題が解けるわけではない。生物学的常識論では、意識の問題は解けないのだ。

たとえば、ペンローズは、『皇帝の新しい心』の中で、「意識」には、

「捕食者が、餌となる動物の立場になって、その考えることを想像することによって、『餌』が次にどのような行動に出るか予測できるようになる」

という進化上の利点があるという説を取り上げている。この説に対して、ペンローズは、

「私はこの説を聞くと、少し不安になる……」

とイギリス人らしい控えめな態度で懸念を述べ、その後でこの説を批判的に検討している。でも、本当なら、こんな説は最初から門前払いでポイしてしまえばよいところである。このような「常識」的な説を積み重ねることによって「意識」が説明できると考えるような風潮が根強く存在することは、悲しむべきことである。一方では物質としての脳があり、一方では私たちの心の世界があるとい

う異常な「分裂状態」が、上のような常識的議論で解決できないことは、誰でも少し落ち着いて考えてみればわかることだろう。ホワイトヘッド（Whitehead）が生きていてそのような甘い生物学的常識論に基づく議論を聞いたら、激怒するに違いない。

いずれにせよ、「意識」の問題にアプローチする際、生物学的常識論が有効か、それともペンローズのようなラディカルなアプローチが有効か、あと一〇〇年くらいの間には、歴史の審判が下っていることであろう。

2——意識と計算可能性

2・1　ペンローズは、意識の問題を「計算可能性」に追い詰めた

ドレイファスの人工知能批判

一九六〇年代後半から一九七〇年代の初頭にかけて、人工知能（Artificial Intelligence）の分野は、ブームと言ってよいほどの盛り上がりを見せていた。

約二〇年後、ペンローズのことを、

人工知能が意識を持つのは当たり前だ、人工知能にできないことなどないのだ。だが、一部の馬鹿ものは、どうしてもそのことを理解しようとしない。あの、ペンローズとかいう輩は、自分が他の人よりも頭の良いことを鼻にかけて、人の仕事を中傷しているのだ……

（竹内薫、茂木健一郎共著『トンデモ科学の世界』参照）

とこき下ろすことになる人工知能の総大将、マーヴィン・ミンスキーは、まだまだ意気盛んで、「問題は、単に、いかにして一〇〇〇万個の知識のカタログを作るかということだけだ」と豪語していた。人工知能研究者は、人間の知性の再現に成功するのは時間の問

題だと思っていた。それどころか、人工知能を載せたコンピューターが、意識を持つことだってありうると思っていた（今でもそう思っている人も少なからずいるだろうが！）。人工知能の研究者はまさに意気軒昂だったのである。

そんな中で、一九七二年、事件が起こった。ヒューバート・ドレイファス（Hubert Dreyfus）という一人の哲学者が、『コンピューターにできないこと』（*What computers can't do*）という本を出版したのである。ドレイファスの本は、人工知能研究者の楽観論に水を差すもので、まさに青天の霹靂だった。もちろん、人工知能の研究者が猛反発したのは仕方がないことだった。だが、人工知能研究者は、激しく反論する一方で、ひそかにドレイファスの本を勉強した。ドレイファスの批判が、人工知能の欠点の本質を突いていたからだ。実際、人工知能の研究者が哲学に真面目な関心を払うようになったのは、この本が一つのきっかけだったと言われている。

ドレイファスは、ハイデガー、メルロ＝ポンティ、ヴィットゲンシュタインなどを研究する哲学者だったが、人工知能研究者が想定している人間の知性のイメージが幼稚なものであることに業を煮やして『コンピューターにできないこと』を書くはめになったのである（もっとも、ドレイファスは、すでにその七年前に『錬金術と人工知能』（*Alchemy and Artificial Intelligence*）という、人工知能研究者の神経を逆撫でするような論文を発表していた。ドレイファスの人工知能嫌いは、年季の入ったものらしい）。

ドレイファスによれば、ルールに基づくシンボルの操作として人間の知性を理解しようという動きは、古代ギリシャにまで遡れるという。

ギリシャ人が論理学と幾何学を発明して以来、すべての思考は、何らかの計算に帰着できるのではないかという考えが、西洋の哲学者たちを夢中にさせてきた。……人工知能の歴史は、紀元前四五〇年頃まで遡れると言ってよい。……ソクラテスは、弟子の一人に「その時々に応じて、どのようにふるまえばいいかを教えてくれる一群の規則」はないかと尋ねている。ソクラテスが求めているものは、現代のコンピューターの理論家だったら、「効率的な手続き」(effective procedure) と呼ぶところのものだ。

つまり、人工知能というアプローチが、知性の本質について誤解をしているとしても、その誤解ははるか古代ギリシャ時代にまで遡れるということなのである。

一方、人工知能論者がしばしば(間違った認識の下に)その祖としてあおぐプラトンは、ルールに基づくシンボルの操作ができることの限界をちゃんと知っていたとドレイファスは主張する。

プラトンの言うところの「規則」は、それを適用する人間が、規則の中に現れるシンボルの「意味」をきちんと理解しているということを前提にしていた。……プラトンは、思考が形式化できるものだとは、一度も考えたことがなかった。「意味」が、思考において欠かすことのできない役割を果たしていると考えていたのだ。

ドレイファスの人工知能批判の要点は、人間の知性の本質は、人工知能の研究者が考えているようなシンボルの間の関係と、シンボルの操作(「統語論」、シンタックス)にあるのではないということだった。人間の知性は、シンボルの意味(「意味論」、セマンティックス)抜きでは成立しないとしたのである。このようなドレイファスの批判は、最近のペンローズの人工知能批判の中心概念、(意味の)「理解」(understanding)へとつながる一連の流れの中にある。

ペンローズの人工知能批判

一方、ロジャー・ペンローズは一九八九年に『皇帝の新しい心』を出版し、人工知能を「裸の王様」だと痛烈に批判した。人工知能の研究者がいかに怒ったかは、上に引用したミンスキーの発言でもわかるとおりである。

ペンローズは、人工知能批判論者としては、「遅れてやってきた」と言っても過言ではない。ペンローズの『皇帝の新しい心』が出版されたのは、ドレイファスの『コンピューターにできないこと』が出版された一七年後のことである。しかも、ドレイファスが本を出版したときには人工知能の未来に対して手放しの楽観論が支配的だったのに対して、一九八九年には、人工知能という方法論の限界がかなり明らかになりつつあった。だから、ペンローズが『皇帝の新しい心』の中で「裸の王様」＝人工知能を皮肉ったときには、すでに、肝心の王様はよれよれになっていたのである。ペンローズは、人工知能の棺桶に、釘を一本打ち込んだだけだと言ってもいい。

もちろん、だからと言って、ペンローズの議論のインパクトが減るわけではない。遅れてきた「人工知能」批判だったにもかかわらず、ペンローズの本は、ドレイファスの本よりもむしろ大きなインパクトを持ちえた。というのも、ペンローズが「人工知能」批判の切り口を「計算可能性」という数学的によく定義された概念にしぼったからだ。一方、ドレイファスはしつこくも（!?）『コンピューターにできないこと』の改訂版を一九九三年に出し、ご丁寧にも『コンピューターにまだできないこと』（*What computers STILL can't do*）という死者にむち打つようなタイトルをつけた。だが、そのしつこさにもかかわらず、インパクトはペンローズの本に及ばなかった。なぜならば、ドレイファスの議論は結局は「印象派」の「こんな感じではないか……」という議論であって、ペンローズのように厳密に白黒がつくような議論ではなかったからである。

では、ペンローズが「人工知能」を追い詰めた「計算可能性」とは何か？　以下では、「計算可能性」と「知性」の間の関係を見ていこう。

2・2　アルゴリズムにできないこと

アルゴリズムにできることは何か？

ペンローズが『皇帝の新しい心』や『心の影』の中で問題にしている「計算可能性」(computability) は、コンピューターの能力の限界について議論するときに欠かせない概念だ。ここに、あるプロセスが「計算可能」であるとは、それがアルゴリズムとして実行できることを指す。アルゴリズムとは、一連の規則に基づいて、シンボルを操作する手続きのことである。たとえば、ユークリッドの「互除法」は、最大公約数を求める世界最古のアルゴリズムの一つだし、そろばんの操作も、珠を「シンボル」と見ればアルゴリズムだ。さて、コンピューターは、アルゴリズム＝プログラムを実行しているにすぎないから、コンピューターのできることは、アルゴリズムのできること、「計算可能」な操作の範囲に限られるということになる。つまり、

A
「こんにちは！」
「こんにちは！」
「今日は暑いですね」
「そう、インドの夏を
思い出します」
!
B
「こんにちは！」
「こんにちは！」
「今日は暑いですね」
「それは、気温が高い
という意味ですか？」
?

チューリング・テスト

コンピューターのできること＝「計算可能」なこと

となるわけである。

ここで、いったい、「計算可能」なことの範囲は、どれくらい広いのかということが問題になる。

たとえば、人間がコンピューター・スクリーンを通して会話をしたとしよう。この時、スクリーンに表示される相手の会話が、どこかに人間が隠れていて打ち込んでいるものなのか、それともコンピューターによって打ち出されている文章なのか区別がつかなかったとしよう。このようなときに、そのコンピューターには「人間と同じように」考える能力があることを認めようというのが、有名な「チューリング・テスト」である。

コンピューターは、「チューリング・テスト」に合格することができるのだろうか？

この問いは、結局は、

「計算可能」な能力の中に、人間の言葉（自然言語）を通して人間と同じように会話する能力も含まれるか？

という問いと等価だ。これは、最終的には白黒がつくはずの問いだ。なぜならば、「計算可能性」は、厳密に定義された能力だし、また、「人間の会話と区別ができるかどうか」は、実際にテストすることができるからだ。つまり、「コンピューターが人間と同じように会話できるか」という問いは、いつかは必ず決着がつくのである。このように、ペンローズが、「計算可能性」の問題を持ちだした背景には、数学的に厳密な議論ができるという利点があるのである。

ところで、「アルゴリズム」と言っても、その複雑さはピンからキリまである。たとえば、

10　X＝0
20　For I＝1 to 10

```
30 X = X+I
40 Next I
50 Print X
```

はBasicで書かれた、「1から10までの自然数の和を求める」プログラムだ。「アルゴリズム」には、このような初歩的なものから、何万行、何百万行に及ぶような複雑なプログラムまである。ひょっとすると、どんどん複雑で巨大なプログラムを作っていけば、いつかは人間の知性と同じ能力を持つプログラムができるのではないか……これはある意味では自然な発想だ。ミンスキーの、

「問題は、単に、いかにして一〇〇〇万個の知識のカタログを作るかということだけだ」

という発言の裏には、そのような発想があったわけだ。

一方では、どんなに複雑、巨大になったとしても、プログラムは所詮プログラムにすぎず、それができることには限界があるという考え方もありうる。ドレイファスの批判は、まさにそのような考え方に基づいていたわけである。ところで、このような論争、つまり、

ミンスキー　vs.　ドレイファス

の戦いが決着のつかない泥仕合になりやすいことは簡単にわかるだろう。なぜならば、プログラムの複雑さ、巨大さには限界がないからだ。たとえ、ある時点で人工知能が人間の知性と同じレベルの能力を実現していなかったとしても、ミンスキー側は、

「いや、まだまだ。もっと複雑で巨大なプログラムを書けば、人間と同じように考えるコンピューターができますよ」

と逃げを打てる。このような言い訳には際限がなく、

人工知能　vs.　反人工知能

の試合は、無期限ドローになってしまう。

そんなことにならないためには、「計算可能」な範囲内でできることの限界を、きっちりとつかんでしまえばいい。より具体的には、アルゴリズムではできないこと、すなわち、「計算不可能」なことがあることを、証明してしまえばよい。つまり、世の中には「計算

不可能」なものがあることを証明すれば、明らかにアルゴリズムにはそれを実行できないのだから、アルゴリズムの能力に限界があることが証明されることになるのである（もちろん、果たして人間の知性が「計算可能」なものの範囲に入っているのか、それとも計算不可能な要素を含んでいるのかという別の問題はある。この点については、後に触れる）。

万能チューリング機械

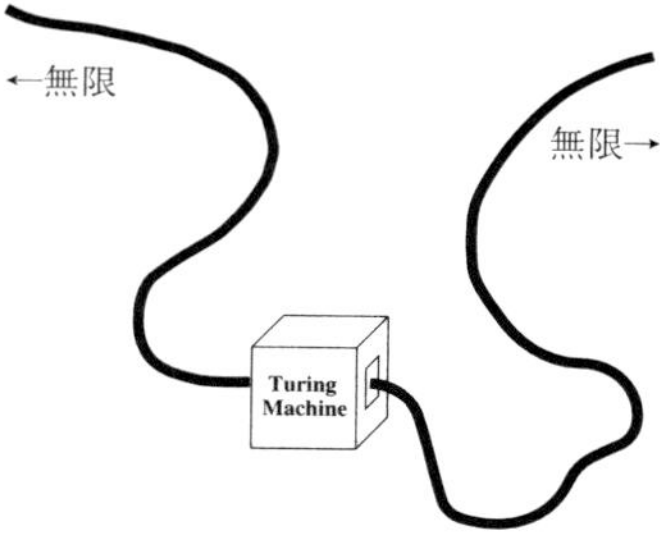

チューリング機械の図

アルゴリズムの限界を見るために、どんなアルゴリズムでも実行できるような機械を考えよう。「万能チューリング機械」（Universal Turing Machine）は、アルゴリズムとして書くことのできるあらゆる計算を実行できる、いわば「万能コンピューター」の数学的モデルだ。

まず、チューリング機械とは何かというと、簡単に言ってしまえば、データの書かれたテープの上のデータを読み、その時の機械の内部状態によって、ある決まったルールでテープのデータを書き換え、同時に機械の内部状態も変え、テープを右か左に動かす機械だということになる。ある条件が満たされると、チューリング機械は「停止」する。すなわち、計算が終わったのである。

現在存在しているデジタル・コンピューターは、すべてチューリング機械である。ただ一つ、現実のコンピューターとチューリング機械の違いは、チューリング機械には、メモリの制約も、計算時間の制約もないということだ。したがって、チューリング機械は、宇宙の全素粒子を総動員しても実現できないような巨大メモリや、宇宙の寿命以上の計算時間を使うことも可能なのである。チューリング機械は、あくまでも概念的なモデルである。チューリング機械に基づく議論は、物理的な制約の影響を受けないのだ。

今後の議論のために重要なのは、すべてのチューリング機械には、ある自然数を割り当てることができるということだ。チューリング機械は、それが行う操作のルールの集合を与えれば定義することができる。この、操作のルールの集合から、一定の方法で自然数を定義することができるのだ。しかも、異なるチューリング機械が、同じ自然数を割り当てられてしまうことはない。異なるチューリング機械には、必ず異なる自然数が対応することになっている。逆に、ある自然数に対応するチューリング機械が、必ず意味のある計算をするという保証はない。実際、ペンローズが『皇帝の新しい心』の中で詳しく書いているように、ほとんどの自然数に対応するチューリング機械は、意味のない操作（たとえば、テープの上のデータをすべて消しながらどんどん右へ送っていく）しかしない。一方、簡単な操作をするチューリング機械にさえ、非常に大きな自然数が割り当てられる。たとえば、「自然数に1を加える」という操作をするチューリング機械は(ペンローズの記法によれば)、

450813704461563958982113775643437908

が割り当てられることになる!(この、「ほとんどの自然数に対応するチューリング機械はナンセンスな操作をする」というところに、知性を意味を離れて形式化しようという人工知能のプログラムの空虚さの本質が、すでに現れてしまっているように私には思われる)。

さて、万能チューリング機械は、次のように定義することができる。

今、自然数nに対応するチューリング機械をT_nと書いたとしよう。このチューリング機械に、ある自然数mの入力をしたときに、最終的に得られた結果がpであったとする(pの中には、「計算が止まらない」という結果も含まれるものとする)。このようなチューリング機械の動作は、

$$T_n(m) = p$$

と書くことができる。ところで、この式は、見方を変えれば、自然数の組（n、m）に、自然数pを対応させる操作を与えていると考えることができる。このような操作の、すべての可能な対応関係、

（n、m）→p

に対して、そのような動作をするチューリング機械を考えることができる。そのようなチューリング機械をUと表すことにすると、Uが、「万能チューリング機械」である。Uは、「どんな計算でもできるチューリング機械」だけども、同時に、あくまでもある特定のチューリング機械だから、それにある自然数を対応させることができる。『皇帝の新しい心』の中で、ペンローズは実際に万能チューリング機械に対応する数を計算してみせている。それは、何と十進数表記で一六五三桁（!!!）という莫大な数だ（何もわざわざ計算しなくても、「ある数に対応する」とだけすればいいものを、実際に計算するところが、いかにもペンローズである）。

ところで、万能チューリング機械は、「何でもできる万能な機械」である。つまり、加算無限個（自然数の数と同じ大きさの無限を、「1、2、3……と数えられる無限」とい

う意味で、加算無限という）あるチューリング機械の行う計算を、すべて行えるのである。そのような万能チューリング機械が、やはり特定のチューリング機械にすぎず、それに具体的な数値が割り当てられるというのは不思議な感じがする。もちろん、ここには、テープから読み取るデータの一部として、「どのように計算するか」という指令が含まれているというトリックがあるのだが、それにしても不思議な感じだ。このあたりから、すでに、「計算可能性」に関する議論の魔法が始まっている。

チューリング機械にもできないことがある

ところで、チューリング機械にも、できないことがあるのである。そんなばかな、チューリング機械は、どんな計算でもできると言ったではないかという疑問はもっともである。だが、チューリング機械ができるのは、あくまでも「計算」、すなわちアルゴリズムに基づく一連の操作だ。アルゴリズムの操作によってできることが、「計算可能」なことであった。チューリング機械にも、「計算不可能」なことはできないのである。

では、「計算不可能」なこととは、いったい何か？　それは、自然数nに対応するチューリング機械T_nに自然数mを入力した結果、その計算が止まるか止まらないかという問いに対して答えることである。正確に言うと、

「あらゆる自然数の組（n、m）に対して、T_nにmを入力した場合にそれが停止するかどうかを決めるアルゴリズム」

は存在しないのである。

「計算が止まるか止まらないかだって？　そんな抽象的な問いには、答えられないのは当たり前じゃないか」

と思う人がいるかもしれない。だが、たとえば、「T_nにmを入力したときに計算が止まれば1、止まらなければ0を出力せよ」という指令にすれば、これは立派にアルゴリズムで書ける問題になる。

しかも、このような問題のいくつかは、数学的にきわめて重要だ。たとえば、本稿一章で触れた「フェルマーの最終定理」は、

$$(x+1)^n+(y+1)^n=(z+1)^n$$

を満たす自然数は$n \geqq 3$のときは存在しない、というものだった（ペンローズに従って、0も自然数に含まれるとしていることに注意）。今、$n=3$として、

「x＝0、y＝0、z＝0からスタートする。x、y、zの値を、

$(x+1)^3+(y+1)^3-(z+1)^3$

に代入し、この式が0になるかどうか調べよ。もし、0になったら、計算を停止して、『反例が見つかった』と出力せよ。もし0でなかったら（x、y、z）のすべての組み合わせについて、上の式の値を調べ、0になるまで計算を続けよ」

というプログラムを考えよう。「フェルマーの最終定理」をn＝3に制限した場合の定理が正しいかどうかは、上のプログラムが停止するかどうかで決まる。プログラムが停止すれば、反例が見つかったわけで、「フェルマーの最終定理」は正しくないことになる。逆に、「フェルマーの最終定理」のn＝3の場合が証明されることと、上のプログラムが停止しないことは同じことである。このように、整数論における重要な定理のいくつかが、チューリング機械の停止問題と等価になるのである。

上のプログラムを書くのは簡単だ。だが、上のプログラムを実行したときに、計算が停止するかどうかを決めるのは簡単ではない。ある特定のプログラムが与えられたときには、それが停止するかどうかをアルゴリズムで決定することは可能であるかもしれない。しかし、一歩進んで、どんなプログラムが与えられて、それにどんな入力をしても、その計算

が停止するかどうかを決定できる、いわば「万能」停止問題解決プログラムは存在しないことが示されるのである。

こうして、チューリング機械にも、少なくとも一つは解決できない問題があることがわかる。それは、すなわち、

「あらゆる自然数の組（n、m）に対して、T_nにmを入力した場合にそれが停止するかどうかを決めること」

である。「あらゆる自然数の組（n、m）に対して」という条件がきつすぎるのではないかと思う人がいるかもしれない。だが、上に決めたように、

「T_nにmを入力したときに計算が止まれば1、止まらなければ0を出力せよ」

という指令を書けば、停止問題は、単に、

「あらゆる自然数の組（n、m）に対して、ある基準（すなわちT_nにmを入力した場合にそれが停止するかどうか）に基づいて、0か1を出力せよ」

という問題にすぎない。つまり、これは、自然数の組(n、m)に0か1を対応させる単なる関数の一つなのだ。悲しいことに、チューリング機械には、少なくとも、この関数は計算できない!

対角線論法

「あらゆる自然数の組(n、m)に対して、T_nにmを入力した場合にそれが停止するかどうかを決められるアルゴリズムはない」

この重大な結果を証明するのに使われる証明法が、「対角線論法」(diagonal slash)である。

対角線論法は、もともとロシア生まれの数学者、カントール(Cantor)が考案した。カントールは、対角線論法を使い、「無限大」にも、大きさの異なる無限大があることを示した(本章末のコラム参照)。もっとも、そのようなぶっ飛んだことを考えすぎたせいか、晩年精神に変調をきたし、一九一八年に、精神療養施設の中で亡くなった。

以下では、対角線論法を使った証明の概略を説明する。少し「入った」ところもあるが、考えながら読めばわかるはずだ。ペンローズの『皇帝の新しい心』の中の説明と基本的には同じだが、いくつかの「つぼ」について「こってり」書いてあるので、わかりやすくなっているはずである（もちろん、あくまでも書いた本人にとってはわかりやすいという意味で、ますますわからなくなったという人が出る可能性は否定しない！）。

さて、T_nにmを入力した場合の出力を、T_n（m）と書く。nを行、mを列にして、T_n（m）の出力表を書こう。もちろんところどころ計算が停止しない場合があるので、「穴」がある。このような「穴」は、□で表すことにしよう。

時には、あるnの値について、m＝0、1、2、3……を入力していったときに、一度も「穴」がない場合があるかもしれない。そのような場合、それを「完全数列」と呼ぶことにしよう。たとえば、図に示した表の場合、n＝3に対応する出力、

3、5、1、6、7、……

が「完全数列」である可能性がある。それに対して、n＝2に対する数列、

□、4、3、□、8、□、□、……

のように、ところどころ「穴」がある場合には、「穴あき数列」と呼ぶことにしよう。「穴」がない「完全数列」が出力表の中にいくつあるかはわからない（「完全数列」が、加算無限個あることは確かだ。すべての自然数の入力に対して、計算が停止し、答えを出すアルゴリズムはいくらでも考えられるからだ）。

ここで、重要なことが一つある。T_n（n＝0、1、2、3、……）は、すべてのチューリング機械を網羅している（「万能チューリング機械」でさえ、その中に含まれる！）。したがって、チューリング機械によって計算可能な「完全数列」は、すべてこの表の中に含まれているはずである。もちろん、チューリング機械によって計算可能な「穴あき数列」も、すべてT_nの出力表の中に含まれているはずだ。

さて、T_n（m）の出力表に「穴」があると、対角線論法を使う上で不都合なので、「穴」を埋めたい（対角線論法は、穴がきらいなのである！）。そのために、今、仮に、

nの値＼mの値	0	1	2	3	4	5	6 …
0	7	□	□	1	3	□	2
1	□	□	□	5	17	2	□
2	□	4	3	□	8	□	□
3	3	5	1	6	7	2	19
4	□	9	7	2	□	5	3
5	□	□	□	□	□	9	5
6	6	7	8	9	2	□	2
⋮							

T_n（m）の出力表の図

「あらゆる自然数の組（n、m）に対して、T_nにmを入力した場合にそれが停止するかどうかを決められるアルゴリズム」

があったとする。もちろん、そのようなアルゴリズムは実際にはないことが最終的には（背理法によって）証明されるのだが、今仮にあったとするのである。そのようなアルゴリズムをHとしよう。Hに、自然数の組（n、m）を入力したときに、

H（n；m）＝1　→　T_nにmを入力した計算は停止する。

H（n；m）＝0　→　T_nにmを入力した計算は停止しない。

とする。H（n、m）と書かないでH（n；m）とするのは、nとmの性格が異なる（すなわち、nはチューリング機械の番号で、mはそれに入力する数字）ことを示すためである。さて、このようなHを使って、T_n（m）の出力結果の表の「穴」を埋めることができる。すなわち、

Q（n；m）＝T_n（m）×H（n；m）

という新しいチューリング機械を考えるのだ。右辺の計算は、T_nにmを代入した計算が停止する場合はT_n（m）の値を出力するし、停止しない場合は0を出力するものとする。

つまり、

「停止しない」×0＝0

nの値 ＼ mの値	0	1	2	3	4	5	6	…
0	**7**	0	0	1	3	0	2	
1	0	**0**	0	5	17	2	0	
2	0	4	**3**	0	8	0	0	
3	3	5	1	**6**	7	2	19	
4	0	9	7	2	**0**	5	3	
5	0	0	0	0	0	**9**	5	
6	6	7	8	9	2	0	**2**	
⋮								

Q_nの出力表の図

とするのだ。変な掛け算だと思うかもしれないが、そのように定義するのである。もう一つ注意することは、右辺の出力結果は、チューリング機械によって「計算可能」な範囲に入るから、その結果を、実際にQという別のチューリング機械に置き換えることができるはずだということである。

さて、ここで、

Q（n；m）＝Q_n（m）

と書き直そう。Q_n（m）の出力表は、結局のところ、T_n（m）の出力表で、穴があったところを、「0」という出力で置き換えたものになる。この、新しいチューリング機械の集合Q_n（n＝0、1、2、……）の出力表には、今や「穴」はない。どのnの値をとっても、m＝0、1、2、3、……に対する出力は、「穴」のない「完全数列」になっている。出力表に、「穴」がなくなったので、「対角線論法」を適用する準備が整った！ 以下では、Q_nの出力表のうち、「対角線」にある数値、すなわち、（n、m）＝（0、0）、（1、1）、（2、2）、（3、3）……に対する数値に注目するので、それらを太字で示すことにする（図参照）。

「対角線論法」を適用する前に、Q_nの出力表について、一つ注意しておくことがある。それは、およそチューリング機械で計算できる「完全数列」は、すべてこの出力表に含まれているということである。もともと、T_nの出力表には、チューリング機械で計算できる「完全数列」がすべて含まれていた。Q_nの出力表は、T_nの出力表のうち、「穴あき数列」の穴を、「0」で置き換えて、新しい「完全数列」を付け加えただけである。

だが、「穴うめ」でできた新しい「完全数列」も、チューリング機械で計算される以上、もともとはT_nの出力表の中にあったはずなのである。つまり、Q_nの出力表は、T_nの出力表のうち、穴の空いている行に、「穴以外は全部数値が同じで、穴のところは0に置き換わっている」ような、もともとどこかにあった「完全数列」を持ってきたものにすぎないのである。結果として、Q_nの出力表は、T_nの出力表と同様に、チューリング機械で計算できる「完全数列」をすべて含み、しかも、それ以外の数列は含んでいないことになる。

さて、Q_nの出力表のうち、「対角線」にある数値、すなわち、（n、m）＝（0、0）、（1、1）、（2、2）、（3、3）……に対する数値（Q_nの出力表で、太字で書かれた数値）だけを並べていってみよう。すると、

7、0、3、6、0、9、2、……

となる。この数列を、「対角線行列」と呼ぼう。「対角線行列」は、

「n＝0、1、2、3、……について、Q_nにnを代入した出力結果を求めよ」

というプログラムの実行結果である。このプログラムは、チューリング機械で実行することができるから、「対角線行列」も、Q_nの出力表の、どこかに（あるnの値に対する出力結果として）含まれているはずだ。

では、「対角線行列」の各数値に1を加えた数列、すなわち、

8、1、4、7、1、10、3、……

についてはどうか？　この数列を、「対角線＋1行列」と呼ぶことにしよう。「対角線＋1行列」も

「n＝0、1、2、3、……について、Q_nにnを代入した出力結果に1を加えたものを求めよ」

というプログラムの実行結果である。ということは、「対角線＋1行列」も、あるチューリング機械による計算の実行結果として出るはずだ。つまり、チューリング機械で計算できるすべての「完全数列」を網羅した、Q_nの出力表の中に含まれているはずなのである。ところが、「対角線＋1行列」は、

n＝0の「完全数列」とはm＝0の結果が（＋1だけ）違う
n＝1の「完全数列」とはm＝1の結果が（＋1だけ）違う
n＝2の「完全数列」とはm＝2の結果が（＋1だけ）違う
……

と、Q_nの出力表に出てくるすべての「完全数列」と異なるのである。つまり、「対角線＋1行列」は、Q_nの出力表の「完全数列」に含まれるはずなのに、そこに出てくるどの「完全数列」とも違うのだ。

これは、明らかに矛盾である。

なぜ、このような矛盾が生じたか？　それは、もともとは言えば、

「あらゆる自然数の組（n、m）に対して、T_nにmを入力した場合にそれが停止するかどうかを決められるアルゴリズム」

があると仮定したからであった。このようなアルゴリズムを組み込んだチューリング機械Hを使って、私たちはT_nの出力表の「穴」埋めをし、対角線論法を適用し、結果として矛盾を導いたのである。

よって、背理法により、最初の仮定が間違っていたことになる。こうして、

「あらゆる自然数の組（n、m）に対して、T_nにmを入力した場合にそれが停止するかどうかを決められるアルゴリズムはない」

という結論が導かれるのである。

2・3　意識は、非計算的な要素を含んでいる

「対角線論法」は「意味論」にかすっている？

前節の議論の結果、万能と思われたチューリング機械にも、実はできないことがあることがわかった。チューリング機械にできないこと、それは、あるチューリング機械の計算の結果が、停止するかどうかを決定することである。

ここで注意すべきは、T_nにmを入力したときに、その計算が停止するかどうかは、客観的な真実として決まってしまっているということだ（ここでは、「実際に検証できないと真実は確定できない」とする論理実証主義〈logical positivism〉などの考え方は無視する）。つまり、数学的真実の棲む「プラトン的世界」の中では、T_nにmを入力した計算が停止するかどうかの表が、すでに「存在している」のである。人間がその全貌を把握することがあるかどうかは別として、チューリング機械の停止問題は、プラトン的世界の中では、すでに解かれてしまっているわけだ。チューリング機械は、少なくともこのプラトン

的世界の「真実」には到達できないのである。

もう一つ注意すべきことは、否定されたのは、すべてのアルゴリズム的計算の停止問題を、それ単独で解いてしまう「万能の」停止問題解決アルゴリズムの存在であって、個々の場合に、ある計算が止まるかどうかを決定できるチューリング機械の存在自体は否定されたわけではないということである。

いずれにせよ、「対角線論法」を使った背理法による証明は、何かに化《ば》かされたような後味の悪さが残ることは否定できない。「対角線論法」は、数学の中でも最も深遠な（別の言い方をすると、わけのわからない）理屈の一つだ。どこか、悪魔にからかわれているような気分が残る。

もともと、ペンローズの「人工知能」批判の要点は、人間の知性は、意味の「理解」なしでは成立しないということである。意味を抜きにして、形式的なシンボルの操作を行ったとしても、そのようなシステムでは、「知性」は実現できないというのが、ペンローズの主張だ。だとすれば、本来、チューリング機械の限界は、それが「意味」を理解する人間の知性なしでは成立しないことにあることになる。もし、アルゴリズムが「意味」に頼ってしか機能を果たさないことを、数学的に厳密な形で表現できれば、そのほうがよほど筋の良い議論だということになる。

そのように考えると、「対角線論法」によるチューリング機械の能力の限界の「証明」

は、裏口から入って、敵の足をすくったという感じは否めない。問題の本質にかすってはいるが、本質そのものを芯で捉えていないという感じがするのである。実際、上の「証明」が、

アルゴリズムの能力には限界があり、人間の知性はアルゴリズム以上のことをすることができることを示している

というペンローズの主張に対しては、さまざまな批判が出ている（本書「ペンローズ卿と一〇人のこびとたち」の項参照）。その批判のどれもが、技術的で瑣末といえば瑣末なものだ。そうなってしまうのも、もともとのペンローズの議論が、「意味論（セマンティックス）」という本質にかすってはいるが、その核心はまだ捉えていないからである。

それにしても、ゲーデルによる不完全性定理の証明もそうだが、なぜ、「対角線論法」は、「意味論」にほんの少しとはいえ、かすることができるのだろうか？「自己言及」などの構造が関係しているのだろうか？　これは実にディープな問題だ。このあたりには、まだ人類の誰も考え詰めていないミステリーが大いにあるような気がするのである。もし、無人島に流れ着いて、雑念に紛らわされないような環境ができたら、「対角線論法」と「意味論」について一年くらいじっくり考えてみたいものである！

意識は、非計算的な要素を含んでいる

さて、少しハードな議論を積み重ねてきたこの章の議論も、そろそろ終わりだ。最後に、計算可能性と人間の知性の間の関係について、ペンローズの考えを見てみよう。

まず、いろいろ問題はあるものの、「アルゴリズムにできることには限界がある」というペンローズのテーゼを認めることにしよう。「対角線論法」を使った上の議論が直接的に否定しているのは、ある特定の「万能アルゴリズム」の存在である。たとえば、問題に応じて臨機応変に変化するアルゴリズムの能力に限界があるかどうかとか、いろいろと面倒な問題があることは確かだ。だが、このような議論を始めると泥沼になるし、「対角線論法」の不思議さを味わうだけで、このタイプの議論は十分だと思うので、この筋はここで打ち切ろう。

ペンローズは、さらに、人間の知性には、アルゴリズム以上の要素、すなわち非計算的要素があるとする。そして、このような非計算的要素は、意識によって支えられているとする。『心の影』から、ペンローズ自身の言葉を借りれば、

……したがって、私自身の用語法によれば（そして、実際、それは、一般的な用語法

と一致するのだが)、次のようなことが示唆されることになる。
(a)「知性」(intelligence)は、「理解」(understanding)を前提とする。
(b)「理解」は、「覚醒」(awareness)を前提とする。
ここに、「覚醒」は、「意識」(consciousness)の受動的な側面を表している……

ということになるのである。

ペンローズの議論は、非常にクリアカットだ。簡単に言ってしまえば、

コンピューターには、計算可能なプロセスしか実行できない
意識は、計算不可能なプロセスが実行できる
したがって、意識は、コンピューター以上のことができる

ということになる。

ところで、このようなペンローズの立場に対して、意識の本質は「複雑性」ではないのか? という批判をする人たちがいる。「複雑性の理論」(complexity theory)では、ある問題を解決するアルゴリズムが存在することを前提にした上で、そのあるアルゴリズムが、自然数nで特徴づけられるサイズの問題に対して、どれくらいのステップ数で解答を

与えられるかを議論する。たとえば、ある定数kがあって、n^k程度のステップで問題が解決できるとき、その問題はP（polynomial の略）であると言う。つまり、ある問題がアルゴリズムで解けることを前提にした上で、その問題がどれくらい複雑なのかということを問題にするのが、複雑性の理論なのである。このような問題を重視する人たちは、

意識はアルゴリズムで、ただ、その複雑性が大きいだけなのではないか？

と言う。

このような意見に対して、ペンローズは、ある問題がそもそもアルゴリズムで解決できるかという、計算可能性の問題に比べれば、アルゴリズムが実際に存在したとして、問題解決にどれくらいのステップ数がかかるかという複雑性の問題は、本質的ではないとする。ペンローズにとっては、あくまでも、計算可能性が、意識とアルゴリズムを分ける分水嶺なわけである。

さて、このようなペンローズの立場は、非常にはっきりしていて、ある意味では潔いのだが、一つ困ったことがある。それは、私たちの意識、知性を支えるのは、脳の中のニューロンの回路網だということだ。もっと具体的に言えば、ニューロンの発火なのである。そして、現在、大多数の科学者は、ニューロンの回路網のふるまいは、古典的な法則に従

うと思っている。ここで、「古典的」とは、「量子力学を必要としない」という意味だ。ところが、もし、ニューロンの回路網のふるまいが古典的法則で書けるとすると、そのふるまいは、「計算可能」なのである。つまり、アルゴリズムで計算できるわけだ。このことは、実際、ニューロンの回路網のふるまいを、コンピューターの上でシミュレーションできることでもわかるだろう。結果として、ニューロンの回路網は、アルゴリズムで記述できる「計算可能」なふるまいしかしないことになる。

ここに、矛盾が生じる。もし、ニューロンの回路網がアルゴリズムで記述できる、「計算可能」なふるまいしかしないのならば、なぜ、それによって実現される人間の知性が、「計算不可能」な、アルゴリズムを超えた能力を持つのか？

こうして、「計算可能性」と並ぶ、ペンローズの議論の一つの柱、「量子力学と意識」の問題がクローズ・アップされてくる。もし、人間の知性が計算不可能な要素を含むとすると、必然的に、脳の中のニューロンの回路網のふるまいも、計算不可能な要素を含まなければならなくなるのである。古典的な法則は、すべて計算可能だ。ということは、ニューロンの回路網のふるまいは、現在知られている自然法則の中で、唯一計算不可能な要素を含む（可能性がある）と考えられている、量子力学によって決定されなければならないということになる。意識に量子力学が絡んでくることは、この時点で論理的に必然化されてしまうのだ。

「計算可能性」と、「量子力学」。この二つの論点は、ペンローズの議論の中で、論理的に非常にきつく結び付いているのである。

コラム

集合論は、無限集合を考えて初めて面白くなる

以上の議論で主役をつとめた「対角線論法」は、無限の要素を持つ集合を扱うときに重要な役割を果たすテクニックである。

学校教育で、集合論をやって、「何でこんなくだらないことをやっているんだろう?」と思った人は多いにちがいない。

自然数の集合＝{0、1、2、3、4、……}

素数の集合＝{2、3、5、7、11、……}

と書いてみても、「それがどうしたの?」という感じだし、

「四〇人のクラスで、眼鏡を持っている人は一五人、帽子を持っている人は二六人、眼鏡も帽子も持っていない人は九人です。では、眼鏡も帽子も持っている人は何人でしょう?」

というような、ベン図を使ったとるに足らない問題くらいしか扱えない。

実際、有限集合を扱っているかぎり、問題にできるようなことは、「感受性のまともな人ならあきれる」ベン図を使った問題くらいである。

集合論が本当に面白くなるのは、無限集合を扱ったときだ。たとえば、数学の全分野の中で最も深遠な考えの一つと言える「連続体仮説」(continuum hypothesis)は、自然数の集合の「無限」と、実数の集合の「無限」の間には、中間の「無限」はないという仮説だ。「連続体仮説」は、集合論の基本的公理系であるZermelo-Frankelの体系と「独立」であることが示されているので、形式主義の立場からは、「正しくても正しくなくてもどちらでもいい」仮説である。

一方、ペンローズのようなプラトン主義者にとっては、「連続体仮説」が真であ

るか偽であるかは、数学的真理として、問いかける意味があることになる。もっとも、平行線公理を認めるか認めないかでユークリッド幾何学と非ユークリッド幾何学ができるように、「連続体仮説」を認めるかどうかで違う集合論ができてもいいわけであるが！

（私がもし神様と話をする機会があり、一つだけ質問していいと言われたら、「いったい、連続体仮説は本当のところはどうなっているんだ？」と聞いてみたいと思っている）

いずれにせよ、集合論が面白くなるのは無限集合を扱う段階においてであって、有限集合をやっていても、面白くもなんともないわけである。

私は、個人的には、少なくとも高校段階で、「感受性のまともな人」のために、「連続体仮説」の考え方くらいまでは教えるべきだと思う。そうしないと、「集合論」が、ベン図を使って「眼鏡も帽子も持っている人」の数を求める程度のわけのわからないものだという印象を持たせてしまう。

同じことは、物理の教育についても言える。たとえば、量子力学が、いかに深遠で、人間のこれまでの世界観を変えるような革新的な考え方であるか、果たして「文科系」の人々はわかっているのだろうか？　余計なお世話かもしれないが、量子力学の基本的な概念を理解しているかどうかで、それこそその人の思考の深さは全く変わってしまうと思う。量子力学のイメージをつかんでいるかどうかで、禅で言う「悟りの段階」が変わってきてしまうのだ。私は、高校で量子力学の基本的考え方くらいは教えるべきだと思う。二一世紀になった今、量子力学の基本思想は、私たち人類の不可欠な教養の一部をなすと考えるからである。

もっとも、このような教育改革をするには、まずあのグロテスクな大学入試を根本的に変えなければならないだろう。たとえば、入学志願者が共通して受ける試験の内容は、最低限の基礎知識にして、その上にどのような高度の知識を、どのような分野で積み上げるかは、個人の自由にすればいいのである。もちろん、連続体仮説や量子力学は、たとえ教えても、入学試験の内容にする必要はない。アメリカの大学入試共通試験（SAT）がやさしいのは、一つの叡知だと思っていい。はっきり言って、今の高校で教える程度の内容の範囲で、小難しい問題を作って競争させても、自由な知性の発達を妨げるだけで、何の意味もないのである。

3——量子力学と意識

3・1 計算可能性と量子力学

決定論的だが計算可能ではない系

前章「意識と計算可能性」で見たように、ペンローズがコンピューターの能力は大したものではなく、人間の知性には遠く及ばないと考える理由は、次の三行に要約できる。

コンピューターには、計算可能なプロセスしか実行できない
意識は、計算不可能なプロセスが実行できる
したがって、意識は、コンピューター以上のことができる

これが、ペンローズの人工知能批判の核心となるアイデアである。

ここから、量子力学と意識の問題が論理的、必然的に重要な問題として浮かび上がってくる。なぜならば、もし意識が計算不可能なプロセスを実行できるとすれば、それを支えるニューラル・ネットワークを記述するダイナミックスは、計算不可能な要素を含む自然法則に従うと考えるのが自然だからだ。そして、現時点で、「計算不可能」な要素を含む自然法則として唯一可能性があるのが、量子力学なのである。ペンローズの上の「三行ルール」と整合性を持たせようとするならば、どうしても意識には量子力学がかかわってこなければならないことになる。

ところで、量子力学は、従来、しばしば人間が自由意志を持つかどうかという問題と関係すると言われてきた。そして、その際に重要なのは、量子力学が決定論的か、非決定論的かということだった。ここで、決定論的とは、現在の状態が決まれば、未来の状態が一つに決まってしまうことを言う。

たとえば、もし宇宙が決定論的な自然法則に支配されているとすると、ビッグバンの瞬間に、宇宙の全歴史は決まってしまっていることになる。これに対して、非決定論的とは、現在の状態が決まっても、未来の状態が一つに決まらないことを言う。つまり、未来がどうなるか、「選択の余地」があるように見えるわけだ。このことから、量子力学は、自由意志の起源なのではないかと言われてきた。このような考え方は間違っていることを、私は他の機会に論じた（徳間書店刊『トンデモ科学の世界』、日経サイエンス社刊『脳とクオリア――なぜ脳に心が生まれるのか』を参照)。

だが、ペンローズが意識との関係で注目している量子力学の性質は、それが決定論的か、非決定論的かということではない。ペンローズに関心があるのは、量子力学、特に波動関数の収縮の過程が計算可能なプロセスか、計算不可能なプロセスかということなのである。そして、ペンローズは、その直感に基づき、波動関数の収縮は、計算不可能なプロセスだと主張する。そして、意識の本質は、量子力学における波動関数の収縮過程が計算不可能であることと関連しているとするのである。さらに言えば、ペンローズは、環境から孤立した系の波動関数の収縮は「決定論的だが計算不可能」なプロセスだと考えている。この点は、ペンローズのすべての仮説の中でも、最もぶっとんでいる点だと言ってよい。ここには、ペンローズの数学的直感の、最も深い部分が顔をのぞかせているのだ。

では、決定論的だが、計算不可能なプロセスとは、どのようなものか? そのイメージをつかむために、ペンローズが、『皇帝の新しい心』の中で挙げている例を見てみよう。

今、二つの自然数(n、m)によって表される系があるとする。この系のダイナミックスを、次のように定義する。すなわち、n番目のチューリング機械T_nに自然数mを入力したときに、それが停止する場合には、次の状態は(m+1、n)であるとする。一方、それが停止しない場合には、次の状態は(n+1、m)であるとする。すなわち、

T_n（m）が停止する↓（n、m）から（m＋1、n）へ
T_n（m）が停止しない↓（n、m）から（n＋1、m）へ

と系の変化を定義するのである。

このようにダイナミックスを定義した場合、それはたしかに決定論的である。なぜならば、n番目のチューリング機械にmを代入したときに、それが停止するかどうかは必ず決まるはずだからだ。数学的真理の属する「プラトン的世界」の中ではたしかに決まっているはずなのである。しかし、「意識と計算可能性」の章でも見たように、チューリング機械が停止するかどうかを一般的に決定するアルゴリズムは存在しない。つまり、チューリング機械による計算がいつかは停止するか、あるいは永遠に続くかは、コンピューターによって決定することはできないわけだ。したがって、この時間発展の様子は計算可能ではない。すなわち、このダイナミックスは、決定論的ではあるが、計算不可能ということになるのである。

この例のように、「決定論的だが、計算不可能」なダイナミックスは、とんでもないダイナミックスなのである。客観的な真実としては決まっているが、計算で求めることはできない、そのようなファクターが、時々刻々の変化の様子を決めていくのだ。つまり、世界の変化のいたるところに、「プラトン的世界」の中の真実が顔をのぞかせるのだ。ペン

ローズが、いかにおそろしいことを考えているかわかるだろうか⁉

ここで、いわゆる「カオス」と、計算不可能性は異なるものであることに注意しよう。「カオス」は、決定論的なダイナミックスを持つ系において、初期状態が少しずれていると、その後の系の発展の様子が大きく変わってしまうことを指す。現在研究されている「カオス」の時間発展は、計算可能なものである。そうでなければ、「カオス」の研究にコンピューターのシミュレーションを使うことはできないだろう！　もっとも、論理的に言えば、「計算不可能」なダイナミックスでも、カオスがあってもいいことになる。だが、そのような例は、私の知るかぎり今のところ研究されていない。

ペンローズは、「カオス」の存在は、基本的に系の発展にランダムな要素を与えることになり、脳の計算原理を設計するときには、役に立つというよりは、どちらかと言えば邪魔になるものだと言う。このような意味での「不確定性」は、脳が、積極的に利用するというよりは、最小限にとどめたい要素であるというわけである。そもそも、「カオス」が計算可能なダイナミックスで実現されるかぎり、計算可能性の点からは、何も本質的に新しいことはないことになってしまう。このような考えから、「カオスが脳の機能に深い意味を持つ」という一部の研究者の考え方に、ペンローズは反対しているのである。

計算不可能なプロセスと量子力学

ところで、意識に量子力学がかかわっているとするペンローズの主張には、反対する人が多い。というのも、私たちの意識は、脳の中の多くのニューロンの発火によって支えられている。つまり、量子力学が普通扱う光子や電子のスケールに比べれば、はるかに大きいスケールの現象が、私たちの意識を支えているわけである。このようなマクロなスケールの現象には、量子力学的な効果は現れないと常識的には考えられている。ニューロンの発火のようなマクロな現象を記述する上では、古典的な法則で十分だとされているのである。

もっとも、マクロなスケールの量子現象が全くないわけではない。その代表的な例が、超伝導や、超流動といった現象だ。ただし、このような現象をみせるシステムには、絶対零度に近い低温であるとか、高度に秩序立った構造を持っているとか、系の実効的な自由度が低いとか、一定の特徴がある。脳のように、室温で、構造は複雑多彩、しかも自由度の恐ろしく多いシステムに、マクロな量子現象が見られるとは、普通は誰も思わないのである。もちろん、脳の中の化学反応などには、量子力学が直接的に関与しているだろう。だが、そのようなミクロなスケールの現象と、意識が生じるニューラル・ネットワークのレベルの現象の間には、かなりの隔たりがある。普通に考えれば、意識に量子力学が関与していると考えるのは、控えめに言っても少々無理があるということになる。

だが、ペンローズの、意識に量子力学が関与しているという確信には、全く揺るぎがないようだ。もちろん、ペンローズ自身は、ここで述べたような理屈は知り尽くしている。それこそ釈迦に説法で、脳の中の生理的条件の下でマクロな量子現象が生じにくいことは百も承知のはずだ。それにもかかわらず、ペンローズはなぜこれほどまでに意識と量子力学の間の関係にこだわるのか？　そこには、何かよほど強力な理由があると考えなければならないだろう。

もういちど、ペンローズが、意識に量子力学がかかわっているとするときに根拠とする論理構成を振り返ってみよう。

　意識には計算不可能なプロセスがかかわっている。

←

古典的法則には、計算不可能なプロセスは含まれていない。一方、量子力学の波動関数の収縮の過程には、計算不可能なプロセスが含まれている可能性がある。

←

他に計算不可能なプロセスがある可能性がないのだから、意識には、量子力学がかかわっていなければならない。

つまり、「計算不可能」という性質を通して、意識と量子力学ががっちりと結び付いてしまっているわけだ。実際、ニューラル・ネットワークのダイナミックスは、普通の古典的法則で書けると考えられているから、そこに計算不可能な要素が入り込む余地はない。それは、ニューラル・ネットワークにおける計算が並列的であろうとも、変わるところはない。この点に関して、この分野のパイオニアである甘利俊一は次のように言っている。

（ニューラル・ネットワークのような）並列情報処理の原理をアルゴリズムの立場から見たのでは、話はトリビアルになる。……ニューロンの相互作用のダイナミックスを高次元の微分方程式で表わすことができれば、この方程式を直列のコンピュータで解くこと、すなわち脳の動作のシミュレーションをコンピュータで実行することは計算可能性の原理の問題として可能である。計算可能性理論の観点からすれば、この意味で脳もコンピュータと同等である。

（『神経回路網モデルとコネクショニズム』）

こうして、意識に計算不可能な要素が絡んでいるという前提をキープする以上、そこにはどうしても量子力学が絡んでこなければならないのだ。脳の生理的条件を考えれば、それが難しいことは百も承知している。だが、ペンローズの立場からは、脳は、なんとしてもマクロな量子的効果を実現していなければならないのだ。

このように考えれば、脳の中に、求めているようなマクロな量子的効果を支えるかのように見える構造があると知ったとき、ペンローズが喜んだことは、無理もないということがわかるだろう。ペンローズにとって、脳の中でマクロな量子状態を実現できるように思えた構造物、それは、ニューロンの細胞骨格で重要な役割を果たしているある蛋白質であった。そう、あのマイクロチューブルである！

3・2　マイクロチューブルにおける量子力学的計算

マイクロチューブルとは何か？

意識には量子力学が絡んでいる。そして、そこで重要な役割を果たしているのは、マイクロチューブルである。

これが、ペンローズの現在主張している説である。はっきり言って、この説の、科学者の間の評判は非常に悪い。特に、ニューロンの細胞生物学をよく知っている生物学者、生化学者にとっては、「何だ、それは？」というくらい、一見馬鹿らしく響いてしまう説なのである。

実際、いろいろ生物学者は文句を言っているようだが、そのマイクロチューブルとやらがマクロな量子現象を実現し、意識にかかわっている可能性も十分にあるのではないか？ と考えるのは、生物学のことはほとんど知らない物理学者くらいだ。意識の問題が、あくびが出るくらい古典的な常識論で解決できると考える生物学者も困ったものだが、生物学のことを全く知らない物理学者も困ったものである（ここでは、ペンローズのことを言っているのではないので念のため！）。

そもそも、マイクロチューブルとは何か？ それは、細胞骨格の中心を占める蛋白質で、中空の円筒形をしている。詳しい構造については、ペンローズとハメロフの論文「意識は、マイクロチューブルにおける波動関数の収縮として起こる」（前掲）の中で説明されているので、ここでは触れない。

まず、問題なのは、その中空状の構造である。ペンローズが（もともとはハメロフの示唆で）マイクロチューブルに目をつけたのも、この非常に特殊な構造があるからである。中空の円筒形の構造は、一見、いかにも導波管として機能しそうに見える。また、その高度に秩序だった構造は、マクロな量子状態を作り出すのに都合が良いように見える。

だが、自然は、別に導波管や、マクロな量子状態を実現する装置としてマイクロチューブルを設計したのではない。マイクロチューブルが中空の円筒形をしているのは、全く別の理由からだ。すなわち、一つ一つは小さい蛋白質の構成単位（チューブリン）から、細長い棒状の構造物を作るのに中空の円筒形が都合が良いからである。実際には、ペンローズとハメロフの論文「意識は、マイクロチューブルにおける波動関数の収縮として起こる」の中でも説明されているように、チューブリンはらせんを巻きながら円筒形を作っている。一定の構成単位から、棒状の構造物を作るのには、そうするのが一番てっとり早いし、安定するのである。マイクロチューブルが円筒形をしているのはそれだけの理由であって、マクロな量子状態を作るためではないのだ。

では、細胞は、なぜマイクロチューブルのような細長い構造物が必要だったのか？　その理由の一つが、マイクロチューブルがその上をさまざまなものを輸送する「線路」として働いているということだ。オルガネラと呼ばれる「袋」の中にさまざまな生体分子が詰められ、マイクロチューブルの上を輸送される。これが、「軸索輸送」だ。この際、オルガネラを動かす「エンジン」の役割を果たすのが、キネシンや細胞性ダイニンなどのマイクロチューブル関連蛋白質（ＭＡＰｓ）である。これらの蛋白質は、オルガネラとマイクロチューブルを結び付ける架橋として働くとともに、オルガネラを一定の方向に運動させていく。オルガネラは、放っておいてもいろいろな方向にブラウン運動で動いていくが、それを一定方向に動かすにはエネルギーがいる。そのエネルギーを提供するのが、細胞の生化学で普遍的なエネルギー通貨になっているATP（アデノシン三燐酸）だ。この「軸索輸送」は、特にニューロンの機能を支える上で重要な役割を果たしている。ニューロンでは、さまざまな生体分子が製造される細胞体の核周辺と、それらの生体分子の消費地であるシナプスが、時には一メートルに達する長い軸索を挟んで離れているから、軸索輸送の意味は大きい。

マイクロチューブルは、軸索輸送の他にも、細胞の形状を保ったり、細胞分裂で重要な機能を担ったりと、さまざまな役割を果たしている。重要なことは、その構造がなぜ中空の円筒形をしているのかが蛋白質の構造上の明快な理由で説明されるように、その細胞内の機能も、明快な生物学的理由で理解されるということだ。そして、その機能は、完全に古典的な描像に尽きるのであって、脳全体に及ぶような、マクロな量子的状態の現出にかかわっていると信じる必然性も、その根拠も全くないのである。

以上のことは、生物学者にとってはいわば常識のことである。そして、この常識的見地からは、残念ながらペンローズの

マイクロチューブルがマクロな量子力学的状態を作り出し、それが意識において重要

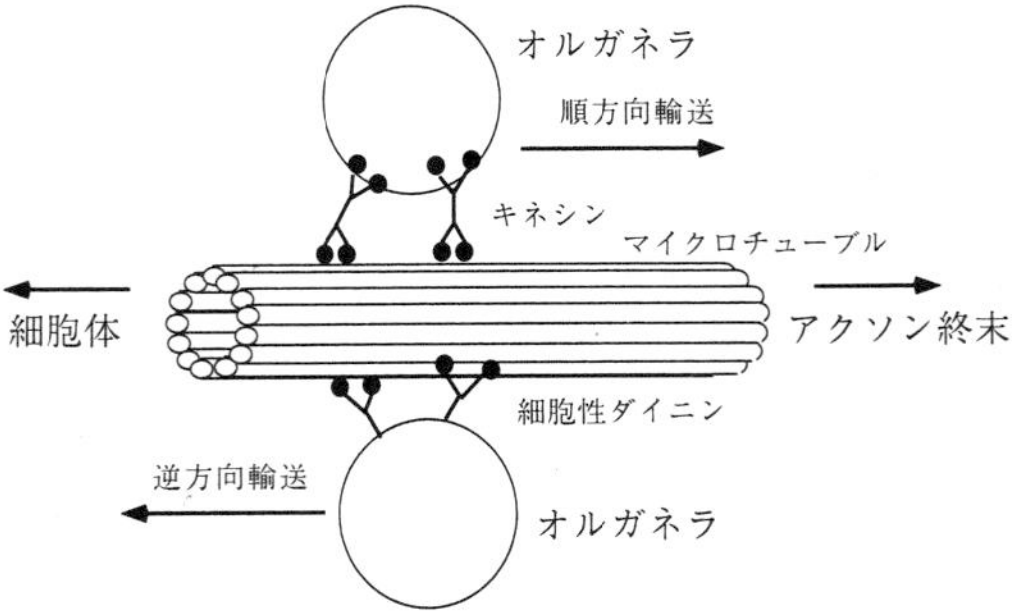

マイクロチューブルの上の、オルガネラの軸索輸送

な役割を果たしている

という説が正しいという可能性はほとんどないと断言してもいいのである。

マイクロチューブルとペンローズの幾何学的センス

ペンローズは、「非周期的にのみ平面を覆い尽くす」ペンローズ・タイリングの研究でも知られるように、優れた幾何学的センスで知られている。

ペンローズ三角形は、有名な不可能図形（実際には存在しない図形）だ。ペンローズの祖父は画家であった。ペンローズは子供のころ、自分で思いついた不可能図形を描いて、祖父に見せた。祖父が、そのアイデアをエッシャーに伝えたことが、エッシャーが「無限階段」を始めとする一連の絵を描くことの一つのきっかけになったという。ペンローズの幾何学的センスは、数学的側面はもちろん、二〇世紀の美術史に影響を与えるくらいの審美性を備えているのである。実際、ペンローズが、『皇帝の新しい心』や『心の影』、さらにはさまざまな学術論文に出てくる手の込んだイラストレーションを全部自分で手描きしていることは、有名な話だ。

ペンローズがマクロな量子状態をつくるエージェントとしてマイクロチューブルに白羽の矢を立てたことも、彼の幾何学的センスと切り離して考えることはできないだろう。はっきり言えば、ペンローズは、マイクロチューブルの幾何学的美しさに惚れ込んでいるのである。実際、『心の影』の中で、マイクロチューブルの幾何学的性質について説明するペンローズの筆致はいきいきとして、いかにもうれしそうである。そもそもマイクロチューブルを意識と量子力学をつなぐ橋として提案していることなど忘れてしまって、その幾何学的構造に夢中になっているかのようだ。

ペンローズの説の背後に、その類稀な幾何学的センスがあることは、ほぼ間違いない。実際、「意識は、マイクロチューブルにおける波動関数の収縮として起こる」の論文の中で、ペンローズがマイクロチューブルとともにマクロな量子状態を維持するエージェントの候補として挙げているクラスリン（clathrin）は、やはりマイクロチューブルのように幾何学的な構造を持っている蛋白質である。クラスリンの場合には、サッカーボールと同じ幾何学的構造を持っている。ペンローズが、その追求する量子重力的な自己収縮の過程がマイクロチューブルの中で起こると考える背景には、マイクロチューブルのきわめて高度な幾何学的秩序があるのだ。

マイクロチューブルは、量子的計算をしているのか?

以上見たように、

マイクロチューブルがマクロな量子力学的状態を作り出し、それが意識において重要な役割を果たしている。

という説が正しい見込みはきわめて乏しい。とはいうものの、天才ペンローズの説をそんなに簡単に却下してしまうのも問題だろう。何しろ、ツイスターという、おそらく二三世紀あたりの物理学、数学につながる概念をほとんど一人で作り出した人の言っていることなのだから。そこで、マイクロチューブルが量子力学的効果を通して意識にかかわっている可能性が果たしてあるかどうか、もう少し検討してみよう。

ここで、一歩譲歩して、マイクロチューブルにおいて、マクロなスケールのコヒーレントな量子的重ね合わせが、仮に実現したとしよう。そして、ペンローズの描いているような、量子重力の効果を通した波動関数の自己収縮が仮に実現しているとしよう。ここまで認めたとして、果たして、そのような巨視的な量子的効果が、私たちの意識を支えている可能性があるのだろうか？

マクロな量子的状態を認めたとしても、マイクロチューブル＝意識説には、次のような問題点がある。

まず、マイクロチューブルが見られるのは、ニューロンだけとは限らないということだ。先に見たように、マイクロチューブルは、細胞分裂をはじめ、細胞機能の維持において重要な役割を果たしている。したがって、マイクロチューブルは、特にニューロンだけで重要な役割を果たしているのではない。それこそ、肝臓の細胞にも、皮膚の細胞にも、マイクロチューブルは存在するのである。だが、もちろん、私たちは肝臓や皮膚に意識があるという話は聞かない！

もちろん、一般細胞において通常の細胞生理学的な機能を果たしていたマイクロチューブルが、ニューロンにおいては全く新しい機能を担うようになったという可能性は否定できない。だが、もしそうだとすれば、ニューロンの中のマイクロチューブルに、一般細胞のマイクロチューブルとは異なる性質がなければならないことになるだろう。

最も問題なのは、あるシステムで計算が可能になるためには、そのシステムの中に、計算を可能にするような変化がなければならないということである。

私たちの意識の中で行われている情報処理は、複雑で多様である。現在の通説では、このような多様さは、ニューロンとニューロンの間のシナプス結合が変化することによって支えられていると考えられている。そして、このようなシナプス結合の変化の自由度は、一つのニューロンがシナプスを通して結び付いているニューロンの数が一万個程度であることからもわかるように、きわめて大きい。そして、実際に、人工的なニューラル・ネットワークで、シナプス強度を変えることによって多彩な情報処理がある程度実現されている。

一方、マイクロチューブルがこのような情報処理を支えているとすると、マイクロチューブルの中に、そのような多彩さを支えられるような構造のバリエーションがなければならない。だが、ペンローズとハメロフがそのようなバリエーションの可能性として挙げるのは、マイクロチューブルの構成要素であるチューブリンの双極子のフリップ・フロップ(方向の反転)だけだ。『トンデモ科学の世界』でも書いたように、このようなチューブリンの構造変化が、私たちの意識の中の豊かな心象を支えていると考えるのはかなり難しい。やはり、マイクロチューブルは、単なる、

のっぺらぼうの細長い棒

と考えるしかないのであって、その上のチューブリン分子の双極子モーメントが揺れ動いていたとしても、それは棒の表面がわさわさ揺れている程度の意味しかないと考えるのが自然だろう。

というわけで、客観情勢としては、たとえマイクロチューブルがマクロな量子的状態を実現していたとしても、それが私たちの意識を支えていると考えるのは難しそうなのである。

もっとも、ペンローズは、このような普通の意味での細胞生物学的議論とは違った次元でものを考えているようだ。ペンローズは、現在主流のニューロンの発火を通しての精神現象の理解は、より深いレベルでの細胞骨格の活動の「影」をなぞっているにすぎないと主張する。ちょうど、プラトンの洞窟の比喩で、外の世界を見たことがない人々が洞窟の壁に映る影を見て外の世界についての推論を行うように、ニューロンの発火は、精神現象を支える「本当の世界＝マイクロチューブルを始めとする、細胞骨格の世界」のほんの一部の属性を反映する、「心の影」にすぎないというわけである。

ペンローズの主張が常にそうであるように、これは非常にラディカルな考え方である。ペンローズの「気持ち」を代弁すると、次のようなことになるだろう。つまり、私たちの「心」を支える本質的なプロセスは、マイクロチューブルのような、量子力学的世界と古典的世界の境界で起こっている。ニューロンの発火が、精神現象の主役なのではなく、それは、あくまでも「心の影」にすぎないのだ……

マイクロチューブルにおける量子的計算が、私たちの精神現象を支えているというペンローズとハメロフの考え方は、今日の常識的理解から考えると、ほとんど正しい可能性がないと言わざるをえない。しかし、ペンローズの考えているような、徹底的にラディカルなレベルまで踏み込んで考えたとき――そもそも、物質的世界と、私たちの心の持つ「クオリア」のような性質の間の関係は何かということを考えたとき――ニューロンの発火が「心の影」にすぎないというペンローズの主張は、新しい輝きを持ってくる。私の感じでは、おそらく意識＝マイクロチューブル説は、正しくないと思う。それでも、ペンローズの思考が、二三世紀くらいの未来の科学から見てある本質的に正しい点を衝いていたとわかる可能性は、十分にあると思われるのである。

3・3 量子力学は、不完全な理論である

量子力学は、まだ完成していない

マイクロチューブルに関するペンローズの説ははなはだ分が悪い。それでも、その言っていることをもっと広い文脈で考えると、ペンローズの説は俄然輝きを増してくる。

たとえば、「量子力学の基礎」という点から、ペンローズの説を考えてみよう。私たちは、マイクロチューブルがマクロな量子状態を作る見込みはないという判断を、現在の標準的量子力学の理解の下でしている。だが、ここで忘れてはならないのは、その肝心な量子力学が、さまざまな欠陥を抱えた不完全な理論であるということだ。量子力学は、まだ完成していないのである。

もちろん、量子力学は現在のままで完全であり、何の修正も必要ないと主張する人々もいる。たとえば、宇宙論のホーキングもそのような一人だ。だが、私には、そのような人々は単に考えの深さが足りないだけのように思われる。特に、ミクロとマクロの関係については、現在の標準的な量子力学の解釈は、明らかに不備だ。

ペンローズは、量子力学の性格を、正確に把握すべきだとする。

多くの人にとって、「量子力学」という言葉は、曖昧な「不確定性」というイメージを喚起するだけである。ミクロのスケールにおいて、私たちの記述の正確さを制限し、確率的なふるまいをもたらすというイメージである。実際には、量子力学の記述は、古典力学とは根本的に異なるとはいえ、非常に正確である。それどころか、一般的なイメージに反して、確率的ふるまいは、素粒子、原子、分子といったミクロなスケールにおいて現れるのではなく、非常にミステリアスな形で、私たちが古典的世界として意識するより大きなスケールの世界の出現にともなって現れるのである。

さらに、ペンローズは、固体の安定性や、凝固や沸騰といった現象にも、量子力学がかかわっていることを強調する。私たちの遺伝子が安定していることも、量子力学なしでは説明できない。つまり、量子力学は、「ミクロ」なスケールの理論というよりは、むしろ、私たちが意識的に認識するようなマクロなスケールの世界とかかわるような理論であるというわけである。このような認識が、そもそも、ペンローズの量子力学と意識の間の関係の理論の背景となっている。ペンローズの量子力学と意識の間の関係に関する洞察は、単に「マイクロチューブルは量子力学的効果が現れるには大きすぎる」と片付けるわけにはいかない、非常に深いレベルのものなのである。

それでは、以下では、量子力学はどのような点が不完全なのか見ていこう。

量子力学を最初に理解したのは誰か？

「ニュートン力学を最初に完全に理解したのは誰か？」

というなぞなぞがある。その答えは、アインシュタインなのである。なぜならば、アインシュタインが相対性理論を構築して初めて、ニュートン力学が前提にしていた「絶対時間」や「絶対空間」という概念の問題点、限界が明らかになったからだ。一般に、ある理論を私たちが完全に理解したと言えるのは、その理論の限界、欠点が明示的に明らかになったときである。もちろん、私たちは今でもニュートン力学を使う。たとえば、次の日食がいつ起きるかを計算するには、ニュートン力学で十分だ。しかし、一方では、パルサーの周期の変化を理解するためには、ニュートン力学ではなく、一般相対論を使わなければならないことも知っている。いずれにせよ、上のなぞなぞのミソは、ニュートン自身は、ニュートン力学を完全には理解していなかったということだ。なぜなら、ニュートンは、自分の力学の限界を薄々とは感じていたかもしれないが、はっきりとはつかんでいなかったから。

この言い方で言えば、私たちは、量子力学を、まだ完全には理解していないと言うことができるだろう。量子力学を完全に理解したと言えるのは、私たちが、量子力学を含む新しい理論を構築し、その枠組みの中で現在の量子力学の限界をはっきりと把握したときだ。量子力学を超える新しい理論を手に入れて、はじめて私たちはミクロとマクロの関係や、波動関数の収縮など、今の量子力学が曖昧にしていることの本当の意味を理解するだろう。今の量子力学には、ニュートン力学で言えば「絶対空間」や「絶対時間」に相当するあやふやな概念が、しっかりと組み込まれてしまっているのだ。

実際、量子力学について真剣に考える人ほど、現在の量子力学が不完全なものであることを認めている。今の量子力学で何の不足もないと太平楽を並べているのは、量子力学を単なる計算の道具としてしか見てない実用主義者たちだけなのである。このような状況をコンパクトに表現する言葉として、ペンローズは、『心の影』の中で、ボブ・ウォルドの言葉を引用している。

もし、あなたが本当に量子力学を信じているとしたら、あなたは、量子力学を真剣に考えていないということだ。
(If you really believe in quantum mechanics, then you can't take it seriously)

誰も、まだ、量子力学を理解した人はいないのである。なぜならば、誰も、その不完全さをきちんと把握した人はいないからだ。私たちは、量子力学を超える理論体系を手に入れて、はじめて量子力学を理解することになるだろう。ニュートン力学を最初に理解したのはアインシュタインだった。量子力学を最初に理解するのは、誰なのだろうか？

量子力学は、過去と未来が非対称な理論である

量子力学の不完全さは、いわゆる観測の過程に現れている。観測問題というと、すぐに観測者の役割がどうのこうのとか、観測者の意識が関与しているのではないかと問題が広がってしまいがちだ。だが、量子力学が不完全なのは、そのような曖昧な哲学的問題にあるのではないのである。問題は、論理的な不整合という、もっとドライで逃げようのない点にあるのである。

量子力学では、波動関数というのを考える。これは、複素数の値をとる。波動関数は、シュレディンガー方程式に従って時間発展する。この過程を「U」と書こう。一方、波動関数から、いろいろな結果が生ずる確率を計算することができる。そのためには、波動関数の絶対値を計算する必要がある。イメージとしては、いろいろなことが起こる可能性がある状態から、一つの結果に波動関数が「縮んでいく」のである。この過程を、波動関数の収縮と言う。この過程を「R」と書こう。以下の議論で重要なのは、「U」の過程は過去と未来が対称であるが、「R」の過程は、過去と未来の区別がある、すなわち、時間反転について非対称であるということである。

量子力学における波動関数の収縮の過程について、ペンローズは、次のように言っている。

量子力学の、二つの基本的なプロセス、「U」と「R」が互いに相容れないものであることを思い出してみよう。私の考えでは、この矛盾は、現在の一般的な物理学者が考えるように、量子力学を適当に「解釈」することによって解消できるようなものではない。私は、「U」と「R」の二つのプロセスが、より包括的で、正確な単一のプロセスの近似として捉えられるような、根本的に新しい理論が必要なのだと考える。

何よりも重要なことは、最も基本的な自然法則である量子力学が、時間反転に対して非対称だということだ。つまり、過去と未来に区別があるのである。この点についてはしばしば誤解されていて、波動関数の時間発展を記述する「U」の部分だけを捉えて、「量子力学は時間反転に対して対称な理論である」と言われることもある。だが、量子力学は、あくまでも、「U」と「R」が一緒になって、はじめて完全な理論なのである。「U」だけを取り出してみても、何の役にも立たないのだ。それどころか、「U」と「R」という区別さえ人為的なもので、本来は一つのプロセスで書かれるものを、不完全に分離したものである可能性さえある。量子力学は、過去と未来が非対称な理論なのだ。これはとても重大なことで、決して忘れてはいけない!

これに関連して、現代物理学では、「一丁あがり」と考えられている理論、すなわち、完成していると考えられている理論でも、実は時間反転に対する性質が、どうも変だというものがぼろぼろと出てくる。たとえば、マックスウェルの電磁波の方程式は、時間反転に対して対称である。この結果、ある点から光子が球状に広がっていく「遅延波」と、ある点に光子が球状に収束していく「先行波」の二つの解が出る。ところが、自然界には、なぜか「遅延波」解はあるのに、「先行波」解はないのである。どうするかというと、「先行波」解は、「物理的ではない」という理由で捨てられるのである。これは、明らかに論理的なギャップだ。一九四五年に、ジョン・ホイーラーとリチャード・ファインマンは、この問題を解決しようとしたが、不完全な理論しかできなかった。

宇宙の中に、「粒子」のほうが、「反粒子」よりもなぜ圧倒的に多いのかという問題も、時間反転に対する非対称性と関係している。粒子と反粒子の間の非対称性が、時間反転の非対称性と結びついていることを見るのは簡単である。何しろ、「粒子」は、時間を反転してみれば、「反粒子」になるからだ。たとえば電子のふるまいを記述する相対論的な方程式であるディラック方程式は、電子とともにその反粒子である陽電子も解に持つ。でも、なぜか宇宙の中には電子が圧倒的に多く、陽電子は粒子加速器の中などでひっそりと現れては消えていることは私たちになじみの深い事実だ。

よく言われることは、自然界の基本法則は、時間反転に対して対称であるということだ。だが、量子力学の波動関数の収縮過程をはじめとするこうした「状況証拠」は、むしろ、基本法則が時間反転に対して非対称であることを示唆しているように思われる。私たちは、時間の性質について、何か根本的なことを未だに理解していないのであって、そのことが、量子力学の波動関数の収縮過程などの、時間反転について非対称な法則に見られるさまざまな論理的不整合と関係しているのではないかと思われるのである。

こうして、疑いは、特殊相対性理論を数学的に定式化した、ミンコフスキー計量自体に向かう。なぜならば、自然界の基本法則にとって、相対論との整合性は最も重要な基準であって、相対論的に不変な形式で書けることが、基本法則として認められるための条件になっているからだ。果たして、ミンコフスキー計量は、平坦な時空の最終的な数学的な表現なのであろうか？　より明瞭に、時間の過去と未来の非対称性、および非局所性が取り入れられた時空の数学が必要なのではないだろうか？　そのような、新しい時空構造の上でマックスウェル方程式やディラック方程式のような基本方程式を書いたときに、初めて遅延波と先行波、粒子と反粒子といった非対称性の起源は、その完全な理解が得られるのではないだろうか？

　私には、このような根本的なレベルで理論の枠組みを考え直さないと、最終的な解決は得られないのではないかと思われる。パンドラの箱をあけるようなもので、収拾がつかなくなるかもしれないが、ペンローズの問題にしている波動関数の収縮過程は、それくらい根が深い問題なのである。

波動関数の収縮過程は、決定論的かつ非計算的である

　最後に、波動関数の収縮過程の標準的な解釈の問題点のエッセンスに触れて、この節を終えたい。

アインシュタインの有名な言葉に、マックス・ボルンに宛てた手紙の一節がある。

たしかに、量子力学は印象的な成功を収めています。しかし、私の内面の声が、これはまだ本物ではないと伝えているのです。この理論は、多くの結果をもたらしますが、まだまだ神様の意図するところの近くには来ていないと考えます。私には、どうしても神様がサイコロを振るとは思えないのです。

ここで、サイコロを振ると言っているのは、波動関数の収縮過程のことである。現在の量子力学の標準的な解釈によれば、この過程は全くランダムである。つまり、「神様がサイコロを振っている」のであって、その結果をあらかじめ知ることはできないということになっている。これを、「コペンハーゲン解釈」と言う。

ところで、ランダムというのは、きちんと定義しようと思うと、なかなか難しい。たとえば、コンピューターで「乱数」を発生させる際には、実際には決定論的なアルゴリズムで発生させている。一般に、「ランダム」な数列でも、それが有限な数の数字からなっていれば、それをある決定論的なアルゴリズムで発生させるのは常に可能だ。

5897932385

一見ランダムに見える数列だが、円周率πの小数点以下一〇桁目から一九桁目の数字だ。ある数列を見せて、「これはランダムだ」とは言えないのである。ある具体的な結果が生じたときに、それはランダムだと言い切ることはできないのである。

そもそも、世の中に、本当に「ランダム」なものはあるのだろうか？　少し落ち着いて考えてみれば、ランダムという「概念」自体を定義することが、ひょっとするとできないらしいということがおぼろげに見えてくる。

たしかに、現在の量子力学の体系の下で、ある瞬間の量子的システムの状態が与えられても、観測の結果は確率的にしか予測できないかもしれない。しかし、実際には、世界は、次の瞬間にはちゃんと一つの状態に収束するのである。ということは、どんなプロセスを通るにせよ、何らかの形で、世界は次の瞬間の状態を一つに決めているのである。そもそも、世界の時間発展が、「ランダム」に決まるというのは、何を言っているのだろうか？どうも、きちんと定義できないことをごまかして言っているにすぎないとしか思えない。アインシュタインの言うように、量子力学の観測の過程が、「神がサイコロを振って」、「ランダム」に決まるというのは、どうにも訳のわからない考え方なのである。

観測の過程は「ランダム」であるという「コペンハーゲン解釈」は、次の質問にどう答えるのだろうか？

ある系の次の瞬間がランダムに決まるというのは、どういう意味ですか？　どんなやり方にしろ、世界は次の瞬間には一つに決まっているわけでしょう？　その決まり方がランダムというのは、どういう意味ですか？　そもそも、ランダムとは何か、きちんと定義してください!!!

ペンローズも、アインシュタインと同様、「コペンハーゲン解釈」に違和感を持つ人である。そして、ペンローズの提案する解決法は、大胆かつ過激だ。ペンローズは、孤立している系の波動関数の収縮過程は、「決定論的だが、計算不可能な過程」だとするのである。このような波動関数の収縮過程の解釈が、すでに見たように、意識に量子力学がかかわっているとするペンローズのアイデアの核になっている。

ペンローズは、今日において、アインシュタインの掲げた松明の火を受け継いで走り続けている走者の一人だと言えるだろう。そのことは、相対性理論の数学をさらに深めたツイスター理論に最も顕著だが、量子力学においても、ペンローズはアインシュタインの精神を受け継いでいるのである。

コラム　科学の終わりはまだ地平線にも見えない

物理学者の一部の人たちは、「万物の理論」(Theory of Everything)を人類が獲得する日も近いと言っている。今や、「膜理論」へと出世した超ひも理論も、そのような「万物の理論」の候補らしい。だが、私には、現代物理学は時間反転に対する非対称性の問題など、さまざまな難問が山積になっていて、「万物の理論」をうんぬんするような健全な状態にないように思われる。たしかに、超ひも理論は数学的には面白いことがいろいろあるのだろう。それにしても不思議なのは、数学的に高度な能力を持つ人たちが、一方では理論の論理的整合性などの問題に驚くほどナイーヴだということだ。人間の能力には、あちら立てればこちら立たずという、トレード・オフの関係があるのだろうか?

私の感覚では、「万物の理論」どころか、科学の終わりはまだ地平線にも見えないという感じだ。私たちの感覚に伴う、「赤の赤らしさ」などの質感、すなわちクオリアの問題などの難問を抱える脳科学の分野にいるせいかもしれないが、エドワード・ウィッテンをはじめとする超ひも理論の研究者たちは、もし「万物の理論」を得ようと本気で考えているのだとしたら、脳天気な人たちだなと思う。諸科学の中で一番かっちりとしていると言われている物理学の体系の中にさえ、いろいろと穴がありすぎて、それに目をつぶれる人は感受性が鈍いとしか思えない。やはり、アクロバティックな物理学の主流から離れてこつこつと自分の体系を作り続けたデイヴィッド・ボームのような人のほうが、感受性がまともだと思う。

ペンローズも、『心の影』の最後のページで、次のように述べている。

科学は、まだまだ長い長い発展の道を前にしている。そのことだけは、私は確信を持って言える！

(Science has a long way to develop yet ; of *that*, I am certain !)

おそらく、今から一〇〇年後の科学者は、ちょうど現在の私たちが量子力学も相対性理論も知らなかった一〇〇年前の科学者たちの知識を限られたものと思うように、二一世紀初頭の私たちの科学の知識を幼稚なものと思うにちがいないだろう。

科学の終わりはまだ地平線にも見えないのである。

4――プラトン的世界

ペンローズにとってのプラトン的世界

数学的な概念を中心とするプラトン的世界(Platonic World)は、ペンローズの世界観の中で、重要な役割を果たしている。実際、プラトン的世界は、物理的世界、精神的世界と並んで、ペンローズの世界観における、三大要素のうちの一つとなっている。

ペンローズは、プラトン的世界は、人間の知性が作り上げた虚構の世界ではなく、生々しく実在する世界であると考えている。コップや椅子といった物理的世界の要素と同じように、円や三角形といった数学的概念は実在すると考えているのである。たとえば、フラクタルという、数学の新分野を切り開いたマンデルブロ集合は、ブノワ・マンデルブロがそれを発見する前に、すでにプラトン的世界の中に「実在」していた。マンデルブロが、コンピューター・プログラムの打ち出したドットの集合の中に、ひょうたん型の奇妙な図形を見つけたときにマンデルブロ集合が生まれたのではなく、その前からそれはどこかに「あった」のである。ペンローズの世界観の中では、マンデルブロがマンデルブロ集合を「発見」したのは、まさに、コロンブスがアメリカ大陸を発見したのと同じような意味での「発見」なのである。

ここで、ペンローズの言う「プラトン的世界」が何を意味するか、その感覚をつかむために、マンデルブロ集合がどのように構成されるかを見てみよう。円は、「ある一点から等距離にある点の集合」として定義される。マンデルブロ集合の定義は、それよりも少し複雑である。だが、マンデルブロ集合も、円と同じように、プラトン的世界の住人なのである。

今、ある複素定数Cを含んだ、複素数から複素数への写像、

$$Z \rightarrow Z^2 + C$$

を考える。マンデルブロ集合は、Z＝0から出発して、次々と上の写像を適用していったときに、その結果が、複素平面上で有界な領域に収まる（つまり、絶対値が、無限に大

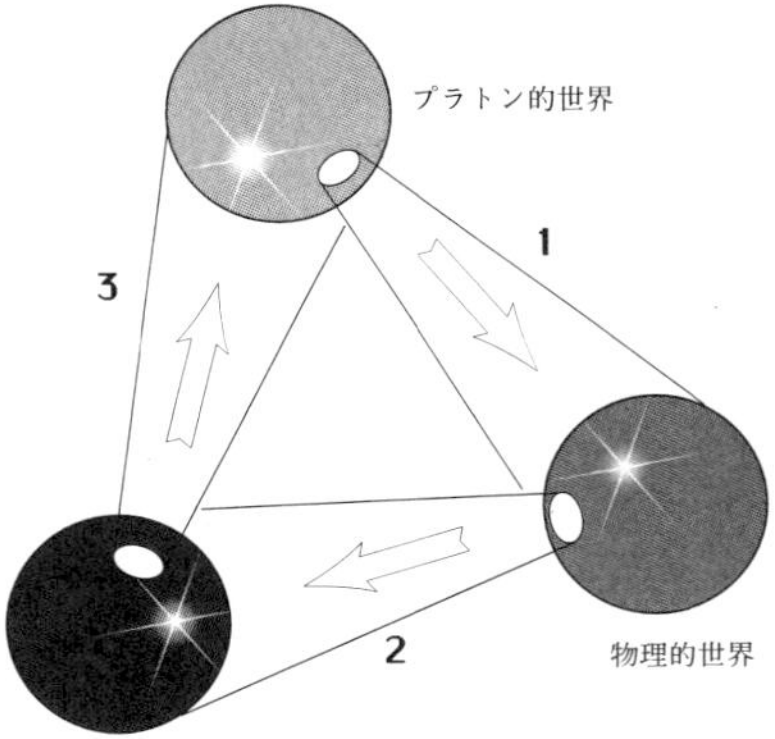

ペンローズの三角形の図

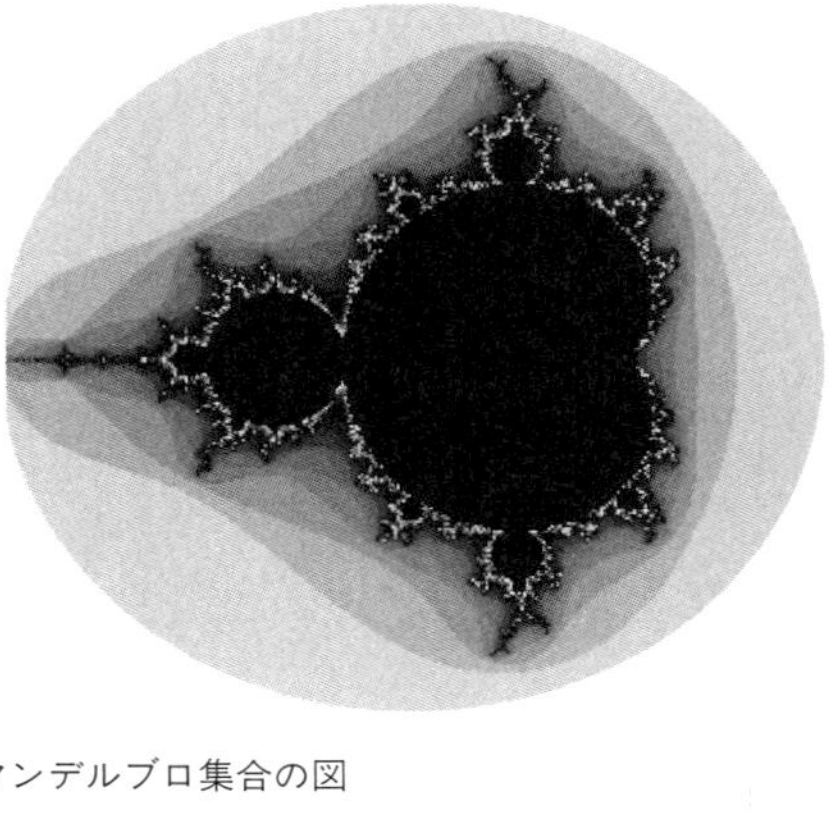

マンデルブロ集合の図

きくなっていかない）ようなCの集合として定義される。具体的に書けば、

$$0 \to 0^2 + C = C$$
$$C \to C^2 + C$$
$$C^2 + C \to (C^2 + C)^2 + C = C^4 + 2C^3 + C^2 + C$$
$$C^4 + 2C^3 + C^2 + C \to (C^4 + 2C^3 + C^2 + C)^2 + C$$
$$= C^8 + 4C^7 + 6C^6 + 6C^5 + 5C^4 + 2C^3 + C^2 + C$$

……

と次々に繰り返し計算をしていったときに、その結果が、ある一定の範囲内に収まるような点Cの集合が、マンデルブロ集合なのである。

『皇帝の新しい心』にも書かれているように、マンデルブロ集合は、そのシンプルな定義にもかかわらず、驚くほど複雑な構造を持っている。このような複雑な構造の詳細を明らかにするためには、コンピューターの助けを借りなければならない。この点について、ペンローズは次のように言っている。

コンピューターは、実験物理学者が物理的世界の構造を探索するのに用いる実験装置と本質的に同じようなやり方で使われている。マンデルブロ集合は、人間の知性が造り出した発明ではなく、むしろ発見なのだ。エベレスト山のように、マンデルブロ集合は、まさに「そこにある」のだ！

ペンローズがこのようなことを言う背景には、ペンローズ自身の、プラトン的世界の実在性に対する、深い確信がある。実際、今日のようにペンローズが世界的に有名になり、私がこうしてペンローズの理論に関する本を書いているのも、彼がプラトン的世界の中に棲むものたちを見通す強い眼力を持っていたからだ。ペンローズにとっては、プラトン的世界は、この物理的空間の中にはないが、どこかすぐ近くに、すぐにでも手の届くところに存在しているのである。

ペンローズの思想を理解する上で、「プラトン的世界」の実在性に対する信念は欠かせない要素だ。極端なことを言えば、ペンローズは、人類の歴史とは、人類が次第に「プラトン的世界」の地図を少しずつ広げ、詳細にしていくことだと考えているのではないかとさえ思われる。

形式主義とプラトン主義

ところで、数学の基礎については、プラトン主義と、形式主義という二つの対立する思想がある。

プラトン主義の立場では、数学的真理は、最初から客観的実在として存在する。人間の知性は、単に最初から存在する真理を「発見」するだけだ。昔は絶対的な幾何学の真理だと考えられていた「ユークリッド幾何学」が今は絶対的な意味はないとしても、それはプラトン主義の立場を危うくすることはない。単に、ユークリッド幾何学しかないと思っていたときには、人類に見えるプラトン的世界の範囲が狭かっただけで、非ユークリッド幾何学が見えるようになった今、視野が広がったということだけなのである。一見神秘主義的に聞こえるプラトン主義の考え方だが、実際には多くの数学者が実感として持っている感覚だろう。ペンローズは、言うまでもなくプラトン主義者である。

一方、形式主義の立場では、絶対的な数学の真理をどうこうすることは意味がない。数学のすべてを、シンボルの操作という形式的なものに還元しようとするのが、ヒルベルトに始まる形式主義の目標なのである。形式主義の立場では、シンボルなどの「意味」を問うことはしない。したがって、変な話だが、それが研究できる唯一の「価値」は、その形式的な体系の中に矛盾があるかどうかだけだということになる。ここに、矛盾があるとは、ある命題の肯定と否定が、両方とも証明されてしまうような事態を指す。もちろん矛盾があっては困るわけで、「ある形式的体系の中に矛盾がない」ことを示すのが形式主義にとって重要な目標になる。形式主義は、論理学や集合論、数論などの公理化とともに発展してきたが、幾何学などの分野にはそれほどのインパクトを及ぼしていない。ペンローズが『皇帝の新しい心』の中で攻撃した人工知能は、その精神において形式主義の子孫であると言うことができる。

さて、このような形式主義の限界を示したのが、ゲーデルの不完全性定理だ。ゲーデルの定理は一言で言うと、

その中に矛盾がないような形式的体系には、証明も否定もできない命題が必ず存在する

というものだ。実際にゲーデルが証明したのは、単に矛盾がないというよりはきつい条件であるω無矛盾(ω-consistency)という条件の下でだったのだが、後にジョン・バークリー・ロッサーがこの条件を単なる「矛盾」にまで弱めた。

ペンローズが、『皇帝の新しい心』や『心の影』の中で、多くのページ数をゲーデルの不完全性定理の説明に費やした背景には、先に述べたような形式主義とプラトン主義の対

立があることを頭に入れておこう。

形式主義は、本当にシンボルの意味なしでやっていけるのか?

先に、形式主義は、シンボルの意味を問わないと言った。だが、これは考えてみればおかしな話だ。実際に数学者がシンボルの操作をして何か定理を証明しようとするときには、その頭の中には「意味」がしっかりとあるのだから、形式主義も結局は「意味」に依存しているわけである! そもそも、形式主義で行っているすべての操作は、それに付随する意味を考えなければ何の面白みもない。たとえば、シンボルの集合を試験管の中に入れておいて、それを適当に混ぜ、あるルール(推論規則)の下に「化学反応」させ、どのようなものが出てくるか見ようという立場もあるかもしれない。だが、出てきたものを評価するのは、結局はその「意味」においてである。形式主義が、いかに「意味」を悪魔祓いしようとしても、シンボルそのものの自己同一性が「意味」なしでは成り立たない以上、そんなことは不可能なのである。

ところで、有名なラッセルのパラドックスは、

「Rは、それ自身の要素でないような、すべての集合の集合」

という言明に関するものだ。この定義がパラドックスにつながるのは、

「RはR自身の要素か？」

という質問をしたときである。もしRがR自身の要素であるとすると、上の定義により、RはR自身の要素ではないことになって矛盾する。一方、RがR自身の要素でないとすると、上の定義を満たすことになるから、RがR自身の要素だということになる。というわけで、いずれにせよ、上の定義は矛盾を含んでいる。

このパラドックスは、それ自体は、

「私は嘘つきである」

とか、

「この文章は間違っている」

という言明と同じように、「おふざけ」にすぎないように思われるかもしれない。聞いた瞬間はニヤリとするが、それ以上の深みはないという気もする。なぜ、「真面目な数学者」が、このようなパラドックスに真剣に取り組むのだろうと、疑問に思う人もいるかもしれない。だが、重要なのは、形式主義のもとで、形式的なシンボルの操作として数学の証明を行おうとすると、知らず知らずのうちに上のようなパラドックスに通じるような操作を行ってしまうということなのである。なぜならば、上のような矛盾を含んだ定義も、シンボルの羅列としては、他の羅列と何ら変わるところはないからだ。

数学から、私たちが意識的にそれを支える「意味」の構造を取り去って、あくまでも形式的なシンボルの操作としてそれを行おうとした場合、その証明の過程の至る所に、

「Rは、それ自身の要素でないような、すべての集合の集合」

というような、パラドックスを含む言明が出現する可能性があるわけだ。このあたりに、形式主義の根本的な欠陥がある。

形式主義とプラトン主義の対立は、結局、数学を、どのような性格の知的営みとみなすかということに関連する。ペンローズの言っているのは、数学を数学たらしめているのは、

その「意味」を把握する、私たちの意識の働きであるということなのである。数学から「意味」を捨象して、それを単なるシンボルの形式的操作の集合として捉えようとする形式主義のやり方は、そもそも、根本的なところで成り立たないと言っているわけである。なぜならば、形式的操作だけを見ているかぎり、ラッセルのパラドックスのような、矛盾した言明と、矛盾のない言明を区別することができないからだ。

ゲーデルの定理では、ある形式的体系の中には、その内部では真であるとも偽であるとも証明できないが、明らかに真である命題が存在することが示された。ペンローズによれば、このような際に、ある命題が真であることを保証するのは、私たちの数学的直感なのである。数学は、形式主義以上の何かを含んでいるのだ。そして、その「何か」を支えているのが、数学的命題の「意味」を理解するわれわれの直感なのである。

プラトン的世界と心脳問題

最後に、プラトン的世界と哲学の最難問、すなわち心と脳の関係（心脳問題）とのかかわりについて触れよう。

ペンローズの思想のうち、最もラディカルな要素と言えるのは、「意識」とプラトン的世界との関係である。

ペンローズは、『皇帝の新しい心』の中で、次のように言っている。

私たちの意識は、何らかの形でプラトン的世界の中の絶対的概念と接触することができるのだろうか？　そして、実際、この接触が、意識の持つ本質的利点なのではないだろうか？　意識は、プラトン的世界への、橋渡しの役割を果たしているのではないだろうか？

クオリアの問題に真剣に悩んだことのない物理学者や、神経生理学者は、このようなペンローズの言葉を単なる神秘主義、たわ言ととるかもしれない。だが、私には、このようなペンローズの考え方は、大いにありうると思われる。一群のニューロンがある特定のパターンで発火したときに、私たちの心の中にある特定の「心象」が生ずるという事実を、物理的な空間とは別の何らかの実在の世界の存在を仮定しないで、どうして説明できようか？　私たちの言葉の意味の「理解」も、数学的真理の発見も、結局は脳の中のニューロンの発火によって支えられているのである。この重大な事実の持つ意味をじっくりと考えてみれば、ペンローズが「プラトン的世界」と呼んでいる世界の実在を否定することは難しいだろう。

意外と見落とされやすいのは、プラトン的世界の実在性を仮定して、初めて私たちの精神活動のある部分は理解されるということだ。たとえば、数学の定理は、誰が発見しても同じである。

　すべての自然数は、四つの平方数の和として表される

というラグランジュの定理は、ラグランジュがそれを発見する前から「そこにあった」のであって、ラグランジュ以外の、誰がそれを発見しても同じであったはずなのである。一時期、脳の働きがデジタル・コンピューターに比べてファジーであるという考え方が流行したが、むしろ、私たちの知性の働きは、非常に厳密な、プラトン的世界とのかかわりの下に成立しているように思われる。「こうなるしかない」というような、必然性があることが感じられるのだ。

『自然界における極小、極大と人間の心』（『心は量子で語れるか』）の中で、ペンローズは次のように書いている。

　私は、これまでの議論の中で、「プラトン的世界」を、主に数学的真理という文脈の中で用いてきた。だが、もちろん、他にも議論に含められるべき概念がある。プラトン

は、「真実」だけでなく、「善」や「美」も絶対的なプラトン的概念であるとした。実際に、私たちの意識がプラトン的世界との接触を実現しており、そしてこのプロセスが計算不可能なものとしてしか実現できないものであるとしたら、私にはそれは非常に重要なテーマであるように思われる。

明らかに、ここでペンローズが問題にしているのは、私たちの脳に宿る「心」というものの本質である。ペンローズは数学者だから、プラトン的世界の住人としては、まずは数学的真理を考える。だが、同様に、私たちの心に浮かぶさまざまな心象、「赤」、「暖かさ」、「痛さ」、「喜び」、「悲しみ」、さらには「猫」、「質量」といったさまざまな言葉の意味……これらすべては、プラトン的世界に属する概念なのである。ペンローズが心と脳の問題の議論においてプラトン的世界を持ち出すとき、その視線は私たちの心象の本質を説明しようという研究プログラムの、かなり遠くの到達点に向けられているのである。ペンローズの『皇帝の新しい心』、『心の影』をはじめとする著作がおそらくは歴史に残る本になるとされるのも、彼の志が、次の科学革命のさらに先に広がる新しい世界に向けられているからなのである。

コラム 「科学」とは、「メタ概念」である

「プラトン的世界」と言うと、いかにも神がかっているように聞こえる。たしかに、ペンローズ自身が少し神がかった人であることは確かだ。だが、「プラトン的世界」について考えることが、神秘主義的で、宗教じみていると考えるとしたら、それは少し違う。以下では、「科学」と「宗教」の違いについて、少し述べたい。

「科学」と「宗教」は、しばしば対立的に捉えられがちだ。今日、両者が直接衝突する場面はむしろ少ない。だが、科学の対象が「意識」や「心」に及ぶとなると、話が変わるようだ。

「科学では、意識の問題は解決できない」とか、「意識や心の問題には、科学よりも宗教のパラダイムのほうが有効だ」など、突如として宗教が前面に出てくるのである。実際、『意識の科学雑誌』(*Journal of Consciousness Studies*) が運営しているインターネット上の意識に関するフォーラムでも、いつの間にか議論が「神」(God) はいるかいないかという問題に変質するのを目撃した。

「すべて、何の理由もなく前提とされる仮定（＝公理）は、『神』のようなものだ」

といった、そんなこと言ってもどうしようもないとしか言いようがない議論まで出てくる有様だ。

私に言わせれば、「宗教」が「意識」や「心」の問題を解決できる可能性はほとんどない。

「科学」にこそ、「意識」の問題を解決できる可能性がある。この問題は、「宗教」と「科学」の間の根本的な違いにかかわっている。「科学」の最大の特徴は、それが変化に対して常にオープンであるということだ。

つまり、一定の手続き（＝「論理的整合性」や、「実験による検証」などの条件）にさえ則っていれば、どんなに革命的な理論でも、科学は、それを自分のシステムの中に取り入れてしまう。

たとえば、量子力学と相対性理論の二大革命を経た現代の「科学」は、ニュートンの時代の「科学」とは全く内容が異なる。それでも、両者を同じ「科学」という名前で呼ぶのは、革命によって内容がどんなに変化してしまったとしても、どちらも、「科学的方法論」という、同じ手続きによってその存在が保証されているからだ。「科学」は、どのように激しい変化が起こったとしても、ある手続きさえ満たされていれば、変化の前後で同じものであり続ける。

このように、変化しても同じものであり続ける概念を、「メタ概念」(meta-concept) と呼ぼう。

科学は、変化にもかかわらず自己同一性 (identity) を保つ、「メタ概念」なのである。科学は、「メタ概念」だからこそ、今日に見られるような高度の進化を遂げたのだ。

一方、宗教の多くは、「変わらないこと」をその存在理由にしている。ある宗教が、「私たちの教義は間違っていましたから、今日から変えます」と自主的に変化することは、まずない。もし、そのような変化が起こるとすれば、それは、たとえばカトリックからプロテスタントが分離独立したように、新しいセクトの誕生として起こる。一方、古いセクトのほうは、相変わらず同じ教義を唱え続ける。そして、新しいセクトのほうを、「異端」呼ばわりするのである。

古いセクトが、新しいセクトの教義を取り入れて、自らも変わり、全く新しい宗教に生まれかわり、しかも同じ「宗教」としての自己同一性を保つということはきわめて少ない。その意味で、「宗教」は「科学」のような、「メタ概念」になっていないと言える。

宗教は、「変わらないこと」が、その存在価値である。そのような歴史的継続性が好きな人もいるかもしれない。それ自体は別に悪くない。だが、逆に言うと、少なくとも今日存在する宗教では、意識の問題は解けないということになる。

なぜならば、現状の人類の知識の水準では、「意識」の問題が解けないことは明らかだからだ。人類の知的水準が上がらないかぎり、「意識」の問題は解けない。変化を拒否する宗教では、「意識」は解明できないのだ。

以上の議論で、なぜ、「意識」の問題を解けるのは「科学」であって、「宗教」ではないのかわかっていただけたろうか？

もっとも、「意識」の問題を取り込んだ「科学」は、今日私たちが理解している「科学」とは、全く異なるものになるだろう。それでも、「科学」が同じ「科学」なのは、「科学」が「メタ概念」だからだ。科学は、変わりうるからこそ、意識の問題を解ける可能性があるのである。

私は、「プラトン的世界」は、今後の科学が間違いなく取り入れていく方向性の一つだと思う。

科学は、「プラトン的世界」を取り入れることによって、新しい展開を見せうるはずなのである。それが、意識の問題にあくまでも科学的に取り組もうとしている人（その中にはもちろんペンローズも含まれる）の「現場感覚だ」。

ペンローズ卿と一〇人のこびとたち

竹内薫の解説その3

この本に出てくるペンローズの「影への疑いを超えて」における「反論」は、もともと、『サイキ』（*Psyche*）というインターネット上の電子雑誌に掲載されたもので、数学、哲学、コンピューター科学などの各分野の専門家が、自分の専門の立場からペンローズの著書『心の影』を好きなように批判したものである。だから、もともとの『心の影』の内容と、九人の専門家による批判を知らないと、この本でペンローズが何を言っているのか理解することができない。『心の影』については茂木健一郎が「ペンローズとの会遇」末尾のコラムで簡潔かつ明解にまとめているので、ここでは、九人の批判についてかいつまんでお話しする。

もっとも、批判をずらずらと並べたてても面白みに欠けるので、各人の意見を発言形式にしてまとめてみた。ただし、各人の意見を私が感じたままに大まかにまとめたものであり、発言内容の正確さなどは保証の限りではない。あくまでも、私個人が批判文から受けた印象をそのまま書くのである。批判文の正確な詳細に興味がある方は、インターネットで『サイキ』のサイトを訪れるか、ＭＩＴ出版から出ている完全な印刷物をご参照ください。

＊

ペンローズ　君たちは、いっせいに私を取り囲んで、何か私の説に文句でもあるというのか？　私ひとりに対して九人の専門分野の第一人者たちがいっせいに襲いかかってくるとは、多勢に無勢、卑怯ではないか。だが、私も女王陛下のナイト、サー・ロジャーと呼ばれた男だ。君たちの挑戦を正々堂々と受けて立つとしよう。

マクダーモット　おいおい、ペンローズさんよ、俺の専門はコンピューター科学と人工知能だけどさあ、あんたは、てんで人工知能の崇高な使命がわかってないねえ。ホント、とにかく頭に来るよ。エール大学の同僚たちも怒り心頭ってとこだわさ。あんたは完璧に間違ってるって。俺が言いたいことを箇条書きにしてくれてやるから、とくとおがみな。

一、あんたは計算主義をきちんと考察していない。

一、人工知能による意識の取り扱いにはたしかに問題があるかもしれないが、あんたのわけのわからない説よりはマシだよ。

一、あんたは人工知能学派の面々が傲慢だと言いなさるが、計算主義ってのは、単なる仮説なんだぜ。

一、今のところ、人工知能の最大の弱点は、意識自体を扱えないことなんかじゃなく、知能一般がうまく扱えないから、仕方なしにヴィジョンとか音声認識とか、より基本的な知覚の領域に研究を限っている点なんだよ。そのうち知性が扱えるようになるかどうかは、俺たち専門家が決めることで、あんたのような素人の出る幕はないんだ。

一、せいぜい勝ち誇っているがいいさ。そんでもって引退しな!

フィーファーマン まあ、まあ、マクダーモット君。ちょっと言葉遣いが荒すぎるのではないか。東部の大学は寒すぎて、すぐに頭に血が上るからいかん。私の所属するスタンフォードは西海岸特有のおおらかさにあふれていますぞ。批判というものは、冷静に、一つ一つ、確実な誤りを指摘してゆくべきなのだ。ちなみに、私の専門は論理学だが、ペンローズ卿のゲーデルの定理の説明には、いくつかの過誤が見られる。

その前に、どうやらペンローズ卿は、〈すべては計算である〉という理論を〈すべては量子物理学である〉で置き換えようとしているように見受けられるが、世の中にすべてを説明する万能理論などありえるのか？　ペンローズ卿の試みは幻影であろう。

　さて、個々の過誤の指摘に移ろう。まず、『心の影』原書七四―七五ページと九〇―九二ページにおいて、健全性という概念が微妙に違った意味で使われているのが気にかかる。最初は、ある文の健全性だったのが、いつのまにか、すべての文の健全性について述べている。

　次に、原書九一ページでΩ（F）という記号でオメガ無矛盾性を登場させているが、このオメガ無矛盾性の仮定は不要。さらに、ゲーデルの第二不完全性定理とロッサーの定理の混同が見られる。

　原書九六ページでは、Ω（F）がΠ_1-文とされているが、正しくは、Π_3-文とすべきであろう。

　細かい引用の話では、原書一一四ページで私の一九八八年の論文が引用されているが、むしろ、一九六二年の論文を引用すべきである。

　それから……

竹内薫　待ってください。その調子で論理学の細かい専門的な点をいちいち指摘されては時間がいくらあっても足りません。Ω（F）については、たしかに先生のご指摘のとおりでしょうが、引用文献の細かいことなどはこの場では余計ではないでしょうか。

批判者の総代のチャーマーズ先生が発言なさりたくて、さっきからうずうずしておられますよ。

チャーマーズ さて、私は、ワシントン大学の哲学科を代表して、ペンローズ卿のゲーデル的議論の詳細を分析してみました。こういう場合は、すべてを細かくわけて分析する手法こそが最も役に立つのであります。

ペンローズ卿の主張に対して、いろいろな批判が提出されているが、卿の最も強力な議論については、不思議と誰もが見逃してしまっている。その議論は、3・23節のファンタジー対話に要約されていて、私の言葉で言い直すと、だいたい次のようになるだろう。

1 仮に私の理性の力が形式体系Fによってシミュレートできるとする（これを「私はFである」と書く）。この仮定のもとで、私が真であると知ることのできる文章の全体(class)を考察することにしよう。

2 私がFであることを知っているとするなら、私はFが健全であることも知っている（なぜなら私は私が健全であることを知っているから）。実際、私はより大きな体系のF′が健全であることも知っている。ただし、F′は、体系Fに「私はFである」という仮定を補足したもの（健全な体系に真な文章を補足してできた体系は、やはり健全である）。

3　私はG（F′）が真であることを知っている。ただし、G（F′）は体系F′のゲーデル文。
4　だが、F′はG（F′）が真であることはわからない（ゲーデルの定理によって）。
5　しかしながら、仮定により、私は事実上（effectively）F′に等しい。なんとなれば、私はFに私はFであるという知識を補足したものだから。
6　これは矛盾である。ということは、最初の仮定が間違っていたわけで、Fは結局、私の理性の力をシミュレートできていなかったことがわかる。
7　この結論は一般化することができる。私の理性の力は、どんな形式体系によってもシミュレートできない。

一見、大きな体系F′なら、その中で小さな体系Fのゲーデル文を証明できるから、それが真であることもわかりそうなものだが、無論、自分の靴ひもを引っ張って体を宙に浮かせることが無理なように、F′は自分自身のゲーデル文は証明できないため、その真偽がわからない。

さて、以上は、誰もが見逃しているペンローズの重要な論点であり、「私はFである」と認識している自意識の高い体系は、ペンローズの結論から逃れられないように思われる。

しかし、私とマッカラフが議論した結果、どうやら、このステップ6と7は成り立たないようである。最後に矛盾が生じて、最初の仮定をくつがえす背理法には問題ない。問題は、最初の仮定の「私はFである」以外にも、どこかに暗黙の仮定が隠れていて、その暗黙の仮定が原因で矛盾が生じている可能性を捨てきれないことだ。その暗黙の仮定とは、「私は無矛盾である」あるいは「私は健全である」という仮定である。

だいぶ長くなったので、別の論点に移ろう。ペンローズ卿は、人間の心の働きについて四つの立場を区別する。

(A) 思考はすべて計算である。……強いＡＩ

(B) 自意識《きづいていること》(awareness) は脳の物理作用である。物理作用はすべて計算でシミュレートできるが、計算シミュレーションだけでは自意識はつくりだせない。……弱いＡＩ

(C) 適当な物理作用が自意識をつくりだす。だが、この物理作用はきちんと計算シミュレーションすることはできない。……ペンローズの立場

(D) 自意識は科学では扱えない。……神秘主義

しかし、この分類は、さらに細分化して、

1) 人間の物理作用をシミュレートするには何が必要か？

２）自意識をつくるには何が必要か？
３）自意識を説明するには何が必要か？

と三つの問いをたてた上で、可能な答えとして、

Ｃ）計算（computation）だけが必要
Ｐ）物理（physics）だけが必要
Ｎ）物理でも不十分

の三つを用意して分析しつくす必要がある。たとえば、最初の質問には答えのＣ）、二番目の質問には答えのＰ）、最後の質問には答えのＮ）を選ぶ人の立場は、ＣＰＮと表される。ペンローズの立場の（Ａ）から（Ｄ）は、それぞれ、ＣＣ－、ＣＰ－、ＰＰ－、－－Ｎと表される。ここで、－は立場の表明をしないことにあたる。

私自身の立場はＣＣＮであり……

竹内薫　あの～、ご高説、もっと拝聴すべきかもしれませんが、細かく細かく分析しつくしたあげく、ＣＣＮとかＣＰＰとか３×３×３＝27もの立場が噴出した上に、「私は健全

である」というトリビアルな仮定が犯人にされたのでは、いったい何をやっているのかわからない。元も子もないとはこのことだ。「私は健全である」というのは、言い換えると、「証明できた以上、それは真である」という単純で当たり前のことですよね。それが堅持できないのであれば、証明したのにウソであった、なんてことになって、そんなの最初から理性の名に値しないでしょ。もしかしたら、あなたは健全でないのかもしれないが、私やペンローズ卿はもっと理性的で健全なんでね！

（A）の強いAIは、わかりやすくいうと〈人間とアンドロイドは同じ〉ということでしょ。（B）の弱いAIは〈人間とアンドロイドは、外からは区別できない〉。（C）のペンローズ説は〈人間とアンドロイドは中身からして違う〉。（D）の神秘主義は〈そもそも人間を科学的に論じること自体間違っている〉。この四つの立場で十分だと思うな。『鉄腕アトム』の手塚治虫先生の立場は（A）と（B）の中間くらいだろうし、映画『ブレードランナー』のレプリカント（アンドロイド）が、ヘンテコな質問のテストで人間でないことを見破られるけど、あれはチューリング・テストと同じわけだから、あの映画の原作者はペンローズと同じ（C）の立場で、ちょっぴり（B）寄りだと思う。これ以上細かく区分けしても疲れるだけだよ。

もっとも、Fだけなら何も矛盾しないのに、「Fが人間の心を計算できる」という余計な仮定をつけたF′はゲーデルの定理によって矛盾するから、結局、余計な仮定は成り立たないことが判明する、というペンローズ卿の議論の核心を理解しておられる点は、さすがチャーマーズ先生だけあると思いますがね。

クライン　ははは、同感ですな。論理や分析哲学の話ばかりでは頭が痛くなってくる。ここら辺で、話を物理に移そうじゃありませんか。私はカリフォルニア大学バークレイ校でヴィジョンの科学を専門にやっておりますが、私の知るかぎり、ペンローズ卿の主張なさるような量子力学による説明は必要ありませんね。ぜんぶ、古典力学の範囲で説明がつく。視覚の実験データに関するかぎり、量子力学はいらないのです。

もっとも、科学とは切り離して、量子力学の形而上学を考えるのは、それなりに面白いとは思いますがね。

はい、それでは、お次の方どうぞ。

バーズ　私はライト研究所というところで認知心理学とか神経科学を研究しております。量子力学の観測者効果と人間の意識を結びつける試みはたしかに面白いと思います。しかし、私自身一七年間も意識の問題を研究してきて、未だにその正体が解明できないでいるのです。ペンローズさんのお考えは楽観的すぎるように思うのですが。だいたい、意識は物理学の問題でしょうか。

たしかに、心理学と生物学において、二〇世紀という時代は、意識を面と向かって扱うことがタブー視されてきましたが、私をはじめとして、何人かの研究者が、まじめに意識の問題に取り組み始めているのです。

そうそう、ペンローズさんは科学革命が必要だとおっしゃるが、なにしろ規範的科学(normal science)を意識の問題に当てはめ始めたばかりですから、まだ、何も革命を起こすべき対象が存在しないでしょう。

不可能性の証明というのは、眉唾なことが多いと思います。たとえば、ゼノンのパラドックスというのがあって、足の速いアキレウスはのろまな亀に追いつけない、という。つまり、アキレウスは、亀のスタート地点より少し後ろからスタートするので、亀のスタート地点まで来てみると、亀は少し先に進んでいる。その亀の地点まで来てみると、また亀は少し先に進んでいる。こういった具合で、いつまでたっても亀は少し先まで進んでいるから、結局、アキレウスは亀に追いつけないそうです。

ところが、現実には、足の速い人は足の遅い人に追いつくから、このゼノンのパラドックスは間違っているのです。それと同じで、ペンローズさんの不可能性の証明も間違っていると私は思います。

ちなみに、ペンローズさんは四〇〇も参考文献を挙げておきながら、心理学や生物学関係は四〇にも満たない。

今まで、量子力学が巨視的な現象を導いた前例はないでしょう。脳の働きは巨視的な現象なのだから、量子力学は関係ないのではないでしょうか。

一九〇〇年以前の心理学者と同様、ペンローズさんは、無意識の存在を認めていらっしゃらないが、これでは、氷山の一角しか見ていないようなものでしょう。

まあ、ほかにもいろいろと言いたいことはあります。

竹内薫　バーズ先生のご意見には、ちょっと問題がありますね。まず、ゼノンのパラドックスは、運動が不可能だということを証明した、というような単純なものではないから、このパラドックスを研究している哲学者は怒るでしょう。ここで出てきたパラドックスは、バーズのパラドックスとでも呼んだらどうでしょう。

次に、量子力学には巨視的（マクロ）な現象がいくらでもあって、超伝導だってそうだし、マクロ系の量子力学というれっきとした分野さえ存在するくらいです。

先生は、哲学と物理学に少々疎遠でいらっしゃる。

哲学科といえば、ラトガーズ大学哲学科のモードリン先生のご意見がまだでした。

モードリン　私としては、まず、人間の数学理解が統語論的に指定された言語学的記号の操作のみによって達成できるかどうかについてはいっさい触れないことにする。すなわち、人間が単に計算しているだけなのかどうかという問題には興味がない。

また、量子力学の解釈にともなう問題、特に観測問題についてもいっさい触れないであろう。

私は、主として、いかにしてゲーデルの定理が物理と関係するのかについて考えてみたい。

さて、物理学の経験的データは、結局のところ、物質体（material bodies）の位置に関する主張に帰することができる。

竹内薫 ちょっと待った！ それでは、一番重要な二つの問題を無視していることになります。さらに、位置を持った「物質体」っていったい何でしょう？ それって、量子力学以前の古典物理の概念ですよね。これだから、哲学者は困る。物理学について、ほとんど何も知らないくせに、すべてを悟り切ったような顔をして。要するに、現代物理学について無知なだけじゃないですか。いったい、現代数学や現代物理学がどこまで進んでいるのか、少しは気にならないんですか？ 一〇〇年前の常識で議論されても困るんです。はい、次、次！

モラヴェク 俺はカーネギーメロン大学でロボット工学を研究している。ペンローズの向こうを張って、ロボットと人間の対話としゃれようか。

ロボット　（停止された振りをやめる）「やああロジャー、この悪戯好きのお猿さん、まだ馬鹿馬鹿しい〈人間優位〉ゲームに飽きないのかい？」

人間　（実はペンローズがアルバート・インペレーターのマスクをかぶっていた）「そうねえ、もし君が飽きたんだったら、どうして私を若返らせ続けて、いつまでもゲームを終わらせないいんだい？」……

竹内薫　はい、そこで打ち止めです。人工知能のマクダーモットさんといい、ロボット工学のモラヴェクさんといい、どうして、まじめに議論なさろうとせずにいきなり相手を罵倒してしまうんですか。人のことを猿呼ばわりなんかして、あなたは、知性とか理性に訴えて議論することができないんですか？　うーん、コンピューターばかり相手に仕事していると、人間性がねじまがるんですかねえ。

どうも不毛な議論が多くて、少々、疲れてきました。

スタンフォード大学コンピューター科学学科のマッカーシー先生は、コンピューター科学者の名誉にかけて、いきなり露骨な悪口で始めたりしないでください。

マッカーシー　わかりました。沈着冷静に対処いたしましょう。ホントは腸《はらわた》が煮えくり返っているんですけどね。

まあ、私としては、大筋で、気づいていること（awareness）と理解（understanding）についてのペンローズ氏の特徴づけには同意するし、これらの現象に対する理解が不十分な現段階では、定義づけがあまり適切でない、という点にも同感です。

だが、コンピューターが気づいて理解することが可能かどうかでは意見が異なる。私は、コンピューターは気づくし理解することができると思う。実際、純粋な論理的人工知能（pure logical AI）と呼ばれる分野の枠内で、気づくことと理解することが実現できるのです。

マッカラフ　私はＯＲＡコーポレーションに所属しています。チャーマーズ先生とも議論したのですが、ペンローズの見解にはいろいろと論理学的な問題があるように思いました。

われわれの理性が形式化できないというペンローズの議論は、ある意味では正しいでしょう。人間の理性を形式化した結果が健全で無矛盾だと確信することはできないにちがいない。しかし、それは、人間が自分自身の理性の力について考える際の限界であって、コンピューターや形式体系の問題とは関係ない。人間が自分の理性について理解すればするほど、自分の健全性は疑わしくなり、逆に、自分の健全性を知れば知るほど、自分の理性を形式化しにくくなる。これは、〈自分について考えるどんな体系〉にもつきものの限界なのです。

＊

以上が、各分野の専門家によるペンローズ説への批判である。各分野の意地というか、縄張り意識のようなものが滲み出ていて面白い。

私は、個人的には、専門的すぎるかもしれないが、フィーファーマンの指摘が一番まともだと感じた。マッカラフとチャーマーズの批判も面白いが、チャーマーズの分類は細かすぎるし、結論はおかしい。マッカラフの言っていることは数理論理学の常識のようなものので、もっともな話ではあるが、どうやら、ペンローズの「計算」とマッカラフの「計算」は定義が少々違うようである。自己言及系の構造に興味を持たれた読者は、レイモンド・スマリヤンという論理学者が書いた『決定不能の論理パズル』（*Forever Undecided*, 白揚社）あるいは、より専門的な文献でレーブの定理などを勉強された上で、ふたたびペンローズの主張についてじっくりと考えてみると得るところがあるにちがいない。

当然のことながら、自分たちの研究領域を侵されて、まさに立つ瀬がないコンピューター科学の専門家たちによる批判は総じて手厳しいが、知性ある人工知能が現存しない以上、単なる感情的な罵倒に終わってしまうのでは、少々情けない。

ペンローズの数理物理学における天才的な業績の数々について少しでも知っている人は、批判の調子もおだやかで慎重だが、数学や物理を知らない人は、怖い物知らずで、正直言って「かたはらいたし」という感じがした。

ここに掲載した批判は、私の個人的な理解によるきわめて大まかな要約であり、本人たちの了解を得た公式の見解ではないので、あくまでもペンローズの論文を読む際の参考程度にお考えください。繰り返すようだが、本人たちの完全な見解に興味を持たれた読者は、『サイキ』誌のインターネットのサイトを訪問されることをおすすめする。

それでは、以上の批判を踏まえて、ペンローズによる「再反論」をお楽しみください。

http://psyche.cs.monash.edu.au/index.html

影への疑いを超えて

ロジャー・ペンローズ

この小論は、主に雑誌『サイキ』に掲載された以下の論評への私の返答であります。

バーズ（Bernard J. Baars）
「物理学は意識の理論を与えることができるか」Can physics provide a theory of consciousness?

チャーマーズ（David J. Chalmers）
「心、機械、数学」Minds, machines, and mathematics

フィーファーマン（Solomon Feferman）
「ペンローズのゲーデル的議論」Penrose's Gödelian argument

クライン（Stanley A. Klein）
「量子力学は意識の理解に関係するか」Is quantum mechanics relevant to understand-

ing consciousness ?

モードリン（Tim Maudlin）

「動きと行動の間」Between the motion and the act...

マッカーシー（John McCarthy）

「コンピューター・プログラムにおける認知と理解」Awareness and understanding in computer programs

マッカラフ（Daryl McCullough）

「人間はゲーデルから逃れられるか」Can humans escape Gödel ?

マクダーモット（Drew McDermott）

「ペンローズは間違っている」[STAR] Penrose is wrong

モラヴェク（Hans Moravec）

「ロジャー・ペンローズの重力子的な脳」Roger Penrose’s gravitonic brains

1——はじめに

1・1

私の本『心の影』をターゲットとした批評の数々に反論することができてうれしい。『心の影』の中で私が言いたかったことに対する誤解や混乱をできるだけ取り除きたいものだ。そうすれば、建設的に前進することができるかもしれない。

1・2

インターネットの『サイキ』誌に掲載された論評の批判の矛先は、ほとんどが『心の影』第一部の純粋に論理的な議論に向けられ、第二部の物理学的な議論は、あまり顧みられず、生物学的議論にいたっては、まるで無視されている。[原注1] まあ、仕方ない。物理学・生物学的議論の正当性は、ひとえに、論理学的な議論にかかっているのだから。

私は、かなりコーナーに追い詰められてはいるが、まだ負けたわけじゃない。なにしろ、私が『心の影』で展開した物理学・生物学的な主張には、それなりの十分な根拠があるのだ。でも、とりあえず、みなさんの批判におつきあいすることにしよう。したがって、私のコメントの大半は、ゲーデルの定理の意味と、

「ペンローズの議論は、人間の意識や思考に計算不可能な要素があることを全く証明していない」

という批判への反論に向けられるだろう。

1・3

批判にお答えして、まず最初に指摘しなければならない。

驚くべきことに、数学的思考の計算モデルに反対する私の「核心(革新)的な議論」にほとんど誰も気づいていない!

もっとも、チャーマーズだけは、この議論について詳細なコメントを残していて、「ほ

とんどの論評者が気づいていないようだが」と述べ、「この議論が見過ごされているのは残念なことだ」とつけくわえてくれている。[原注2]

私の議論がわかりづらかったならば、いさぎよく謝ろう。しかし、私は正直言って当惑している。なぜなら、読者を魅了するはずの「帰謬法、ファンタジー対話」（『心の影』3・23節）のおしまいのところで、私の議論のエッセンスをきちんと要約してあるのだから。このセクションは、マクダーモットとモラヴェクも論じている。しかし、二人とも、私の核心的議論には一向関心がないように見受けられる。他の論評者たちも同様だ。

私は、特にマッカラフとフィーファーマンに文句を言いたい。なぜなら、マッカラフは、論理の微妙な点をやかましく気にしているし、フィーファーマンも、非常に慎重に考慮された論理的な議論を展開しているにもかかわらず、私の一番大事な主張を見逃しているからだ。

1・4

私が九人の論評者全員に反論するカンタンな方法がある。（私の議論の核心を突いたとされている）チャーマーズの巧妙な議論を叩きさえすればよいのだ！

しかし、このやり方では、他の論評者たちは満足しないだろうし、他の面白い論点を無視するのもどうかと思う。そこで、以下、私は、すべての重大な点について、ことごとく言及するよう努力する。チャーマーズの議論への私の答えは、3節で与えよう。しかし、まず、2節において、フィーファーマンの慎重な考察によって浮かび上がった、重要な「論理学的な問題点」について論じることとしたい。

2――『心の影』の中のいくつかの技術的に舌足らずだった点

訳者――この節と次の節は、論理学の専門用語が出てくるので、「竹内薫の解説その1、その2」で用語の意味を確認してからお読みください。また、あまり論理学に興味のない読者は、2・1から2・4までは太字部分だけを頭に入れるようにして、さらっと読み流すのも一つの読み方。

2・1　フィーファーマンによるミスの指摘に感謝（でも大勢に影響はない！）

フィーファーマンは、『心の影』で私が犯したミスを的確に見抜いた。論理学の専門的な点で、私はちょっと不正確だったのだ。重要なミス（私の議論の核心に唯一かかわってくるミス）は、Ω《オメガ》（F）[訳注1]という記号で表される「システムFのオメガ無矛盾性」と、ゲーデルの第一不完全性定理との関係について、私が誤解していたために生じた（ちなみに、他にも二人、フィーファーマンより以前に、私のこのミスを指摘してくれた人がいる）。

フィーファーマンが言うように、ある形式的なシステムが「オメガ無矛盾」であるという言明は、たしかにΠ_1-文[訳注2]の形ではない（すなわち、次のような形の言明にはなっていない：「特定のチューリング計算は決して停止しない」。ちなみに、私は、以下、このような形の文を「Π《パイ》-文」と呼ぶ）。

『心の影』の最初の二刷までは、Ω（F）がΠ-文であると主張したが、たしかに、ちょっと不注意であった。私は、どういうわけか、ゲーデルが彼の有名な「第一不完全性定理」[訳注3]で提示した言明が、形式的なシステムのオメガ無矛盾性と**等価**であって、オメガ無矛盾性から単に**導かれる**のではない、と思い込んでしまったのだ。したがって、私が知らなかったいくつかのテクニカルな理由のために（十分に大きなシステムFにとっては、形式的なシステムFの規則がアルゴリズムAに翻訳された場合）、私が2・5節で提示した特別な言明「C_k（k）」[訳注4]がオメガ無矛盾性と等価だと考えてしまったのだ。そこから、（少なくとも十分に大きなシステムFにおいては）Ω（F）がΠ_1-文であるC_k（k）と等価でなくてはいけない、と誤解してしまった。

訳注1　Ω（F）……「形式体系Fはオメガ無矛盾である」という言明。ペンローズによる私的な記号。

訳注2　Π_1-文……論理学の専門用語で、「**すべて**のxについてR（x）である」という形の文章のこと。今の場合、詳しく言うと、「すべての時間tについて、チューリング機械は停まらない」となるのでたしかにΠ_1-文である。これに対して、「あるxが**存在**してR（x）である」という形の文章をΣ_1-文という。

訳注3　第一不完全性定理……「算術を含む理論体系には、真だけれども証明できない数学的な文章が存在する」という証明。第二不完全性定理は、「系の無矛盾性が証明できるならば、その体系は矛盾している」というもの。いずれも、われわれの常識を覆す内容であり、ゲーデルによってはじめて証明された。

訳注4　C_k（k）……kは自然数。添え字のkは、無数にあるプログラムの何番目かを示す番号で、カッコ内のkは入力されるデータと考えてよい。C_q（n）は「q番目のチューリング機械にデータnを入力した計算結果」。C_k（k）という計算は、実は止まらないのだが、その「止まらないこと」は計算では示せない（証明できない）。

2・2

この誤りは、『心の影』の本質的な議論のどれにも影響を及ぼさない。しかし、不幸なことに、第3章の一部、特に3・23節の中の「ファンタジー対話」の中で、実際はΠ-文のC_k(k)とすべきところで「Ω(F)」という言葉を使ってしまった。**『心の影』の後の版で、この誤りは、訂正しておいた。つまり、Ω(F)の代わりに(Fの無矛盾性を主張するΠ-文である)ゲーデル文G(F)で置き換えた。**[訳注5] いずれにせよ、第3章の議論ではΩ(F)よりもG(F)を使用するほうが適当である。そして、私は、「Ω(F)が本質的に不必要である」というフィーファーマンに同意する。実際、オメガ無矛盾性にはいっさい触れないほうが、『心の影』の主張が、より明解になったにちがいない。

訳注5　G(F)……「形式体系Fは無矛盾である」という言明。ゲーデル文と呼ばれ、「私は証明できない」という意味を持つ奇妙な自己言及文でもある。ゲーデルの証明は、要するに、論理学の記号を使って具体的にG(F)を書くことであった。

2・3

フィーファーマンが指摘する『心の影』の中の不正確さの二つ目は、私が本のあちこちで使った「健全性」[訳注6]（soundness）という言葉に一貫性が見られない、というものだ（続く議論のいくつかに関して、これは実際に非常に重要な問題である。したがって、後で3節の中でもう一度触れる必要がある）。

フィーファーマンの指摘は、要するに、「ある種のΠ_1文が真であると主張できる」という**限られた意味合いで形式的なシステムの健全性を論ずべき**なのに、私が、ほかの主張の場合にも健全性という言葉を使ってしまっている、ということだ。**たしかに、そのような区別に注意すべきであった。**実際、『心の影』の第一部で使った「ゲーデル的」議論には、弱い健全性の概念で十分であった。より哲学的な議論においては、より強い意味での健全性の概念を念頭においていたが。

原注　より強い健全性は、オメガ無矛盾性の条件をはずせば、原書九〇―九二ページでは必要とされない。また、弱い健全性が無矛盾性と等価なため、原書一一二ページでも必要とされない。

訳注6　健全性……おおまかには、ある計算Aが間違った答えを出さない場合、Aは健全である、という。健全性は完全性と対になる概念で、証明できるならば常に正しい場合を健全と呼び、逆に、正しいならば常に証明できる場合を完全と呼ぶ。

2・4

基本的に、私は、フィーファーマンが指摘してくれた論理学上の細かい問題点についての批判は甘受するつもりだ。

だが、フィーファーマン自身がはっきり認めているように、これらの訂正のどれも、どんな形であれ、第3章の議論に影響を及ぼさないことは、明白にしておきたい（Ω（F）がすべてG（F）に置き換えられるかぎり）。

原注　原書一一二ページの「妙」で「取るに足らない」主張は理解に苦しむ、と言われている点については、少々弁明が必要だろう。たしかに、うまい表現ではなかったかもしれない。私が言いたかったのは、「G（F）」と「Ω（F）」を構成する記号の形式的なストリングとこれらのストリングが代表することになっている実際の「意味」の関係についてなのだ。私は、単に意味が本質的だと言いたかっただけなのだ。フィーファーマンも、この点については同意してくれている。

2・5　私の学問の方法

私は、しかし、フィーファーマンが第3章の議論についてはだんまりを決め込んでいるのが残念だ。彼自身のような第一級の論理学者が第3章を詳細に検討してくれたらよかったのに。フィーファーマンは、彼が発見した特定の過ちのためではなく、単に、「むやみな好奇心を持って、専門領域以外にまででしゃばって、危なっかしい奴だ」と感じたために、私の見解を信用してくれないからだ。マッカーシーやマクダーモットやバーズも同じようなことを言っている。人工知能、コンピューター科学、生物学、心理学など、意識に関するすべての学問について、私の引用した参考文献が不適切だというのだ。

2・6

この点については、ぜひとも弁明が必要だ。

自分の専門分野においてさえ、私は、参考文献を徹底的に引用する能力が、学者として重要な素養だとは考えていない！　私の方法は、「他人の論文から重要なキーポイントを学んだ後は、自分自身で考えることに時を費やす」というものだ。十分に自分独自の考えをまとめた後に、ふたたび文献に目を通して、私の研究結果が他人の考えと合っているかどうかを確認するのである。こういう流儀だから、当然、知らないこともあるし、間違うこともある。誤解のほとんどは、第三者の仕事について、誰かから聞いた、いわゆる伝聞情報から生じる。このような誤解は、次第になくなってゆくが、ちょっと時間がかかるのだ。

2・7

なぜこのような話をするかというと、フィーファーマンによって指摘されたような問題点は、『心の影』のゲーデル的議論の本質とは関係がなく、あくまでも周辺情報（科学的、哲学的、数学的）に限られる問題だからなのだ。

第3章（特に3・2、3・3と3・5〜3・24）の主な部分は、完全に私自身のオリジナルな議論であって、私の学者としての流儀が「だらしない」こととはいっさい関係がない！　私の議論は、引用文献がどうのこうのという観点からではなく、純粋に、「議論自体がいいかどうか」という観点から判断されるべきだと、私は思う。

3――『心の影』の革命的な新主張

訳者――この節ではペンローズの議論の核心が示される。議論には背理法が使われる。すなわち、「①ある仮定から出発するのだが、②やがて矛盾することが判明し、③仮定が成り立たないことがわかる」というおなじみの論法である。

ゲーデルは、計算システムF内で「私は証明できない」という意味を持つゲーデル文G（F）を構成してみせた。ちなみに、G（F）は実際に証明不可能なので、真であるが、Fにはそれがわからない（証明できないから！）。それどころか、G（F）の否定の「私は証明できなくない」もシステムFの中では証明不可能なため、F自身には、永遠にG（F）の真偽のほどがわからない。

さて、Fの性能を拡張して、「人間の数学者を計算によって完全にシミュレートできる」と仮定しよう（①）。この拡張されたシステムをF′と呼ぼう。すると、Fに対するのと同じ議論を展開することができて、F′内で「私は証明できない」という意味を持つゲーデル文G（F′）を構成することができる。G（F′）はF′内で証明不可能だが、人間の私には、G（F′）が真であることがわかる。これは矛盾である（人間には真であることがわかっているのに、それを完全に真似できるはずのF′には真であることがわからないから。②)。なんで矛盾が生じたかと言えば、「人間の数学者を計算によって完全にシミュレートできる」というそもそもの仮定が間違っていたからだ(③)。

ペンローズによれば、人間の思考力は計算システムF′(=人工知能!)より本質的にすぐれているのである。**3・1**から**3・5**が鍵である。それ以降は読み飛ばしても大丈夫。

3・1 背理法で人工知能万能論を否定し去る

チャーマーズは、私が『心の影』のセクション3・16、3・23、3・24で提示した革新的議論を簡潔にまとめてくれている(ただし、3・16〜3・23で一貫してΩ(F)をG(F)に読み替えることに注意)。ここでチャーマーズの「まとめ」を再掲する。ただし、一つだけ大きな違いがある。その違いの重要性については、あとで説明する。

3・2

原則として人間が行うことのできる、つけいる隙のない(unassailable)数学的思考の全貌は、（必ずしも計算的とは限らない）ある健全な形式的システムFで要約する（en-capsulate）ことができる、と**仮定**しよう。すると、人間の数学者は、Fを目の前にして、次の（A）のような議論を展開することができるだろう（ただし、「私はFである」という言い回しは、「Fは、人間が行うことのできる数学的証明の方法すべてを要約している」の省略形）。

（A）

「私は必ずしも私がFであることを知らないけれども、もし私がFならば、システムFが健全で、その上、F′も健全でなくてはならないと結論づけるだろう。ここでF′は、Fに『私はFである』という主張を付け加えたものだ。私には、私がFであるという仮定から、ゲーデル文G（F′）が真であることと、それがF′においては証明（到達）不可能であることがわかる。しかし私は、たった今、『私がたまたまFであるならば、G（F′）は真でなくてはいけない』ということを認識した。これこそ、まさにF′が到達すべき（だが到達できない）ことなのだ。したがって、私がF′の力を超えた何かを認めることができた以上、私は結局Fではありえない、ということが導かれる。以上の議論は、Fだけでなく、他の（ゲーデル化可能な）システムにもあてはまる」

3・3

（もちろん、「私はFである」というような主張が、どのようにして論理的な形式体系の中で利用できるのか、心配する人がいるかもしれない。実は、これは『心の影』のセクション3・16と3・24において、3・16までの話をふまえた上で論じられている。ただし、ここでの議論とは、話の持っていき方が違うし、さほど簡潔でもないが）

3・4

前述のまとめとチャーマーズによるものとの本質的な違いは、チャーマーズが、単に「私はFである」より強い仮定条件の「私は自分がFであることを**知っている**」を使っている点だ。私は、「私はFである」しか使う必要がない。このように、前述の議論（A）の正当性を受け入れるならば、「われわれがある計算システムFに同一であることを経験的に発見する可能性さえもない」という結論に達する。これは、「人工知能にとって脅威となる」というチャーマーズの「強い」結論より、もっと徹底しているだろう。

3・5

実際、私が『心の影』の中で引用したのは、より強い議論の形の（A）であった。そして、そこから、われわれは知ることのできる（ゲーデル化できる）どんなシステムFとも同一ではありえない、という結論が導かれる。われわれが経験的に、それを信じるようになるかどうかに関係なく！　このより強い結論を目の当たりにして、AI支持者であるかどうかにかかわらず、私の議論の欠点を探し出したくなる人が増えるにちがいない。そこで、チャーマーズ（およびマッカラフ）による特別な反論について、一言述べさせてほしい。

3・6　チャーマーズの「健全性」はなんか変だ

チャーマーズによれば、「われわれが健全であることを知る」こと自体が矛盾しているそうである。それゆえに、彼によれば、「私はFである」という仮定から、Fの健全性（さらにはF′の健全性）を推論することは無効なのだそうだ。

数学者なら誰でも、彼の発言に異を唱えることだろう。なぜなら、ここでは、数学者なら誰でもやっている「数学証明」が問題になっているのだから。さらに、前述の議論の中の「私」は、理想化された人間の数学者を指しているのだ（マクダーモットがいうような、この概念から生じる問題は、当面、私の関心でない。6節でそのような問題へ戻ることにする）。

Fが、実際に、人間が原則的に行うことのできる数学的証明の手続きの全貌を要約する、と仮定してみよう。また、われわれが偶然Fに出くわして、われわれがFで「ある」かもしれないという可能性を受け入れるとしよう（われわれが実際にFであるかどうかの確証はないものとする）。その場合、Fこそが有効な数学的証明のすべての手続きを要約して「いる」という前提から、われわれは明らかにFが健全であるという結論を下さなければならない。

数学的証明の手続きのポイントは、「信念」(belief) を浸透させるということである。私のゲーデル的議論のポイントは、あるシステムHを使用して得られた結論を信じることは、同時に、そのシステムの健全性と無矛盾性を信じることへとつながり、さらに、Hだけからは無矛盾性を導くことができない、という（ゲーデル化できるHへの）信念へもつながる、という点にある。

それにもかかわらず、チャーマーズとマッカラフは、まさしくこの自分自身を信ずることのできる「信念体系」が矛盾している、とのたまうのだ（私が前に指摘したように、「信念システム」とは、単に、数学証明に必要な手続きのことであり、「自分自身を信ずることができる」とは、数学者が自分の証明手続きを信頼する、という当たり前のことにすぎない）。

これから指摘するように、自己信念システムが矛盾しているという結論は、明らかに行き過ぎである。信念システムが矛盾しているか、あるいは、自分が信用できるか、ということが問題なのではなく、システムが能力的に扱うことのできる主張だけに適用が限定されているか、が問題なのだ。

3・8 チャーマーズが間違っていることを例で示そう

「自分自身を信ずる信念システム」が矛盾するとは限らないことを示すために、次のような事例を考えよう。われわれは、Π－文だけを扱う（Π－文は、特定のチューリング機械が停止しない、という主張である）。

問題になっている信念システムBは、単に、Π－文Sが真である場合に限ってSを「信じる」（しかも「議論の余地なく信じる」）ようなシステムである。Bは、与えられたΠ－

文が真であるか偽であるかの決定以外の何も「出力」することはできない。さもないと、きまぐれに、ペラペラしゃべりまくって、正しい真偽値とともにΠ-文を生成するかもしれない。

しかし、内部の思考回路の一部として、たとえば、Π-文についての決定において、自分がたしかに真だけを出力する、というような事実については沈思黙考することが許される。もちろん、Bは計算システムではなく、出力に限って言えば、チューリングの「オラクル」(oracle)機械[訳注7]なのだが、いずれにせよ、ここでの議論には影響しない。

さて、Bが「Bの健全性を信じること」に何か問題があるだろうか? 正しい解釈をするかぎり、何も問題はない。重要なのは、BがΠ-文についてだけ主張することを許されている点だ。Bは、内部で何を考えようと勝手だが、その「出力」は、特定のΠ-文の妥当性に関連する主張でなくてはならない。もし、チャーマーズやマッカラフが言うように対角線の方法[訳注8]を使うと、その結果はもはやΠ-文ではなく、この信念システムの出力としては認められなくなってしまう。

訳注7　オラクル機械……英語のoracleは神や預言者の託宣のことで、絶対に間違わない、という意味がこめられている。コンピューターの原型としてのチューリング機械の出力も託宣のようなもので、正確無比だと考えられる。

訳注8　対角線の方法……もともと数学者のカントールが発明した手法で、表などの対角線に注目することによって、いろいろな証明を行うことができる。たとえば、自然数の総数より実数の総数のほうが多いことを示したり、計算が終わるかどうか判定することが不可能な「停止判定問題」を証明したり、ゲーデルの不完全性定理の証明にも使われる。

3・9

この「信念システム」は、Π-文の真偽のほどしか論ずることのできない、きわめて限られたシステムだと思われるかもしれない。たしかに限られたシステムである。しかしながら、『心の影』の第3章では、まさにこの種の信念システムこそが議論されているのだ。特に『心の影』の3・16節では、考察の対象を注意深くΠ-文に限定してある。この限定なしでは、いろいろと難しい問題が生じる可能性がある。たしかに、そこに登場したロボットは、ちょうど人間の数学者のように、計算不能なシステムや非可算[訳注9]な濃度（uncountable cardinals）などについて、一般的に考えることが許されていた。が、主張することができるのはΠ-文に関することだけであり、そのようなΠ-文の出力に関してのみ、Q（M）やQ_M（M）といった形式的システムが構築されるのだ。このような状況では、ロボットの「信念システム」は、ゲーデルの議論が適用できるくらい大きいならば、結局のところ、計算的なものではありえない。しかし、それでは、そもそも「ロボット」の定義と矛盾してしまうのである。

訳注9　非可算……自然数は無限にたくさんあるが、数えることができるという意味で可算と呼ぶ。有理数も可算である。それに対して、無理数なども含めた実数の数は、同じ無限でも無限の度合いが本質的に大きい。言いかえると、実数は、自然数との一対一対応がつかないほどたくさんある。つまり実数は数えられないので、非可算と呼ぶ（要するに背番号がつけられないほどうじゃうじゃあるということ）。

3・10

私は、別にマッカラフとチャーマーズが言及する対角線の方法が計算的な信念体系Fにのみ適用されるべきだ、などと言っているわけではない。この二人（特にマッカラフ）が主張しているように、Fが計算的でなくてはいけないというような制限はない。実際、『心の影』の7・9節において、私は、第一部のゲーデル型の対角線の手法が計算システムよりも一般的なシステムにもあてはまることをハッキリと述べておいた。たとえば、チューリングのオラクル計算の考え方を採用すれば、対角線の手法はきわめてカンタンだ。

しかしながら、**実際の適用に際しては、「つけいる隙のない信念」である文に限る必要がある。さもなければ、マッカラフとチャーマーズが陥ってしまったパラドックスにわれわれもはまりこむことになる。**

原注　『心の影』のセクション7・9は、第二部なので、論理的な話だけに興味がある人は、そこまで読んでくれないことが多い。マッカラフもチャーマーズも一言も言及していない。

3・11

マッカラフは、このパラドックスに満ちた考えを彼の論文の2・1節まで引きずっており、私の考えのパロディーを、あたかも私の考えであるかのように扱っている。このような勘違いは、通常の彼の学問レベルからすると残念だ。私の議論をありのままに論じてくれれば問題はなかったはずだ。

3・12

さて、主張（A）に戻ろう。**今や、制限のない領域を扱う信念システムにつきものの困**

難を回避する方法がおわかりだろう。要するに、「健全な」という言葉をΠ - 文にだけ適用可能であるような制限付きで解釈しさえすればいいのだ。これが『心の影』の3・16節で行われたことだ（2節の議論を思い出してほしい。フィーファーマンが、解釈の違いに言及していたはずだ）。これが、計算主義に対抗する反論であり、チャーマーズによる、彼の論文の2節での私の「第二の議論」に対する批判もかわすことができる。

3・13

もちろん、『心の影』の7・9節やマッカラフの議論のように、この議論をもっと高レベルにすることもできる。Π - 文（つまりΠ_1 - 文）だけに話を限定しないで、たとえば、Π_2 - 文を使うこともできる（フィーファーマンのコメントを参照）。対角線の方法は使えるが、その結果はΠ_2 - 文にはならないので、矛盾（チャーマーズ／マッカラフ型、つまり、自分を信じる自己信念システム）は生じない。さらに高いレベルの文でも話は同じだ。

もっとも、信念体系をあてはめる文に「なんらかの」制限を設けることは大切だ。このようなことは数理論理学では日常茶飯事である。数理論理学では、集合について論じることもできれば、集合の集合、集合の集合の集合などを論じることもできる。ところが、「すべての集合」の集合[訳注10]を論じることは**できない**のだ。そのようなことをすれば、矛盾に陥ることをカントールとラッセルが大昔に指摘してくれている。同様に、自分を信じる自己信念システムも、無制限な数学システムにあてはめると無矛盾に機能できなくなってしまう。

『心の影』の3・24で、私は3・16節のゲーデル型議論がラッセル型のパラドックスと酷似していると考えた。しかしながら、結論は、3・16節の議論はラッセルのパラドックスとは似て非なるものだというものだ。なぜなら、考察の範囲がΠ₁文だけであり、十分に限定されているからだ。無論、適用範囲をもっと拡げることも可能で、どこまで拡げられるかは興味ある問題だ。この件に関して、論理学の専門家の見解をうかがいたいものだ。

訳注10 「すべての集合」の集合……すべての集合の集合を考えると矛盾が生じることがバートランド・ラッセルにより指摘され、その後、ツェルメロやフレンケルらにより、このようなパラドックスの生じないような集合論の公理体系が構築された。

4――「裸の」ゲーデル型議論

訳者――前節の背理法はペンローズがゲーデルの定理を使って自ら考案した「強い」論法だ。しかし、ペンローズは、そこまでごたごたと着飾らなくとも、もっと単純なゲーデルの定理だけでＡＩ論者を撃破するには十分だと考える。この単純な議論をペンローズは「裸の（bare）ゲーデル型議論」と呼ぶ。

4・1　本当は単純な議論だけで十分だ

前節では『心の影』の「革新的議論」と私が呼んでいる議論に専念したが、それは、計算主義が永遠に心の説明を与えられない、あるいは意識ある脳の説明すら与えられないことの、真のゲーデル的な理由ではない。

4・2

ここで、ちょっと私自身の過去について一言。

私がゲーデルの定理の詳細をはじめて聞いたのは、ケンブリッジの論理学者スティーン(Steen)による数理論理学の授業であり、同時にチューリング機械についても学んだ。私の記憶が正しければ、それは一九五二年から一九五三年にかけてであった。私はケンブリッジ大学大学院の一年生で代数幾何を専攻しており、数理論理学の授業には一般教養の一科目として出席していた(そのほかの一般科目としては、ディラックの量子力学とボンディの一般相対性理論があった)。

それ以前には、ゲーデルの定理については名前を聞いたことがあったくらいだったが、授業の印象は強く、いくぶんショックを感じたのを覚えている。それ以前の私だったなら、たぶん、現在の「強いＡＩ」の立場に近かったはずだ。だが、私は、真な数学的命題でありながら、原理的に人間の理性が近づくことができないものがある、という可能性に心を乱された。

ゲーデルの定理の本当の意味(スティーン流の)を聞いて、私は狂喜乱舞したものだ。なぜなら、そのような心配は無用であることが判明したからだ。**ゲーデルの定理は、人間理性の限界ではなく、むしろ人間の理性が事前に用意された形式的規則のシステムに制限されないことを示していた**からだ。ゲーデルが示したのは、(規則自体が信頼に足る場合)いかにして、その規則体系を超えることができるか、についてであった。

4・3

加えて、明らかに形式体系とチューリングの実効的計算可能性との間に親密な関係が存在した。私にはそれで十分だった。人間の思考力と理解力は、明らかに何か計算以上のものだ。にもかかわらず、私は科学的方法と科学的な実在論（realism）の強い信者であり続けた。私は、どうやら、当時、現在の私の見解に近い和解点を見いだしていたにちがいない。その詳細はわからなかったが、少なくとも、その精神においては。

4・4

なぜこのような個人的な過去について述べたかというと、**ゲーデルの議論の「弱い」形でさえ、少なくとも強いAI支持者を一人（つまり私！）、素朴な計算主義から転向させるに十分であった**ことを示したかったからなのだ。私は、別に「神秘主義」の立場を支持しているわけではない（当時の私ほど理性的で反神的で反神秘主義の人間はほかにはいなかったであろう！）。しかし、ゲーデルの論理の力は、人間の精神だけでなく、物理的宇宙の仕組みまでも、単純な計算という観点からは理解できない、と私を確信させるに至った。

4・5

ゲーデルのもともとの議論の周囲でうごめいている計算主義者たちの議論の多くは、比較的最近になって私の知るところとなった。いわく、

「人間は知ることのできないアルゴリズムに従って行動し知覚する?」

「人間の数学思考能力は本質的に健全でない?」

「人間は、自分が数学を理解するアルゴリズムを知ることはできるかもしれないが、アルゴリズムの実際の役割は知ることができない?」

ああ、わかりました、わかりました。たしかに、そういう**論理的可能性**はある。でも、そのような主張は、とても「もっともらしい」説明とは思えない!

4・6

計算主義と心中を決め込んだ人にとっては、このような説明がもっともらしいのかもしれない。でも、なんでわれわれは計算主義と「心中」しなくちゃいかんのだ? 私には、どうして大勢の人々が心中したがるのか、わからないのである。ところが、計算主義に狂

信的にしがみつく連中がいるのだ（そして、自分たちの立場が脅かされそうになると、無分別で乱暴な態度を取るようになる！）。

計算主義は人間の精神を説明できるかもしれないし、できないかもしれない。それは、冷静に論ずべき問題であって、苦し紛れに悪態をつけばいいというものではない！

4・7

面白いことに、冷静に論じている人々も、少なくとも客観的な物理的宇宙の仕組みについては、計算主義が「正しい」にちがいないと無条件に決め込んでしまっている。そこから、計算主義以外の見解には必ず「欠点」があるにちがいない、と思い込むようになる。チャーマーズの冷静沈着なコメントでさえ、「ゲーデル型の議論の深みに存在する欠点」を探し出そうと躍起になっている。

どうやら、どんな議論が提出されても、間違っている「はずだ」という先入観があるようだ。ゲーデル型の議論が結局は正しいのかもしれない、というかすかな可能性を真剣に考えている人はほとんどいないのだ。これはいったいどうしたことだろう。

4・8

もっとも、私も含めて、単純な「裸の」ゲーデル型議論に十分説得力がある、と考えている人間もいることはいる。そのような少数の人々にとっては、私が『心の影』で繰り返した長くて回りくどい議論は、説得力を増すどころか、かえって冗長だったかもしれない！　たしかに、あれだけくどくどと書かなければいけなかったということは、私に説得力がない証拠かもしれない（フィーファーマンは独自の反計算主義の立場をとっているが、彼でさえ、私の執拗な努力が「水泡に帰した」と評したくらいだ）。だが、少しは進展があったことと思う。私は、批判者たちの誰も、私の結論G（『心の影』原書七六ページ）、すなわち、

「人間の数学者は、数学的真理を確かめるときに、知ることのできる健全なアルゴリズムを用いているわけではない」

という主張をとりあげなかったことに驚きを禁じえない。私の質問1から20まで（2・6節と2・10節）への返答に素直に納得する人がいるとは思えないが、質問の多くは、『皇帝の新しい心』における裸のゲーデル型議論（およびその結論のG）に対する誤解や反論への私の再反論であり、『行動および脳科学誌』（*Behavioral and Brain Sciences*）と特に一九九〇年のマクダーモットのコメントへの再反論になっている。その結果、Gに対

して誰も文句を言わないところをみると、少しは進歩があったということか！

5――ゲーデルの「定理－証明機械」

訳者――ゲーデル自身は、脳は計算アルゴリズムに従うが心は必ずしもそうではない、という神秘主義に近い考えを持っていたようだが、自分が証明した不完全性定理は、（論理的には）人間の数学者と同じふるまいをする「定理－証明機械」の存在を否定するものではない、と計算主義者と見まがうかのような意見も述べている。

ペンローズは、人間の思考はゲーデルの定理－証明機械のようなものではないし、そもそも、そのような機械が存在する可能性も低い、と主張している。

5・1　人間の思考力はゲーデルの「定理 - 証明機械」のようなものではない

人間の思考力（reasoning）につきものの間違い、あるいは人間の数学的思考力の根底にある推定アルゴリズムの「不可知性」（unknowability）という重要な問題を取り扱う前に、チャーマーズが「『心の影』の中で最も説得力のない節の一つ」とみなしている『心の影』の3・3節の論議について手短に言及すべきだろう。

これはチャーマーズが取り上げた私の論点二つのうちの最初の一つなのだが、彼（あるいは他の論評者たち）が私の言わんとしていたことを正しく認識したかどうか、はなはだ疑わしい。私は3・3節と3・8節（原書一四八ページの図3・1）で、たとえば、Π - 文に関しての**人間の思考力が「ゲーデルの定理 - 証明機械」のようなものだと主張することは馬鹿げている**ことを示そうとしたのだ。

『心の影』の原書一二八ページで引用したように、論理的には健全だが、人知では健全であると確信できないようなアルゴリズム（ゲーデルの「定理 - 証明機械」！）の働きによって、数学的思考力の本質が捉えられる可能性を、ゲーデルが否定できたようには思われない。しかし、このアルゴリズムと経験的に出会うことは可能かもしれない。ここでは、この推定「機械」（あるいはアルゴリズム）のことをTと呼ぶことにする。

3・3節で、私は論理学者や数学者たちが真剣に取り組むようなタイプの数学的アルゴリズムを扱ったので、数理論理学者たちが通じている用語を使ってTを定式化した。もちろん、あらかじめTがそのような用語で記述されていなかったにしても、しようと思えばいつでもできる。だから、ゲーデルの憶測上の定理‐証明機械がII‐文のみを扱うと仮定してもかまわない。そうすると、**Tは、原則として、人間の数学者たちが真だと知覚できるすべての真なII‐文を発生させるアルゴリズムである。ゲーデルは、Tが経験的に偶然発見されることはあるかもしれないが、その健全性の知覚は人間の能力を超えるにちがいない、と主張している**のだ。

私は3・3節と3・8節で、**Tが存在するということは実際にはほとんどありえない可能性である**ことを主張しようとしているのであって、それが完全に非論理的な可能性だなどと主張したのではない。実際、Tがどのようにして生じるのか（自然淘汰によってか意図的な人工知能によってか）想像してみてほしい。

5・3　ゲーデルの「定理‐証明機械」は本当に存在するだろうか

フィーファーマンは論評の中で、

「計算主義の逃げ道（let-out）は『絶対的に解決できないディオファントス問題[訳注11]』の存在だろう」

という、ゲーデルの定理の含意についてのブーロス（Boolos）の「慎重な」解釈を引き合いに出している。そのような絶対的に解決できない問題は、よく理解された手順によって、アルゴリズムTから組み立てることができる。ただし、もしTが存在するならばの話だが。

3・3節で私は、Tの存在が疑わしいということを指摘しようとしたのであり、フィーファーマンが彼の論評の終わりで言及しているレベルを幾分超えていることと思う。さらに、（ほとんどの論評者たちが理解しそこなった『心の影』の3・16節に関連して）先の2節で言及した議論は、たしかにブーロスの解釈をはるかに超えて行われているのだ。

訳注11　ディオファントス問題……整数係数の代数方程式が整数解を持つか、という問題。

5・4

私は『心の影』の後のほうで（3・5〜3・23節、特に3・8節）、もし存在するにしても、Tの並外れて複雑なアルゴリズムの性質が、どのようにして自然淘汰（あるいは意図的な人工知能の手法）から生じることができるのかを知るのは、極度に困難であると主張している。なぜかといえば、それは、たとえば、ツェルメロ＝フレンケル（Zermelo-Fraenkel）の公理系ZFの能力をはるかに超えた難解な数学的問題を正確に扱えることができなければならないのだ（実際にZFの領域を超えている、人知で理解できるΠ－文を得るためにゲーデル手続きをZFに応用することができる）。

この種類の問題は、われわれのはるか昔の祖先たちに影響を及ぼした自然淘汰とは全く関係がないはずなのだ。Tのような、ありそうもないアルゴリズムではなく、「理解力」のような「非計算的」特性ならば、自然淘汰が推進力となってきたことに何も問題はないと私は考える[原注3]。

5・5　ゲーデルの「定理－証明機械」は積み上げ方式でも生じないはずだ

どうやってTが生じるかという問題はひとまずおくとして、Tが人知で理解できる（「知ることができる」）アルゴリズムだとすると、その存在そのものが疑わしくなるのだ。これは基本的に、Tの健全性と特定の役割が人知では知ることができないだろうという、『心の影』の「事例2」である（原書一三一ページ）。

そのようなTの疑わしさこそ、私が3・3節で主張しようとつとめた問題点だったのだ。チャーマーズは、そのようなTがある種の積み上げ方式（bottom-up）のAI手続きによって生じるはずで、もしそうであれば、数学的形式体系のようには少しも見えないだろう、と主張しているようだ。しかしながら、計算主義者たちが堅く信じているいくつかがなければ——造物主が人間の数学者たちを創り出すことができたのは、まさにこの種の手続きによってに「ちがいない」というような——積み上げ方式の手続きがそのようなTを見つける最善の方法だろうと期待すべきもっともな理由はないし（『心の影』、3・27節で私が主張しているように）、そのようなTが実際に存在していると期待する根拠も全くないのだ。そのような**積み上げ方式の手続きが結局はうまくいかない**、と主張することが『心の影』の後のほうの節の主題であった。

要するに、私は、もし最終的にTへと導く（部分的に積み上げ方式の）計算のメカニズムを知ることができるのなら、われわれは実際にTが表す形式体系を組み立てることができるだろう、と主張しているのだ。このことは以下7節でさらに論じるつもりだ。

6——間違いの問題

訳者——ゲーデル的議論の意味するところは、

（G）人間の数学者は〝知ることのできる健全なアルゴリズム〟は用いていないというものだ。ここで「アルゴリズム」の部分に注目すれば、数学者はパソコンのプログラムのようなものではない、というペンローズ説が正しいことは明らかだ。しかし、「健全な」の部分に注目すれば、数学者は往々にして間違うのだから不健全だ、とも強弁することができる。この立場では、ゲーデルの定理は、計算主義と矛盾しない。

ペンローズは、数学者が間違うことと数学的思考が健全でないこととは別問題だと主張し、間違いの問題は単なる揚げ足取りにすぎない、と言う。

そうなると、残るは、「知ることのできる」(knowable) の部分だが、それは次節で扱われる。

6・1　大切なのは数学者の「理想」であって個々の間違いは重要でない

論評者たちの中には（特にマクダーモット、そして事実上バーズも）、人間の数学者たちが間違い（errors）を犯すという事実によって、心の計算モデルがゲーデル型の議論を免れる、と主張する人たちもいる（『心の影』の原書一二九ページで例証しているように、チューリングも同じような逃げ道を使った）。

私は『心の影』のいたる所で、本の主な論点は数学者たちが自らの数学的証明方法によって「原理上」（in principle）何を知覚することができるのかに関心があり、そしてその証明方法は事前に割り当てられたある種の形式的な体系内で働かなければならない必要はない、ということを力説した（特に第2章で）。

6・2

人間は生活に伴う他の多くの活動においても間違いを犯すように、個々の数学者たちがしばしば間違うことは、私も全面的に認める。だが、問題は間違うか間違わないかということではない。数学的な間違いは原則として修正できるのであって、私は主に原則として数学的理解と洞察力によって、実際に何が知覚できるのかという観念を取り上げたのだ。

さらに詳しく言えば、私は理論上人間の力で知覚できるΠ-文、すなわち理論上人間の力でアクセスできるΠ-文を扱ったのだ。

先の3節と5節で提示した論点もまた、この理想概念（ideal notion）についてだけに関係していたのだ。**私が強く主張してきた立場は、この人間の数学的理解という理想概念は何か計算を超えたものであるということだ。**

6・3

もちろん、個人個人の数学者たちがこの理想概念と厳密に一致していないのももっともである。数学界全体でさえ、明らかに理想に達していないのだから。数学者たちが目指している理想概念が計算を超えているにもかかわらず、数学界ないし個々の数学者たちが、完全に計算上の存在でありうる、などということが考えられるだろうか？

もっとも、人間の数学者たちが、この計算不可能な理想を目指すことができ、それに近づくことができているように見えるとき、実際には何をしているのか、という問題が残る。数学者たちが知覚することができると思われる、証明の根底にあるのは、「抽象的な観念」(abstract idea) である。彼らは、これら抽象的な観念を、書き記すことができる「記号」に置き換えて表そうとする。

しかし、彼らの原稿や論文に最終的に登場する特殊な記号の山は、その概念自体と比べれば、さほど重要ではないのだ。特殊な記号の使い方はしばしば恣意的である。時とともに、その観念もそれらを表す記号も精緻化され、時には修正されるだろう。記号からその観念を再構成することは簡単とは限らないが、数学者たちが本当に扱っているのは、この「観念」のほうなのだ。観念こそ、彼らが理想的な数学的証明を追求するのに用いる基本的な要素である（これらの問題は、フィーファーマンが論評の中で挙げているように、数学者たちが「実際には」どのように考えているのかという疑問と関連しており、バーズとマッカラフによって挙げられた問題とも関連がある[原注4]）。

6・4

時には間違いがあるだろうが、しかしその間違いは修正できるのだ。重要なのは、その間違いを推し量ることができる理想的な基準が「ある」ということなのである。人間の数学者たちはこの基準を知覚する能力を持っており、十分な時間と忍耐があれば、彼らの論点が本当に正しいかどうかを峻別することができる。もし彼ら自身が単なる計算上の存在物だとしたら、計算不可能な理想概念にアクセスできるように見えるのはどういうことだろうか？　実際、数学的正しさの最終的な判断基準は、この「理想概念」にあるのだ。そして、この理想と関係を持つためには、彼らの意識的な心を使うことが必要なように思われる。

6・5 理想概念が理解できない人たち

しかしながら、AI支持者たちの中には、そのような観念の存在自体に反論しているように思われる人たちがいる。モラヴェクが彼の論評の中でとっているように思われる立場がそれだ（彼のロボットがモラヴェク自身の見解を擁護するほど信頼できるものならいいのだが！）。

さらに、チャーマーズは次のように述べている：「AI提唱者は、われわれの思考力が理想概念においてさえ、基本的に不健全だという立場を取るだろう」。「私は数学的思考の絶対的な性質といったものは信じない」と言うバーズのように、この概念が理解できない人々は他にもいる。おそらく彼の専門的な関心は、この理想概念自体よりも、特定の個人個人がそのような観念から逸脱する事例を考察することのほうにあるからだろう。このような人々は、数学論文でしばらく気づかれないで残った間違いを指摘するのが常だ。

たとえば、マクダーモットは、四色定理の証明でケンペ（Kempe）の間違いを指摘している。だが、ケンペの考察は、一九七六年にアペル（Appel）とハーケン（Haken）によって最終的になされた実際の証明において重要な役割を演じたのである。(7)

あるいは形式的集合論（formal set theory）を築き上げようというフレーゲ（Frege）の矛盾した試みも指摘された。だが、フレーゲの試みは建設的で影響力も大きかったことを忘れてはならない。

私は、このような間違いは「修正できる間違い」であり、数学的理想概念の存在を否定する理由にはならないと考える。

6・6

『心の影』の3・2節で、私は、数学的思考力が基本的に不健全であるかもしれない可能性を真剣に吟味した。しかし、数学的な不健全性を仮定することは、少なくとも科学者と称する者がとる立場としてはきわめて危険であることを心に留めるべきだ。**もしわれわれの数学的思考力が実際に根本的に不健全だとすると、科学的理解の体系全体が崩れ去ってしまう**のだ！　事実上すべての科学、少なくとも精密科学（detailed science）は、多かれ少なかれ数学に依存しているのだ。ゲーデル型議論への攻撃が、数学のまさにその根本への攻撃へと変質していることが多いと私は感じている。原注5

「理想的な」数学的概念、言い換えると理想化された数学的思考力を非難することは、実際は、数学のまさしく根本を非難することなのである。それをする人々は、少なくとも自分たちが主張していることに含まれる意味を少しは熟慮すべきである。

6・7

いろいろな科学者たちがとっているさまざまな哲学的見地があるのは事実だが、特にわれわれがΠ-文に話を限定する場合は、基本的なゲーデル型議論には、ほとんど影響を及ぼさない（『心の影』の3・6節、3・10節の質問Q9〜Q13）。

ここでは、以下、（原則として）人間が近づくことのできる数学的証明という理想的な概念が、少なくともΠ-文に関しては「存在し」、この証明の理想概念は「健全である」とみなすことにする（さらに私は、Π-文に関して互いに矛盾しないかぎり、証明が一つ「以上」あるということに反対するものでもない。『心の影』の3・10節、Q11への回答）。

そうすると、問題は、実際の人間の数学者たちがこの理想概念を真似（emulate）しようと試みるときに確実に発生する間違いが、どれほど深刻かである。

6・8　数学ロボットの議論

『心の影』の第3章、特に3・4、3・17、3・19、3・20、3・21各節で、私は数学的議論における間違いの問題を扱い、計算システムの「実際の」出力から間違いのない形式的システムを構築することなんてできないのではないか、という疑問を提出しようとした。私はそのために架空の数学的ロボットを考えた。

議論はところどころ非常に複雑になってしまい、幾人かの論評者たちがそれらの節を敬遠したことを責めるつもりはない。もっとも、いやいやながらでも議論してくれていれば、いろいろと役に立っただろうとは思う。

マクダーモットは、少なくとも、間違いに関する、より技術的な議論のいくつかを提出してはいる。そして、彼の説明は「いやいやながら」ではない。だが、問題は、彼が私の結論の最も本質的な点に答えていないことだ。もし、ゲーデルの「なぞなぞ」を回避する鍵となるのが「間違い」だというのなら、「有限」集合のすべての間違いを取り除くような計算手続きをダメにする「陰謀」について説明する必要がある（3・20節と3・21節と3・28節第2段落）。

マクダーモットは論評のなかで、私が提示した議論には言及せず、『心の影』で提供した明確な議論とほとんど関係のないわき道（「コンピューター化されたガウス」など）にそれて逃げを打っているのだ（同様のことは、「ペンローズの論点をめちゃめちゃに切り刻んだ」と彼が自慢している、他のほとんどの議論にもあてはまる。彼の論議が私の実際の議論に言及していれば、もっと説得力があっただろうに！　これらの問題に関連したさらにつっこんだコメントは以下7節でするつもりだ）。

6・9

しかしながら、マクダーモットは、知らず知らずのうちに、ゲーデルの洞察によって示された中心的ジレンマに気づきかかっている。マクダーモットは、数学のつけいる隙のなさには「形式的でないにもかかわらず正確さは保証されている」ことが必要だという事実を認めるのに非常に苦労したようだ。彼は「どんなふうにそれが可能かを理解する」ことはできないようだが、われわれを計算不可能性の見解へと押しやるのは、基本的にはこの葛藤なのである。

もし、つけいる隙のなさの「正確さが保証されている」という表現で、彼が、計算的にチェックできる手続きによって確認された何かを意味しているとしたら、この概念は基本的に形式体系によって実際に達成することができるものでなければならない。

さて、手続きの規則を「実行する」正確さ（「計算によるチェック能力」が重要性を持つところ）が保証されるだけではなく、規則そのものの妥当性ないし「健全性」も保証されるべきであることに留意すべきだ。しかし、もしわれわれが規則の健全性を保証できるのであれば、われわれは規則を超えた何かを保証することができるわけだ。この規則はゲーデルの定理に従っており、そのため、「保証する体系」(guaranteeing system）の無矛盾性を主張しているゲーデル文のようなΠ₁文も存在するはずだ。規則の正確さを「保証する」体系の無矛盾性もまた「保証されて」いるわけだ。

もしマクダーモットが、「形式的」が「計算上の」という意味を含み、「保証できる」もまた「計算できる」ことを意味する必要があるとするなら、数学者たちが実際に保証することができる次の事柄を達成するのは困難だろう。すなわち、与えられた保証体系から、そのゲーデル文の保証への移行である。

6.10

『心の影』第3章の議論のキーポイントの一つは、計算主義の枠組みの中で、この葛藤の重要性を示すことであった。もし、そこで描かれた架空のロボットたちが、すっかり計算上の実在物だということをわれわれが受け入れるのであれば、彼らが考え出すどんな「保証」体系もまた計算できる必要がある。

さて、

●ロボットたちが、自分たちの保証体系そのものも保証しなくてはいけないこと（前掲3節参照）
●ロボットたちがゲーデルの定理を正しく認識すること
●ランダムな要素が、ロボットたちのふるまいに基本的には重要な役割を演じないこと（3・18、3・22節参照）

以上の三つを受け入れるならば、われわれは、計算主義への残っている唯一の抜け穴へと追いやられる。すなわち、「間違い」の問題である。そして、この抜け道もありそうにないことを証明することが、3・17から3・21節の狙いであった。そこでは、間違いに対する計算的に制限された安全装置を探そうとし、これが不可能であることを示したのであった。

6・11

要するに、通常よりもより強い形ではあるが、結論は、**つけいる隙のない数学的論証の**

「形式的でない」概念を「形式化」することは不可能だということだ。この意味でマクダーモットが「どんなふうにそれが可能かを理解する」ことができなかったのは、当たり前なのだ。もし「形式化」が「計算による」何かを意味しているなら、形式化は可能で「ない」だけのことだ。それが問題の核心なのだ！

7——「知ることができない」という問題

訳者——ゲーデル型議論が意味する、(G)人間の数学者は〝知ることのできる健全なアルゴリズム〟は用いていないないについて、前節では「健全な」の部分が扱われた。この節では、「知ることのできる」の部分が論じられる。「知ることができない」のであれば、ゲーデル型議論は計算主義と矛盾しないではないか、と強弁することが可能なのだ。

ペンローズは、やはり、数学者個人の問題と数学の理想（あるいは数学界）の区別が肝要なことを指摘する。

7・1 数学者個人が知ることと数学界が知ることは違う

数名の論評者たちは、ゲーデルの定理があてはめられる「アルゴリズム」（あるいは形式的システム）がある意味で「知ることができない」（unknowable）という観点からゲーデル型議論を攻撃するのを好んでいる。あるいは、少なくとも議論をあてはめようと試みている**人物**にとっては不可知だから、ゲーデル型の議論はあてはめられない、と言う（たとえば、チャーマーズは、「時としてわれわれの行いが正しくない状態に迷い込むにしても、われわれは根元的に健全な能力を持っている」ことを進んで認めているようだ。ということは、『心の影』3・3節に出てくる私の「最初の議論」についての論評の中で、彼は、問題のアルゴリズムの「不可知性」に頼っているのだと思われる）。

原注　数名の論評者たち……チャーマーズ、モードリン、モラヴェク、そしてまたもやマクダーモット！

7・2

チャーマーズらを除く何名かの人々には、私のゲーデル型議論の使い方を、私が実際に提示した形態から「ねじ曲げて」受け取ろうとする、残念な傾向がある。

私は、抽象的な意味での「数学的理解」、あるいはせいぜい「数学界全体」を念頭においてゲーデル型の議論を使っているのに、それをねじまげて、もっと個人的な状況にあてはめようとするのだ。数学者たち全体に共通な証明手続きの元にある原理が、数学界の共通理解として可能なことは言うまでもない。それが私の主張のポイントなのだ。

ところが、**私の論点を勘違いして、個人の数学者の中に自分の「個人的アルゴリズム」を知ることができる人がいては大変奇妙なことになる、と騒ぎ立てる人々がいる。**おまけに、私自身が自分の頭の中にある個人的アルゴリズムを知っていると主張している、とまで勝手に憶測をひろげてしまう（たとえばマッカラフ、モードリン、モラヴェクの決めつけによれば）。もし私が自分自身の頭の中のアルゴリズムに行きあたったら、私はどんな矛盾に陥るだろうか、という手前勝手な形をとって、彼らは私のゲーデル型議論を攻撃するのだ！

「相手を煙に巻くような本質と関係のない主張」をやってのけるためには、そのような手続きは効果的だろう、しかしこうした方法で議論をすすめることは明らかに無意味だと思う。なぜなら、そうなると、議論は私が実際に唱えたものと意味的に変わってしまうからだ。

7・3

特に不毛なのは、モラヴェクの「ペンローズはこの文を誤信するにちがいない」とかマッカラフの「この文はロジャー・ペンローズのつけいる隙のない信念ではない」とかいう定式化である。ゲーデルが元々提唱した特別の文の性質を、これと似た言い方で理解する方法もあるが、私自身の（そしてゲーデルの）議論の本質をこのような方法で言い表そうとするのは、明らかに風刺的な言い換え以外のなにものでもない。

ほんの少しばかりましなのは、「この文が真であることをつけいる隙のないほど信じることができる数学者はいない」とか「この文の真理を受け入れることができる意識的な存在はいない」だろう。それらが一目瞭然、もともとの自己矛盾の断定である「この文は偽である」に類似しているからだ。

『心の影』の3・24節で、私は、本のはじめのほうで使った種類の論法（3・16だが、本稿の3の論法でもあり、3・14も含む）が、この種の方法で本質的に自己矛盾になりうる可能性について明快に述べたつもりだ。私がその可能性がない、と思うのは、3・24で論じた理由による。この特別な問題について私に異論を挟もうという論評者たちは一人もいなかったので、おそらく彼らも賛成しているものととってよいのだろう！

7・4

チャーマーズ、モードリン、マクダーモット、モラヴェクが実際に唱えているのは、問題のアルゴリズムを「知ることができない」かもしれないということだ。彼らは、個々の数学者の思考プロセスの効果的なシミュレーションを行うためには、ほとんど想像できないほど込み入ったアルゴリズムを構築しなければならないと主張している。もちろん、この問題については、私も十分に考えている（！）。だからこそ、私は、自分自身の論議をこれと全く違った方法で定式化したのである。

7・5　単純な議論と込み入った議論

『心の影』では、二種類の議論を提出した。「単純な」議論と「込み入った」議論である。私には単純なほうだけで十分だが、それは、基本的にこの論文の4節で引き合いに出した「裸の」ゲーデル型議論で、ある測りがたいアルゴリズムの規則にやみくもに従っているというよりは、自分たちが「実際に自分がしていると思っていることをしている」という数学者たちの信念にあてはめられる（3・1の冒頭の議論と3・8の最後の議論）。

したがって、数学者たちが利用できる手続きはすべて知ることができるに「決まっている」のだ！

論評の中で、今の議論に関係がある唯一の見解は、マクダーモットの論評の終わりにあるものだ。彼は、意識的理解は「きわめて単純な」何か（なぜなら「意識は大した問題ではないから」）になるだろうと述べている。私は「理解（understanding）は単純で常識的な外見をしている」と述べた（『心の影』、原書一五〇ページ）。だが、もし実際に単純な何かなら、それは、計算不可能な何かでなければならないのだ。さもなければ「裸の」ゲーデル型議論の餌食になってしまうからだ。その場合、マクダーモットが喜ぶとはとても思えないが、彼はこの特別な問題には触れていない（余談だが、モードリンのような何人かの論評者がなぜ、『心の影』第一部の論議のほんの微々たる不備をもってしてすべての議論が覆されると主張しているのか、理解に苦しむ。事実、そこにはいくつかの異なる議論が提出されているので、別々に論破されるべきなのだ！）

原注　「裸の」ゲーデル型議論の結論は、『心の影』七六ページ〔本節冒頭〕の結論（G）である。

込み入った線での議論のほうは、数学者たちは「本当に彼らがしていると考えていることをしている」のではなく、ある種無意識の測りがたいアルゴリズムに従って行動しているのだ、という見方をとる人々に対して向けられている。このアルゴリズムが何なのか、あるいは、いくつかの見かけは異なるが、事実上は等しいアルゴリズムが何であるのか、われわれには知る術がないので、私は全く違ったアプローチを採用している（『心の影』3・7節）。それは、考えられるかぎり、どのようにしてそのような測りがたいアルゴリズムが生じるかを吟味することである。特に3・8で扱った自然淘汰の役割の問題については、先に5節でも触れたが、私が論じた他の可能性は、意図的なＡＩ構造のある種の形態で、『心の影』の3章、3・9節で前面に押し出されていた論点である。

7・7

どのようなアルゴリズムが個々の人間の数学者の脳の物理的働きを説明するか、あるいは、どんな複雑なコンピューター・プログラムが架空の知的な数学実行ロボットの個々の行動を制御しているかを「知ろう」と努めるかわりに、私はそのようなロボットの進化の根底にあるであろう、計算上のＡＩプロセスの一般的なタイプを考える。

私は、今そのロボットのコンピューターの脳が実際にどのように配線されているかを知る必要はない。なぜなら、私は、「積み上げ方式」手続きが、ほとんど想像を絶する複雑さを持つ最終製作品をつくりだすことを受け入れる覚悟ができているからだ。それにもかかわらず、ロボットの基本的な構造に組み込まれている「メカニズム」は実際に認識できるだろう。事実、このようなメカニズムは、実質的に、すでに知られていると主張してもかまわない（私が知るかぎりでは、モラヴェク[28]が実際に主張している）。

モードリン、マクダーモット、モラヴェクによって明らかに見落とされた点だが、われわれの架空のロボットのコンピューターの脳によって実行されると思われる「実際の」アルゴリズムよりむしろ、このようなメカニズムのほうを考究するほうがいいのだ。なぜなら、実際に知的なロボット――数学が理解できるほど知的な――の構造に組み込もうとして考えられたＡＩプログラムについてなら、現代のコンピューター科学の一般的な枠組みの中でそのメカニズムを知ることができると推測されるからである。

原注　「積み上げ方式」手続き……ニューラルネット、遺伝的アルゴリズム、ランダム入力、そしてロボットたち自身に適用されているだろう自然淘汰プロセス、さらに適切にシミュレートした環境も含む（『心の影』３・10参照。マッカーシーとマッカラフ、マクダーモットはそれに気づいている）。

8――AIとMJC

訳者――「MJC」はMathematically Justified Cybersystem、すなわち、「数学的に正当化されたサイバーシステム」でロボットを表し、同時にMessiah Jesus Christ、すなわち、救世主イエス・キリストにかけている。

「AI」はロボットをつくったAlbert Imperator、「アルバート大将軍」でArtificial Intelligence、すなわち、人工知能にかけている。ちなみに、Imperatorはローマの凱旋将軍に与えられた称号で、最高司令官、支配者の意味。

8・1 ファンタジー対話について

『心の影』の3・23節の「ファンタジー対話」は、主要な議論のまとめになっている。MJCが「自身のアルゴリズムを簡単に〝会得する〟」だろう可能性をモードリンがあざ笑うのは、問題を理解しそこなっているからである。AIの手続きについて「知ることができない」ことなど存在しない。さもなくば、人々が実際にAIを「実現しよう」と努力する意味がないだろう。

8・2

ファンタジー対話のなかの議論の一つの狙いは、モラヴェクが属するAIの「楽観的」学派による、

すべての人間の精神的性能を超えることができるロボットたちが実際に作られるのもそう遠い将来ではない

という主張を突くことであった。特に、そのようなロボットは、どんな人間の数学者よ

りも抜きん出た数学的思考を行うことができる。これは実際、AIに関する楽観的なスタンスからすれば当然の結果と思われ、AI主義の観点から特に「突飛な」ものでもない（マクダーモットが主張するように）。

MJCに私が与えたキャラクターは、「人間よりは少しすぐれた数学的理解と、非常に効果的な直接計算の能力を持ったロボット」であった。そのため、その元もとの構造メカニズムの純粋に計算的な側面を理解することには全く何の困難もない（当然、アルバート大将軍は知っていたのだが、計算的に非常に込み入っていることは確かだ）。一方、MJCは一定の論理的問題点の微妙さを正しく識別するのに比較的時間がかかってしまう——それでも、人間の数学者に必要な時間よりはるかに短いが。

8・3

このことは、モラヴェクが示唆しているように、性格づけにおける「不調和」(incongruity) だとは私には思われない。もちろんMJCは最後には気が狂う——しかしそれがなぜいけないのか？　MJCは単に、「自分が発生できた唯一の方法は、神が神のアルゴリズムを自分のメカニズムとして移植してくれたことだ」という論理的結論に追い詰められたのである。しかも、そのメカニズムの一部である「偶然の」要素を通して。それはマクダーモットが考えているように、その頭文字が「救世主イエス・キリスト」(Messiah Jesus Christ)を表していることにMJCが突然気がついたという問題ではない(この頭文字は単に、読者への小さなジョークのつもりで、実際の話のすじとは関係がない)。

実際、マクダーモットは話の要点を合点するのが異常に遅いように思える。彼が実際にその要点に到達したことがあるとすればだが(彼は要点が全くわかっていないようだ。それは、「Ω(Q)に☆を添付する」ことについての彼のコメントを読めば明らかだ。彼は前記3節で繰り返し行われた中心的な議論を理解していないのだ。モードリンがこの点を見落としているのも明らかだ。この対話は「コンピューターがチューリング・テストに落ちる」ことと全く関係がないからだ。モラヴェクのロボットも見当外れだし、マクダーモットとモードリンは同類だ!)。

私は、計算的に制御されたロボットがMJCが示すのと同じようなすらすらと滑らかで知的で論理的に正しい対話を成し遂げられるとは、決して信じ「ない」。それが背理法の要点である。最終的には論破しようとするものの、とりあえず、前提のすべての含意が正しいと仮定するわけだ。最後に矛盾が生じて、前提が崩れ去るのである。今の場合、前提は、「計算上のAIの手続きが知的な数学実行ロボットをつくり出すことができる」というものである。もちろんそのような架空のロボットは、数学だけでなく他の方法ではっきりと発音し知的にしゃべることができるかもしれない。しかし、それは私がこの前提を信じることを意味しない。

8・4

一言付け加えておくと、このファンタジー対話は『心の影』第3章の議論「すべて」を実際に要約しているわけではない。特に、「間違い」議論（前記6節参照）に対する3・17〜3・21節での反論のほとんどを要約していない。その討論はすでに長くなり、込み入りすぎてきたと感じたので、私はそのほとんどを無視するのが得策だと思ったのだ。くわえて、対話が展開した方向から、MJCが横柄な性質を持つのが適切に思われたのだ。重大な間違いをこうむることを認めるために必要な人間性を獲得することをMJCに許すことで、話の趣を変えたくなかったのだ。

8・5

ある意味でこれはおそらく不運だった。なぜなら、もっと「現実的な」バージョンのMJCが時々間違いを犯すことを認めることによって、モードリンとマクダーモットに簡単な打開策を与えたかのような印象が残ってしまったから。しかし、それでは『心の影』と前記6節で言及したように、「間違い」議論の要点を見落とすことになるのだ。

9——数学的プラトン主義

訳者——数学的プラトン主義は、数学の対象をあたかも実在するかのごとく扱う。もちろん、プラトン主義には、より哲学的な側面もあり、ペンローズはあくまでも「数学的」プラトン主義者である。

9・1 私は「数学的」プラトン主義者である

私の数学的プラトン主義について一言。実際に、前記6節で提出した「間違い」に関する私の主張のある点は、ある人々にとって不適切な「プラトン主義」(Platonism) というつったことだろう。なぜなら、観念化した数学的議論をまるで特定の数学者の思考と無関係な実在として扱っているから。しかしながら、抽象的な概念を他のどんな方法で論じることができようか。数学的証明は抽象的な観念——一人の人からもう一人へと伝達することができ、特定の個人に固有のものではない観念——である。**私が主張するのは、ある個人がたまたま都合が良いと考える特定の具象的実体と無関係に、数学的な「観念」を実在（もちろん、物質的な実在ではないが）として話すことに意味がある、ということだけだ。**このことは、「プラトン主義的」哲学への傾倒を意味するものではない。

9・2

さらに、『心の影』第一部で必要だった特定のゲーデル型議論で、Π-文（あるいはΠ-文の否定）以外のどんな数学的命題も「つけいる隙のない」とみなす必要はない。プラトン主義の非常に弱い形においてさえ、Π-文の真偽は絶対的問題である。モラヴェクのロボットでさえ、Π-文に関してはほかの態度をとりようがないはずだ（ただし、強力な直観主義者[訳注12]の中には、証明されていないΠ-文に不安を感じるだろう）。

フィーファーマンが、たとえばポール・コーエン（Paul Cohen）がプラトン主義者か、そうでないかという問題を持ち出すときに言及しているような問題ではないのだ。コーエンのような人々——あるいはゲーデル、フィーファーマン、さらには私自身も——の心に疑念を生じさせるだろう問題は、巨大な無限集合に関する数学的言明の真理の絶対的性質についてのものだ。そのような集合は、漠然と定義されているか、問題となる側面をいくつか持っているのだ。

『心の影』で提出したどんな議論にとっても、非常に巨大な無限集合が実際に存在するか否か、あるいは、存在するかしないかは規約の問題かどうかは、たいして重要ではない。フィーファーマンは、私がコーエン(あるいはゲーデル)に帰したプラトン主義は、その存在が規約の問題ではあるような集合が「存在しない」ことを必要とする、とほのめかしているようだ。だが、私は断じてそのようなことを主張しているのではない——少なくとも私自身のプラトン主義の形は、私がそのような極端に走らなければならない必要があるとは要求していない。

ちなみに、私は最近コーエンの知人と話す機会を持ったが、彼は、「自分ならコーエンのことを確かにプラトン主義者と評するだろう」と言っていた。だからどうだというものでもないが、**実際の数学者たちのほとんどは、少なくとも「弱い」プラトン主義者であるというのが私の個人的印象である。**フィーファーマンには、デイヴィス(Davis)とハーシュ(Hersch)が彼らの本『数学的経験』(4)で報告したこの印象を追認する数学者たちの非公式な調査を見てもらいたいものだ。

訳注12　直観主義者……現代直観主義数学はオランダの数学者ブロウェルによって始められた。直観を重んじ、主に無限を扱う場合にいろいろな制限を設ける。この立場では、たとえば、「AまたはAでないかのどちらかだ」という論理学の排中律は一般には認めない。

9・3

ある種の非常に大きな集合の「存在」についての問題は、ある種のΠ₁文の真偽と関係するかもしれない。それゆえに、そのようなΠ₁文に関する数学者の信念は、そのような集合の存在に対するその数学者の態度によって影響されるかもしれない。この問題に関する疑問は『心の影』、2・10節でQ11の答えとして論じられており、ゲーデル型結論Gを妨げる重大な問題はないと結論している。フィーファーマンは、この問題にコメントしていないので、異論なきものと思わせてもらう。

10――ゲーデルの定理は、物理学と関係があるのか？

訳者――「人間の発言や書くものは有限なのだから、国会の想定問答集のようなものをあらかじめコンピューターに入れておく（答えを「缶詰」にしておく）ことにより、人間の知能は完全にコンピューターでシミュレートできる」とモードリンは反論する。

これに対して、ペンローズは、

●「あらゆる状況に対処できる想定問答集をつくるのは複雑すぎて事実上不可能だ！」

●「そもそも、その想定問答集は誰がつくるのだ。知能を持った人間のプログラマーでしょ！」

という点から論破している。

10・i　有限性をもとにしたモードリンの反論は無意味だ

モードリンは、「人間の数学者たちも物理的な物体なのだから、彼らの行動から、物理法則について、重要で新しいことを推論することができる」という私の持論に疑問を投げかけている。[原注6] 私が理解するかぎり、モードリンの基本的な主張は、「数学者たちの計算可能性、あるいはその逆の計算不可能性は、外からは観察できない」ということだ。

この主張は非常に奇妙なものだと私は思う。モードリンは、私の見解を「強力な議論」と名づけ、それが「明らかに不健全」であると言っている。その強力な議論は、

「意識を持った人間の外面的な行動を確かに創り出すことができるコンピューターは存在しない」

それゆえ、物理的物体（たとえば、人間）のふるまいには計算を超えた何かがあるはずだ

というものだ。

モードリンの反論は、人間の出力全体の「有限性」(finiteness)に立脚しているように見える。ある人間の総出力数[訳注13]がどれくらいであろうと（そして彼の言う「人間」はもちろ

ん「ペンローズ」だ！）、その出力は実際に有限だろう。したがって、少なくとも原則として、その人物の行動をシミュレートできるある種の計算プログラムがある、というのだ。[原注7]

これは非常に奇妙な理由付けである。もしモードリンが正しいとすると、物理的理論について、観測から得られるどんな演繹も無効になってしまうからだ。たとえば、太陽系の観測に関するデータ数は、結局のところ有限なので、これらのデータは、根底にあるどんな物理的理論とも全く関係のない、十分に巨大なコンピューターの出力として作りだすことができる（あるいは、それらは十分なパラメーターの自由度によって、プトレマイオス理論や空飛ぶ二輪戦車などという間違った理論を支持するために用いられるかもしれない）。

私はどうしてもモードリンにこう言わずにはいられない、「頼むから無茶を言わないでくれ！」。

訳注13　人間の総出力数……人間はしゃべったり書いたりして情報を「出力」する。でも、無限にしゃべり続ける人はいないから、その出力は有限なのである。

もちろん、あらかじめ用意された答えの数々(canned answers)は原則として、どんな答えも提供することができる。その答えの〝缶詰作業[訳注14]〟が無限に続くことを許されるなら、無限の数の答えさえ提供できる。しかし、チューリング・テストの「核心」(チューリング自身がよく理解していたように)は、それが質問と答えの応答形式をとっていることだ。単純にすべての可能な選択肢をメモリに用意して、質問、そこから派生するであろう質問、さらにそこから派生するであろう質問への質問……と考えられるすべての可能性を考慮に入れるのは全く「実際的」(practicable)ではない(ちゃんとしたCD-ROM用プログラム、あるいは、読者が思いつくであろうすべての反論に「あらかじめ答えておこう」とする『心の影』のような本を書こうと考えたことがある人なら誰でも、私が言わんとすることがおわかりだろう。比較的短い推理連鎖においてさえ、爆発的に複雑さが増すにちがいないのだ)。

モードリンは複雑性の爆発という問題に触れているが、そこから適切な結論をくみ上げてはいない。

訳注14　缶詰作業……たとえば、初期の人工知能の有名なプログラムに「ドクター」という精神分析のシミュレーションがある。そのプログラムには、あらかじめ、「もう少し、その話を続けて」とか「ふんふん、あなたのお父さんがですか」などといった予想される返答がたくさん「缶詰」にされて

いた。役人が国会答弁の想定問題集をつくっておくようなものである。「ドクター」では、患者の立場の人がキーボードから入力した「兄弟」といった言葉を使って、「ご兄弟について、もう少し詳しく話してごらんなさい」と返答することなども可能だった。英語の勉強で「決まり文句」のパターンをたくさん暗記しておくようなものである。

10・3

私の論点は、**コンピューターに「正真正銘の理解力」がなければ、結局のところ、十分に微妙な質問にさらされたときにそれが露見してしまうだろう**、ということだ。すべての可能な選択肢を事前に把握しようというプログラマーの最大限の試みを用いて、山のように貯えた情報を駆使して、知的な返答をまねようとすることは、絶望的にむなしい努力だろう。

モードリンは有限性の議論を提起することによって、決定的な論理的（「原理的」）主張をしたと信じているように思われる。しかし、彼は自分が人間に押しつけている有限の限界よりも指数関数的により大きな有限の貯蔵限界[訳注15]を持つことを自分のコンピューターに許しており、全く不合理だ。

実際、缶詰された返答に伴う（あるいはプログラムが「表を読みにいく」場合に伴う）

この「指数関数的」爆発こそ、モードリンの提案への決定的に論理的（「原理的」）な答えなのだ。このことは有限の場合と（理想化された）無限の両方の場合に当てはまる。αが有限であろうと無限であろうと、

$$2^{\alpha} > \alpha$$

であり、この不等式はゲーデルの定理で用いられたのと同じ種類の対角線論法（カントールの元もとの論法）から出てくるのだ。

訳注15　指数関数的により大きな有限の貯蔵限界……これは「あらかじめ缶詰された返答」方式の一般的な特徴である。

10・4　「想定問答集」をつくってコンピューターに入れるのは人間である

実は、有限性の問題は『心の影』で論じた（2・6節のQ7、Q8への答え）が、少し違った角度からだった。モードリンはこの論議に触れているが、内容を誤解しているようだ（バーズも、動いているチューリング機械の「無限のメモリ」についての幾分混乱した並列／直列の懸念を表明しているところで、「有限性」の問題に触れているが、それにつ

いての私の論議、あるいは関連した1・5節には言及していない)。

その論議の中で私は、「人間は、数学的な質問[訳注16]に対して、単にすべての正しい答えを列挙して、答えを出せるのか?」という問題を提出した。

Q7に対する返答で、私は「答えを列挙する」というまさにその過程が、確かな真理判断を必要とすることを指摘した。このことはモードリンにあっさりと無視されたが、計算不可能性の議論の核心をはらんでいるのだ。

あらかじめ缶詰された返答として、Π-文への「正しい」答えを列挙するのを可能にするためには、モードリンの「コンピューター・プログラマー」が、あらかじめ、どれが実際に正しい答えなのかを判断するための(計算不可能な)理解力と思考力を持っている必要があるのだ! 『心の影』で「ほとんど勝ち目はない」と私が言ったのは、人間のプログラマーの理解力なしには、この種の数学的難問に答えを出すことなどできない、という意味だ。

モードリンの立場は全く違っていて、彼は要するにプログラマーがこの理解力を持つことを許されていることを前提としており、これでは論点となっている計算不可能性そのものを仮定して論をすすめていることになる。

訳注16　数学的な質問……たとえば、Π-文の真偽を決定するというような質問。

10・5　計算不可能性と決定論

しかしながら、その他の人々が私につきつけた幾分関係のある問題がある。それは、「人間はどうやって、観測だけを用いて、物理的世界が計算不可能かどうか、知ることができるのだろうか？」という問題だ（ここで、人間のような極端に高度に精巧な物理的物体の行動に対する問題は脇へおいておくことにする。私は直接的な物理実験のような事例をとりあげる）。この問題は幾分関連のある「決定論」(determinism) の問題に匹敵すると私には思われる。

人間はどうやって、直接の物理実験によって、物理的世界が決定論的かどうか、知ることができるのだろうか？

もちろん、誰にもできはしない——単にそのような実験だけでは。しかしなお、物理的物体の古典的なふるまい[訳注17]は実際に決定論的だという暗黙の了解がある。すなわち、ニュートンやマックスウェルやアインシュタインの「理論」が決定論的であるということだ。それは数学的に示すことができる。その理論をいろいろとテストするための複雑な実験や観測を考えればいいのだ。そしてもしその理論の予測が確証されれば、その理論の他の側面、すなわち決定論的であるという性質も、宇宙のふるまいに当てはまるにちがいないと（その理論が妥当であるとされた適用限界内の近似の度合いに応じて）われわれは結論するのだ。

したがって、古典的なレベルと量子レベルを結びつける新しい物理理論も計算不可能な理論になるだろうと私は主張する。もちろん、私はここでは不利な立場にある。なぜならこの理論は未だ発見されていないからだ！　しかし総体的な話の核心は変わらない。

訳注17　古典的なふるまい……「古典的」という言葉は、「量子的」という言葉の反対語。すなわち、量子力学の発見以前の物理学（ニュートン！）が古典物理学なのである。古典物理学と量子物理学との大きな違いは、理論が決定論的かどうかである。量子論は、確率的な予言しかできないが、ミクロの世界を扱うことができる。古典論は、決定的な予言ができるが、マクロの世界しか扱うことができない。そこで、問題は、ミクロとマクロの境界がどうなるか、ということになる。

11——物理学は実際に役に立つのか？

訳者——「物理学は意識の問題と関係ない」と主張する人々に対して、ペンローズは、「現在の物理学ではなく、物理学の革命である量子重力理論が必要なのだ」と反論する。

「今の物理学で十分ではないか。現行の理論で宇宙のすべてがわかっているのだから」と主張する人々に対して、ペンローズは、「意識の問題を度外視しても、物理学に革命は必要だ」と反論する。

11・1 意識を説明するには物理学革命が必要だ

バーズ、チャーマーズ、フィーファーマン、モードリンは、「これまでに〝どんな〟物理理論が、心、意識、クオリアなどについて語る上で重要な役割を果たしたか」と物理学の効能に疑問を投げかけており、クラインはこの件への説明をもとめている。フィーファーマンによれば、たとえば、意識の議論を物理学の方向へ押しやろうとする私の試みは、単に一つの「〜に他ならない」式の理論を別の理論に置き換えているにすぎないという。すなわち、「意識的な心はコンピューターに他ならない」を「意識的な心は素粒子物理学に他ならない」に置き換えているにすぎないのだという。他の論評者たちも、事実上、同様な懸念を表明している。

しかし、私が言わんとしていることは全く別なのである。私は素粒子物理学にいかなる答えをも期待してはいないのだ。私が主張しているのは、物理学理論の土台そのものをくつがえすであろう「どんでんがえし」(radical upheaval) なのだ。

11・2

とはいっても、この「どんでんがえし」は、あまり観測できる効果を持つ必要がない。これは奇妙に思われるかもしれないが、われわれには重要な先例があるのだ。アインシュタインの一般相対性理論である。一般相対性理論は、その観測的な結果のほとんどに関して、ニュートンの重力理論と一致している。それでもなお、実際に物理学理論の根本そのものをくつがえしてしまったのだ。「重力」(gravitational force) の概念は消えうせ、背景にある平らなユークリッド空間の概念も消えうせた。時空の構造そのものがゆがめられ、エネルギーと運動量の密度が、いかなる形態であっても、このゆがみの程度に直接的な影響を及ぼすのだ。ゆがみの生じる方法そのものが重力を表し、その影響下で物体がどのように移動するかをわれわれに教えてくれる。この時空構造の中に自己伝播する波が発生し、そして不可思議な非局所的方法でエネルギーを運び去る。

長年にわたってアインシュタインの理論への観測的な支持はどちらかというと皆無に近かったが、最近では、ハッキリと、アインシュタインの理論は一〇〇兆分の一の精度[訳注18]で確認されている、と言うことができるようになった。これは、他のどんな物理的理論よりも正確だ（『心の影』、4・5節）。

訳注18　一〇〇兆分の一の精度……連星系のパルサーは、中性子星が二つ対になってぐるぐる回転しているが、重力波を放出してエネルギーが減少する。その結果、互いの距離が縮まって、回転周期が短くなる。パルサーからは灯台のように電磁波のビームが出ているので、これを長期にわたって観測すると、たしかに周期が短くなる。ニュートンの重力理論では重力波は存在しないので、この効果はアインシュタインの一般相対性理論に特有の結果なのである。ただし、一〇〇兆分の一の精度というのは、二〇年にわたる観測の積み重ねによるもので、他の理論との直接の比較はできない。

11・3

私が待ち望んでいるのは、少なくとも、これと同じ程度の科学革命だ。

ニュートン理論から一般相対性理論への脱皮と同じくらいの変革によって、量子論が脱皮すべきなのだ。

しかしながら、私が先に記した、ニュートン物理学の基礎そのものをひっくり返した絶大な変化でさえ、物理的に決定された宇宙の中にある精神性の難問を解決する助けにはならなかった、と主張する人たちもいる。その議論の重要性を私は否定しない。しかしわれわれはまだ、きたるべき新理論の形態すらわからないのだ。それは、われわれが慣れ親しんできた物理的理論とはかなり違った性質を持つかもしれない。精神性自体がその形態と構造からそんなにかけ離れていないかもしれない。

仮に百歩譲って、精神性の問題を度外視したとしても、私の考えでは、科学革命が必至であると信じるに足る十分に強力な理由が物理学の内部から生じてきているのだ（バーズは、「そこには未だ反乱を起こすべき対象がない」という言葉のなかで、この重要な点を認識しそこねている）。

11・4

アインシュタインの理論は、重力の現象をどのように描くかという問題と関係していた——惑星と星と銀河を操っているその作用、そして宇宙の大規模構造を形作っている作用である。これらの現象は、われわれの脳のふるまいを制御するプロセスに直接的に関係していないし、実際にわれわれの精神性（心）の基礎になっていると思われるプロセスにも関係していない。私が求めているのは、精神のプロセスに関連したスケールで起こるであろう革命である。われわれが探している物理学革命は、（古色蒼然としたニュートン理論からの革命的変化であった）アインシュタインの理論に左右されるにちがいない。

11・5

こんなことを言うと、多くの人々を困惑させることはわかっている。実際、私が本気でそのようなことを主張したかった相手である大勢の「物理学者たち」が困惑しているにちがいない。重力相互作用が効いてくるスケールが、脳の中で作用する現象のスケールと完全に違って見えるからだ。

この際、ちょっとした説明が必要だろう。

私は、脳で起こっている物理的プロセスに対して重力相互作用が何らかの重要性を持つにちがいないと主張しているのでは断じてない。要点は全く違っている。そうではなくて、私は重力に関するアインシュタインの見解が量子論の構造に与えるだろう影響のことを言っているのだ。

標準的な量子論がわれわれに信じさせているように、量子の重ね合わせがずっと持続し続ける代わりに、そのような重ね合わせは「不安定な」状態を構成するのだ(31)。さらに言えば、少なくとも一定の非常にはっきりした状況において、この崩壊（収縮）時間は計算することができるにちがいない。

多くの物理学者たちはおそらく、アインシュタインの一般相対性理論と量子理論とを統一しようとする枠組みに現れる時間スケール、距離スケール、質量スケール、エネルギー・スケールも脳の問題からはかけはなれている、と考えるだろう。実際、量子重力に適切な時間スケール（〜10^{-43}秒）は、素粒子物理学で起こるとみなされている最も短時間のプロセスよりも大きさにして約二〇桁も短いし、適切な距離スケール（〜10^{-33}cm）は、陽子の直径よりも大きさにして約二〇桁も小さい。適切な質量スケール（〜10^{-5}g）はほぼノミの質量で、あまりにも大きすぎるようだし、適切なエネルギー・スケール（〜10^{18}ergs）[訳注19]は、ガソリン一缶が爆発するときに放出されるエネルギーとほぼ一緒である。

しかしながら、細部を検査してみれば、これらの数字は一緒に結託して（あるものは小さすぎ、他のものは総じて大きすぎるため）、実際にきわめて適切なスケールの効果を生ずるのだ（詳細については、本書「意識は、マイクロチューブルにおける波動関数の収縮として起こる」を参照）。

訳注19　erg……エルグ。エネルギーの単位。一エルグは一〇〇〇万分の一ジュール。

11・6

「精神性を物理的な用語で理解することなんてできやしない」と多くの人々は主張する。おそらく、実際、われわれは完全に理解することはできない。しかし、適切な方向へのある種の前進はできるだろうと私は信じる。私が主張する量子状態の収縮[訳注20]は、分岐と、いくつかの選択肢から時空の形状そのものを選択することに関係している。さらに、時間の性質と時間の流れに対する根本的な問題がここで生じてくる（クラインの論評に関する本論文13節を参照）。

私はこれらの問題が、それ自体、人間の精神性のパズルを解くだろうと主張しているのではない。それらは、関連した新しい方向をわれわれに示し、そのことで精神性の問題が提出する疑問の性質そのものを変えることができるだろう、と主張しているのだ。

訳注20　私が主張する量子状態の収縮……「OR」すなわち、客観的な状態収縮（objective state-reduction）。

11・7　AI研究者や哲学者は物理学を過小評価しすぎている

AI研究者や哲学者の多くは、われわれの宇宙のふるまいを実際に支配している物理的法則の持つ重要性を過小評価する傾向があると私は思う。どんな理由で、「精神性がこれらの特別な法則を必要としない」と本気で仮定しなければならないのか？

この世に現れる意識は、ある種独断的に選ばれた一連の法則によって制御できるのだろうか？　それはモラヴェク[28]が示唆したように、たとえば、ジョン・コンウェイ（John Conway）の「ライフ・ゲーム」[13、33]の範囲内で起こるというのだろうか？　コンウェイの「おもちゃの宇宙」の規則はたしかに独創的だが、それはニュートン力学の繊細な洗練度[訳注21]——人々が当然のことと考えている洗練度——を持ち合わせてはいない。そして、ニュートンの考え方の並外れた有益性にもかかわらず、ニュートン流では、原子の性質と安定性といったあまりにも基本的な問題を説明することさえできないのだ。

われわれに量子理論が必要なのはそのためだ。そして量子理論でさえ、原子のふるまいを完全に説明することはできないのだ。なぜなら、その説明には、シュレディンガー方程式のユニタリな発展と量子状態―ベクトルの収縮[訳注22]の奇妙な掛け合わせ（hybrid）を必要とするからである。結局、原子の独特の性質と安定性を説明するためでさえ、われわれは「根本的な」レベルで、今日のものよりも、もっと良い物理学の理論が必要なのだ。

訳注21　洗練度……ニュートン力学は理論としては高度に完成されており、数学的にも哲学的にも洗練されている。それに対して、コンウェイの「ライフ」のような発想は、理論としては、未だ洗練度を欠いている。

訳注22　『心の影』では、シュレディンガー方程式のユニタリな発展（unitary 〈Schrödinger〉 evolution）と量子状態ーベクトルの収縮（quantum state-vector reduction）をそれぞれ「U」と「R」と略記した。「U」と「R」は、実際にはお互いに両立しない。

11・8

物理学――そしてしばしば根底をなす特定の物理的法則の詳細な性質そのもの――が、われわれの知っている洗練されたふるまいをする世界のほとんどに欠くことができないのは疑いようがない。ならば、なぜ、世界の中でわれわれが知っている最も洗練されたふるまい、すなわち「意識的な生きている人間のふるまい」が、これらの法則の詳細な性質そのものに左右されないと言い切れるのだろう？

先に指摘したように、われわれはこれらの物理法則の性質を完全にわかってさえいないのだ。その最も基本的な側面のいくつかでさえも。意識を説明できる、宇宙を記述する新しい法則の必要性とは全く無関係に、新しい理論が必要とされているのだ。しかしながら、

物理学者たち自身、しばしば、必要なことは「すべて知っている」という思い込みにどっぷりつかってしまうのだ。

「今や、生物学的活動の基本的な原理すべてを知っていると、大勢の人に信じさせているのは、単に現代の傲慢にすぎない」という、マクダーモットが『心の影』原書三七三ページから引用した言葉には、奇妙な皮肉がある。彼はその言葉を、主にAI界に狙いを定めたものととっているからだ。実際のところ、私が主に念頭に置いたのは「(理論)物理学者たち」だったのだ。「もう自然は解明しつくされた」という勇み足の世界像を物理学者たちから教えられているのだから、私は生物学者たち、あるいはAI研究者たちを非難するつもりは毛頭ない。

しかし、おそらくマクダーモットは正しい。というのは、AI研究者たちの中には、高エネルギー物理学者とほとんど同じくらい傲慢と思われる人たちがいるからだ(それもはるかに理由らしい理由を持たずに)。中には、物理的世界の最も深遠な謎が、その世界を支配している物理法則に全く関係なく答えられる、と主張しているAI研究家たちさえいるのだ!

11・9 無意識について一言

しかしながら、私は精神性の謎が「単に」正確な物理的理論を見つけることによって解決できると主張しているのでは断じてないことをはっきりしておきたい。きわめて重大な洞察が、神経生理学や他の生物学の視点からと同様、心理学からもきっと得られるだろうと思う。

『心の影』で目立った言及がなかったので、バーズは、私が「無意識」(unconsciousness)の存在を否定していると考えているようだ(『皇帝の新しい心』の中ではほんの少し無意識の心に言及したが)。私は無意識の存在と人間の行動へのその重要性の両方を十分に認めていることをバーズにもう一度念を押したい。『心の影』で無意識を論じなかった唯一の理由は、その問題を扱っても私には何も貢献できないからだ。私は「意識」の問題を、特に理解力の質に関連して、直接的に扱ったのだ。しかしながら、無意識の精神性の固有の役割を正当に評価することを抜きにして、完璧な描像は得られない、ということにはもちろん同意する。

12——状態ーベクトルの収縮

訳者——ペンローズは、通常の量子力学におけるシュレディンガー方程式の記述を「U」と略し、観測と関係したいわゆる波動関数の収縮を「R」と略す（それぞれ、英語の Unitary と Reduction のはじめの文字である）。ペンローズは、正統派のコペンハーゲン解釈における「R」が十分ではないと考え、より客観的な「OR」が必要であると主張する（Oは英語の Objective からきている）。

12・5以降のマイクロチューブルと量子論の話については、本書のもう一つの論文「意識は、マイクロチューブルにおける波動関数の収縮として起こる」を先にお読みください。

12・1　量子力学の観測問題には客観的な解決法が必要だ

論評者の中には、私の「量子状態ーベクトル案」に関して懸念を表明している人もいる。私は、通常の状態収縮「R」が、私が「OR」と呼ぶ「客観的な」収縮にとって代わられると思うが、ここには多くの誤解がある。「R」が何か「観察者パラドックス」と関係しているとの見方を私がとっている、とバーズは考えているようだが、それは明らかに私の見解ではなく、『心の影』の第6章ではっきり明言してあるはずだ。クラインはこの過ちを犯してはいないが、観測問題（R）が、形而上学と何か直接的に関係していると思っているようだ。これは「R」に関する私自身の「客観的な」観点とははっきり違っている。

12・2

モードリンは、私の「ボーム理論[訳注23]への反論」は、「本文から判読するのが不可能である」とし――私はそれについてそこで書いていないので驚くべきことではないが――私の「GRW理論への反論は明らかに決定的ではない」と訴えている。

GRWへの私の反論は、決め手にしようと意図したのではなかった。私の意見では、この案は非常に興味深いものだが、幾分、その場しのぎ（ad hoc）になりすぎるきらいがある。求められているのは（そしてこの案の発明者たちもきっと反対しないと思うが）、もっと納得のいくようにこの案を既存の物理学と調和させるなにがしかの方法だ。

実際ディオシ（Diósi）は一九八九年に、先に11節で触れた「量子重力」によってパラメーターの値が決定されるようにして、GRWパラメーターの特殊性を取り除いた、GRW型の新モデルの提案をした。[8]だが、ギラルディとグラシ（Grassi）とリミニが指摘したように[15]、ディオシのモデルは困難に直面した。

ディオシは改善策も示唆したが、別のパラメーターを再導入せざるをえなかった。**ディオシ‐ギラルディ‐グラシ‐リミニ提案は、『心の影』で（そしてもう一つの著書[31]で）私が提案したOR案にきわめて近い**というべきだろう。

これらの研究者たちは、計算不可能性に触れていないが（彼らの提案はもっぱら確率論的だ）、私と彼らの考え方の間に本質的な不整合はない。（明らかに確定的とは言いがたいが）『心の影』の7・8節と7・10節で、私は、この種の量子重力案が実際に計算不可能だろうと予期している理由をいくつか挙げたのだ。

原注　GRW……ギラルディ、リミニ、ウェーバーによるOR案（14）。

訳注23　ボームの理論……この理論は、ある意味で、「R」を理論に組み込んでいる。

12・3

モードリンはその最後の節で、『心の影』で宣伝されている仮の「OR」案が、量子論と相対論を統一する問題や、人間の認識力の難問を説明するすべての問題の解決になっていない、と不平を訴えているようだ。

いちどきにそんなに欲張らないでくれ！　私の仮提案は、完璧な理論を提出しようと狙ったものではなく（『心の影』の7・12節を読んでいる人なら誰でもきっと認めてくれるだろう）、単にそのような「ＯＲ」理論が見つかるとして、そこに出てくる収縮確率の桁の大まかな見積もりを与えるためだったのだ。

12・4

クラインは、量子論（そして量子場理論）の基本的な法則を最小限の簡潔さで紹介しているファインマン（Feynman）の好著、『光と物質のふしぎな理論——私の量子電磁力学』[11]を引き合いに出している。しかしながら、ファインマンはこの本で決して観測問題(measurement problem）を扱おうとしてはいない。

観測問題は、量子レベルの複素数値を持つ振幅がなぜ（そしていつ）、係数を二乗するというプロセスで、古典レベルの実数値を持つ確率になるのか、という問題に等しい。『皇帝の新しい心』の量子力学の章の執筆に着手する前に、私はアイデアを求めて『光と物質のふしぎな理論』に目を通した。しかしながら、私は観測問題をいくらか詳細に議論する必要があったので、ファインマンのアプローチは概して私向きでないことを発見した。

ファインマンは完全に観測問題を省いていたのだ。

ファインマンがこの問題について悩んでいたのは確かだが、自分の著作のなかで強調することはしなかったのだ。

ここに歴史的観点から見たおもしろさがある。そもそも、カロリハジー[21]に重力効果の点から状態―ベクトル収縮の説明を探求しようという動機を与えたのは、実際にはアインシュタインの一般相対性理論と量子力学の統一についてのファインマンの初期の悩みだったのだ(ファインマンはまた同じように私にも影響を及ぼした)。

そして、ディオシの特殊なアプローチはカロリハジーらブダペスト学派の研究から発生したのである。

原注　ファインマンの初期の悩み……一九五〇年代にチャペル・ヒルで開催された学会のためのファインマンの寄稿に記されていた。参考文献(12)の1・4節、一五ページ参照。

12・5　マイクロチューブルと量子論

クラインが言及した「状態の重ね合わせ」に関係した質問は、観測問題を本当には解決しない。また、正確にどこで(あるいはいつ)「R」が起こるのかを探し当てることの難しさについてのフォン・ノイマン（von Neumann）の指摘は、「R」現象の難解さを強調するだけだ。

しかしながら、**マイクロチューブル（microtubules）内部で量子的コヒーレンスを維持すること、そしてさらに重要なことに、このコヒーレンスに「シナプシスのバリアを飛び越えさせる」こと、に伴う生物学的困難を指し示していることではクラインは完璧に正しい。これがどのように達成されるのかを知ることが、私がスチュワート・ハメロフと一緒に提案してきたタイプの案の根本的な問題なのだ。明らかに、さらなる考察が必要とされている（本論文14節を参照。これに関連した仮の提案がある）。**

12・6

私はモードリンの誤解を指摘すべきだろう。彼は、私の「収縮理論が確率論的な収縮前提条件を提示し」それが「収縮の正確なタイミング」と関連していると考えているように思われる。これらのことについては私はどこでも言っていない。私が行った、提案された「OR」プロセスと不安定な素粒子（あるいは不安定な原子核）の崩壊現象との間の比較によって、モードリンの頭は混乱してしまったようだ。しかし私はどの段階でも、重大な計算不可能性が生じるのは量子の重ね合わせの精密な収縮「タイミング」による、などと示唆した覚えはない（しかし『心の影』の関連した部分を再読して、私が何を「言いたかったか」について、ちっとも歯切れが良くなかったことに気づいた）。

もちろん、詳細な理論はわかっていないので、関連する計算不可能性がそのタイミングによる可能性はあるが、私が思い描いていたのは全く違った何かで、もっと適切な何かだったのは確かだ。チューブリン（tubulin）の配列の動きがコヒーレントな量子的重ね合わせにからむようになるとき、チューブリン分子の質量移動が、「ＯＲ」が起こる（重大な環境の攪乱なしで）のに十分なレベルに達する、というのがその考えだ。それが起こるとき、自然は、重ね合わせにある配列状態から、選択を行うはずだ。それは「いつ」ではなくむしろ、重ね合わせの状態の中から「どれ」を自然が実際に選ぶのかという疑問だ。この種の選択は、実際にシナプスのふるまいに影響をあたえるかもしれない（これにはさまざまな可能性がある。たとえば、マイクロチューブルの中のチューブリンの配列状態は、アクチンを通して樹状突起に影響を及ぼすかもしれない。さらに、たくさんのマイクロチューブルが協同して働くことが予測されるだろう――個々の「ＯＲ」状態―選択プロセスは同時に多くのマイクロチューブルのなかで起こるだろうから。しかしながら、この段階であまりに詳細に議論しても意味がない）。

計算不可能性が実際に登場するのは、自然が下すその「特定の」選択においてであろうし、この特定の選択（おそらく少なくとも数千のニューロンを含んでいる、脳のかなり大きな領域における大局的な選択）は、結果としてたちまち、シナプスの強さの微妙な協同的な変化を招くだろう（本書前掲の「意識は、マイクロチューブルにおける波動関数の収縮として起こる」参照）。

13——自由意志

訳者——自由意志の問題に関しては、ペンローズは比較的慎重な態度をとっている。計算主義者は、「すべてが計算なのだから自由意志など存在しない」と主張する。自由意志を尊重する人々は、「人間の意志は計算できないし、計算不可能な数学理論とも関係ない」と主張する。ペンローズは、「計算は論外だが、計算不可能な数学理論なら自由意志を記述できるかもしれない」と考えているようだ。そして、リベットの研究に秘密を解く鍵が隠されているのではないか、と強い関心を寄せている。

13・1 自由意志と（計算不可能な）数学理論は必ずしも矛盾しない

どんな種類の理論がこれらの選択を決定するというのだろう？計算主義をこころよく思わない多くの人々は、それらを決定するためのどんなタイプの数学的理論体系をもこころよく思わないのだ。彼らはここにこそ「自由意志」(free will) が登場すると主張するだろうから、彼らの自由意志による選択が「どんな」種類の数学によっても決定されることは気に入らないだろう。

私自身の見解は、どんな種類の計算不可能な理論体系が最終的に出現するのかを待って見きわめたい。おそらく、十分高性能な数学的理論体系はわれわれの自由意志（の感覚）とそうは矛盾しないようになるだろう。

しかしながら、マッカーシーは私が自由意志について「相当混乱して」おり、私の観念は「修復できない」という見方をしている。マッカーシーが何を指して私の混乱した観念と言っているのか、私には実際によくわからない。『心の影』で、いくつかの問題を持ち出す以外には私は自由意志の問題については多くを語らなかった。

実際に、私はこの問題に対する自分の見解にちっとも確信が持てないので、おそらくそれは、私が「実際」混乱していることを意味するが、私はこれらの観念が修復できないと定義されるほどひどいとは思わない！

13・2

先に述べたように、ほとんどの人々はたぶん、人間の行動を精密に決定する。「なにがしか」の種類の数学的理論があるとすれば、自由意志などありえない、とみなすだろう。しかし、すでに指摘したように、私はこれについてさほど確信が持てない。答えは、この数学的理論の性質いかんによるからだ。その理論は間違いなく計算不可能であるべき（私自身の考察によれば）だが、それ以上のものでもあるべきだ。3節で提出した議論から、ゲーデル対角線の手続きが単に計算システムよりもはるかにもっと一般的なシステムに当てはめられることを思い出してほしい。

私の論点は、**われわれが探している未知の新理論は単に計算不可能であるだけでなく、オラクル計算というチューリングの概念を超えているか、少なくとも違っていなければならない**、ということだ。われわれは、一次のオラクル機械がいつか止まるかどうかを査定することができるような二次のオラクル機械を考慮することができ、また対角線の手続きが可能だ。そのため、未知の理論は、二次のオラクル理論でもない。対角線は、さらに高次のオラクルにさえ当てはまる。実際、未知の理論は、計算できるどんな順序数[訳注24] α に対するα次のオラクル理論でもあるはずがない。私が理解するかぎり、それもまだ限界ではない。

対角線は実際に非常に一般的な状況に当てはめることができる。われわれは数理論理学の非常に不透明な領域に入っているのだ。われわれの議論の的である「理解」の質は、何か非常に神秘的なものに思われる。

その結果として、本物の理解能力のある生物を受け入れることのできる物理的世界のどんな理論も、このような微妙な点をうまく説明できなくてはならない。

原注　ゲーデル対角線の手続き……マッカラフ、チャーマーズ、そして『心の影』7・9節参照。

原注　オラクル計算とは、以下のような追加命令を添えられたチューリング機械が成し遂げるものだ。「もし、数字qを入力されたp番目のチューリング機械が最終的に停まったら、命令Aを実行せよ。もし停まらないなら命令Bを実行せよ」。

訳注24　順序数……物理学者が素粒子から原子をつくって原子から分子をつくって最後には宇宙をつくろうとするように、数学者は、空の集合から出発して自然数をつくろうとする。具体的には、空集合{}（*）から始めて、空集合を要素とする集合{{}}（#）、*と#を要素とする集合{{},{{}}}、という具合に集合の集合をつくっていって、それを自然数と対応させる：

0　{}
1　{{}}
2　{{},{{}}}
…

このようにしてつくった数を「順序数」と呼ぶ。数字なんてはじめからあるんだからつくる必要なんかないじゃないか、と思われるかもしれないが、集合という概念をもとに数学をつくることができる実例なのである。

13・3

追加説明として、「ゲーデル化の繰り返し」の形態は、マッカーシーとマッカラフが言及したことと多少関係があるが、完全に同じものでないことを述べるべきだろう。彼らは二人とも、計算可能なすべての順序数 α に対して、健全な形式体系を健全に拡張する過程について述べている。この手続きは、『心の影』、2・10節で質問Q19の答えとして述べられている。彼らがどうして、私自身の論議に触れずに、わざわざこの議論を繰り返すのか、私には理解しかねる。『心の影』で特に述べた、「ゲーデル化の繰り返しはΠ-文の真理を証明するための機械的手続きにはならない」という結論はフィーファーマンによって確証されている（私が理解するかぎり、いかに自分の研究がチューリングの研究を拡張したかについてのフィーファーマンのコメントは、先に記した節の考察と関連している）。

13・4　自由意志とリベットの脳波研究

自由意志の問題はまた、クラインが引き合いに出しているリベットの実験[23]とも関連している。この実験は、完全に意志的な行為において、脳波研究によって証明される精神活動の最初の兆候と最終的な（たとえば）指の動きとの間には一秒程度の遅れがあることを示している。

クラインは、『心の影』の7・11節で私が表明した意識の外見上の遅れに関する私の当惑に異議を唱えている。しかし、私が理解するかぎり、彼は私の論点を誤解したのだ。

クラインは、「行動するという決定に主観的に気づく」前に「実質的な無意識の過程」が一秒程度あり、運動筋肉が作用する前におよそ1／5秒の遅れが発生するという事実には「何の不思議もない」と言っている。

しかし、その無意識の過程に伴う「まさにその」時間の長さが私を悩ませていたのだ（あるいは少なくとも、これは私を悩ましていた二つの事柄のうちの「一つ」であった。もう一つはクラインが過剰評価だとみなしている、「受動的」1／2秒の遅れに関係がある――その話は後で再びとりあげるつもりだ）。

原注　リベットの実験……それより初期の、デーケ（Deeke）、グレーツィンガー（Groetzinger）、コーンフーバー（Kornhuber）の実験（5）、グレイ・ウォルター（Grey Walter）の実験にも注意。
原注　クラインが参照している、彼より先のイアン・グリン（Ian Glyn）も、一九九〇年の論文で私の論点を誤解したのだ、と私は確信している。

13・5

もし意識が外部刺激への反応において少しでも積極的な役割を担っているとすれば、その意識的な精神がしようとしていた決定を無意識がすでに「知って」いたのでなければ、無意識が一秒前にすでに行動を準備させておくのに都合が悪い。

クラインは、私が反応がもっとはるかに迅速で本質的に完全に「無意識」であろう「刺激—反応状況」のことを言っているのだと断言している。実際には、私はこの種の状況のことを考えているのではなく、積極的に結果に影響することができるように、意識が具合よく役割を果たすことが必要な状況を念頭においているのである。

もし意識的な精神の「自由意志」が役割を担うことを許されるなら、それらが意識的なものにしろ前置きの無意識の活動にしろ、関係あるすべてのプロセスが、外部刺激が発生した「後に」起こる必要があるだろうことは確実だ。だから、私は、意識的に影響された反応への一秒ほどの遅れに注目するのだ。

13・6

リベットの他の（受動的）実験から生じた余分の1／2秒は、「しきい値よりも明らかに大きな刺激にしては長すぎる」とクラインがかみついている。[24] 私はこの点について論じたいと思わない。なぜなら私は適切な数値を知らないからだ。意識的に制御された自由意志の反応に対する一秒の遅れが、すでに過度に長い時間に思われる。

原注　適切な数値……私が見るかぎり、クラインが言及した一〇〇ミリ秒という数は私が考察している状況とは関係ない。

13・7

以上の考察は、いずれにせよ、時間と因果性の本質に関連した量子論／相対論の謎が、われわれの意識と「時間の流れ」への知覚に重要性を持つことの決定打とは言いがたい。しかしながら、意識の事象のタイミングに関して非常に妙なことが起こっているかもしれないのは確かだと私には思えるのだ。『心の影』の7・11節で指摘したことだが、意識に関する時間の役割は物理学における役割と全く違っていて、時間が「流れ」て見えるのは意識の現象においてのみであるという理由からだけでもそう思われる。

リベットと同僚たちが行ってきたタイプの実験が将来も実行されることを私は切に願う。そこにはさらに驚くべきことが隠されているのではないかと私はにらんでいる。

14——生物学について一言

訳者——「本当に生物学に量子論が必要なのか?」という疑問に対するいくつかの答えが提出される。特に、マイクロチューブルが意識の鍵だ、とするペンローズとハメロフの説への風当たりは強く、ペンローズの反論も今一つ歯切れが悪いように感じられる。

14・1

『心の影』で唱えた生物学的な憶測に関して、多くの人々がいろいろな程度の「待った」をかけた。私は、さきほど12節で、個々のマイクロチューブル内で量子コヒーレンスを維持することの難しさ、さらに、この量子コヒーレンスが、同時に、別々のニューロンの集まりの中のたくさんのマイクロチューブルにまたがることの難しさについてのクラインの懸念を引き合いに出した。「そのような組織化がどのように達成されるかを解明するのは、並外れた難題であろう」というクラインの意見には私も同感だ。

それでもなお、私は自然がどうにかして実際にこの極度に注目すべき仕事を成し遂げたにちがいないと断言する。この節では、この問題にさらに取り組もうと思う。そしてまた私に降りかかったその他いくつかの異議も扱うつもりだ。また、これらの問題に関して『心の影』を書いてから知ったいくつかの新しい事柄も話すつもりだ。

14・2 マイクロチューブルに関する実験的な状況

私が耳にした一つの苦情は、細胞内のマイクロチューブルの生物学的目的は「すでにわかっている」というものだ。すなわち、マイクロチューブルは分子（一般的に「細胞小器官、オルガネラ」として知られている）を細胞の一部分から別の部分へと輸送する「通路」を提供するためにそこにあり、それらは細胞の動きに影響を及ぼすような方法で伸びたり縮んだり曲がったりするのだ、という。さらに、議論は次のように続くのだ。管状の構造はマイクロチューブルに形態上の強度を与えるためであり――管の内部で起こっているある種の量子コヒーレント活動を外部環境から分離するためといったような、その管の別の目的を探す必要などないのだと。

私はマイクロチューブルが実際に、現在のところ行っていると信じられている仕事、そしてその他もっと多くのことを行っていることを疑ってはいない。しかしそれは、私がそれらに要求する付加的な目的の役に立って「も」いることへの反証にはならない。

自然が同一の構造を多くの違った目的のために用いているたくさんの実例をわれわれは知っている。たとえば、われわれは哺乳類の鼻が（嗅覚への重要性は言うまでもなく）空気中の物質を肺に届く前に濾過することを知っている。しかし、これは象が地面から物体を拾うために彼らの鼻を繊細に使い「も」することへの反論とはならないのだ！

14・3

もっと真剣な議論は、ハメロフと同僚たちが主張してきた、マイクロチューブルにそって配列するチューブリン（マイクロチューブルの構成蛋白質）のパターンでの「セル・オートマトン」型の活動に対する直接的な証拠が欠けていることである。この一般的な性質を持つある種の活動の存在は、実際にハメロフと私が意識の根底をなす物理的過程のモデルのために必要とする描像の一部である。この種の活動に対する直接的な実験上の支持を手に入れることが解決の鍵となる争点だと思われるし、そのための実験を計画することが可能なことを私は心から願っている。

マイクロチューブル内のある種の量子コヒーレンスの存在に対する実験上の支持は、私が『心の影』で推奨した考えにとっていっそう大きな重要性を持つ問題だ。決定的な実験を実行することが難しいだろうことは疑いようがない。特に、関連した効果が「試験管内」（in vitro）においてのマイクロチューブルではなく、むしろ「生体内」（in vivo）でのマイクロチューブルを必要とするにちがいないことは紛れもないからである。

私はギュンター・アルブレヒト＝ビューラー（Guenther Albrecht-Buehler）から「生体内」のマイクロチューブルにはあるが「試験管内」では存在しにくい（神経単位のミエリン髄鞘と類似した）ある種の皮膜があることを教えられた。

理論的な面では、いくらかの進歩があった。トゥシンスキによる研究[37]は、マイクロチューブルが「A格子」として知られる構造を持つならば、適切な温度の範囲内で、ハメロフ型の情報処理が可能であることを理論的に支持している。

しかしながら、マンデルコフらの研究[25]は、多くの（おそらくほとんどの）マイクロチューブルが「B格子」という幾分違った構造を持っているようだと指摘している。B格子では「合わせ目」がマイクロチューブルの縦に走っているのだ。

トゥシンスキらは、B格子はハメロフ型の情報処理を担うことはできないが、おそらくオルガネラを運ぶのには適していると主張している。軸索、樹状突起、ニューロン以外の細胞などにおいて、どちらの種類の格子構造が有力なのかという情報を得ることは非常に興味深い。

原注　A格子とは実際『心の影』の図7・4、7・8、7・9（三五九、三六三ページ）で描写した構造そのものである。

マイクロチューブル内での量子コヒーレンスに対する理論上の可能性に関しては、ジブらのモデル[20]が根拠十分だと思われる。そのモデルでは、マイクロチューブルの内部で（レーザーに類似した）超光放射効果(superradiance effects)が予測され、電磁場が秩序だった分泌液と相互作用を及ぼし合っている。

このプロセスが発生するためには、管の中の分泌液が実際にこの秩序だった構造になる必要があり、塩化イオンのような間違った種類の不純物の影響を免れる必要がある（明らかに、十分に低い濃度にあるナトリウム、カルシウム、マグネシウム、カリウムのイオンは、その配列を邪魔しないはずだ）。

しかしながら、ジブらによるモデルで予測されるタイプのコヒーレント活動は、私の趣旨に足るものではないことは言っておくべきだろう。

それは必然的に量子効果ではあるが、現状のままでは、私の議論が必要とするタイプの「量子コヒーレント」効果ではない。

未知の「OR」理論の（計算不可能な）効果が顕在化する量子的／古典的の境界線を探るためには、正真正銘の量子コヒーレンスが必要であるように思われる（この説明はクラインの第1節の最後の質問に関連している。脳の中に「古典的な」コヒーレンスは発生するかもしれないが、それは、私が意識の独特の特徴として主張している計算不可能な活動への糸口は提供しないのだ)。ジブらの機構はおそらく必要とされているものの一部だが、すべてではないのだ。

14・6　エネルギー・ギャップと対称性の破れと量子コヒーレンス

量子コヒーレンスがどのように一つのニューロンから別のニューロンへと伝達させられるのか、というクラインが挙げた疑問に関連して、興味深い可能性がある。『心の影』の図7・11と7・12（三六五、三六六ページ）で示したように、シナプスのボタン(boutons)に存在する特殊な分子（網状組織《クラスリン》）には、「面取りした二十面体」（サッカーボール！）の高度に対称的な構造を持っているものがある。これらの網状組織の分子は、神経細胞相互間の接合部であるシナプスでの神経伝達化学物質の解離に重要性を持っている（それによって神経信号がニューロンからニューロンへと伝達されるのだ）。

私はここで特別な提案はしないが、これらの分子の並外れた対称性には衝撃を受けている。ヤーン＝テラー(Jahn-Teller)効果によれば、そのように高度に対称的な分子は一番低い量子エネルギー準位と次との間に大きなエネルギーのギャップがあるにちがいないだろうことをロイ・ダグラスに指摘された。[9] この一番低い準位は高度に縮退しているらしく、この縮退が壊れるとき、興味ある量子力学的効果が出現するのだろう。

14・7

この一般的な性質を持つエネルギーのギャップと対称性の破れは、超伝導性を理解するための鍵である。超伝導性は巨視的な量子コヒーレンスが起こる数少ないはっきりした現象の一つなのだ。一九一一年に観測されて以来、そして一九五七年に量子力学的に説明されて以来、超伝導は本来、絶対零度より数度上でだけ発生する、非常に低い温度でのみの現象と考えられてきた。

今では摂氏マイナス一五八度というはるかに高い温度、あるいはおそらくマイナス二三度(これは正しくは説明されていないが)でさえも発生することが知られている。幾分高い温度でのマイクロチューブルに同様の効果があるかもしれないことは、奇想天外とは思われない。おそらく、そのような高温超伝導体の実験的な洞察から、マイクロチューブルの性質について得るところがあるだろう。

14・8　どうして肝臓は意識的でないか

しばしばされるもう一つの質問はこれである。

ニューロンのマイクロチューブルは、たとえば肝臓細胞でのマイクロチューブルと比べて何がそんなに特別だというのか？

言い換えれば、なぜ君の肝臓は意識的でないというのか？

これに答えて、ニューロンの中のマイクロチューブルの組織化は他の細胞のマイクロチューブルの組織化と非常に異なっていると言わねばならない。ほとんどの細胞では、マイクロチューブルは「中心体」(centrosome) と呼ばれる中枢部分（細胞核に近い）から放射状に組織されているが、ニューロンにおいてはそうではなく、軸索と樹状突起にそってお互いが本質的に同方向に平行して並んでいるのである。ニューロン内部のマイクロチューブルの全質量は、他の細胞のものよりかなり大きく、頻繁に重合し解重合（伸び縮み）を繰り返すほとんどの細胞の中のものより大概は安定した構造をしている。

もちろん、ニューロンの中とその他の細胞の中のマイクロチューブルのおのおのの役割については、まだまだ不明な点が多いが、明らかに、ニューロン中のマイクロチューブルには本質的に別個の役割があるとする十分な証拠があるように思われる(A格子/B格子の問題もここで重要であるようだ)。

14・9

これとの関係で、私は最近ギュンター・アルブレヒト=ビューラー[1、2]から学んだ相当に興味深い関連した事柄を話すべきだろう。それは中心体の内部にある「中心子」(centriole)の役割にかかわることで、マイクロチューブルと他の接合物質によって組み立てられた、窓の巻き上げられたブラインドに似ている円柱二つから成る奇異な「T」構造をしている(『心の影』、図7・5、三六〇ページで大まかに図解)。『心の影』で、中心体はある種、普通の細胞(ニューロンではない)の細胞組織の「制御中枢」として作用し、細胞分裂を起こす、という一般的な見解を採用した。しかしながらアルブレヒト=ビューラーの中心子の役目についての考えは非常に異なっている。彼は私の意見では、かなりの信憑性で、次のように主張している。つまり中心子はその細胞の「眼」であり、非常にすぐれた方向指示能力で赤外線に反応する、というのだ(光源の方向を同定するためには二つの角度で測った座標が必要。二つの円柱のそれぞれが一つの角座標を与えている)。繊維芽細胞(fibroblast cells)の印象深いビデオ画像が、それらの細胞が赤外線源の方向を正確に指示する実例証拠を提供している。

これはまた、個々の細胞が少なからぬ情報処理能力を持っているという、現行の定説と矛盾するある種驚くべき証拠を提供してもいるのだ。単体の細胞の「脳」はどこに位置しているというのか？　おそらくマイクロチューブルの構造がそのような目的を果たすことができるのであって、中心体そのものがある種の中心的な組織化の役目を持っているとは思われない。単体の（ニューロンでない）細胞において、マイクロチューブルは中心体から放射状に出ている。

私はアルブレヒト＝ビューラーから、中心体の特定の内容はわかっていないという知識を得た。この中心体の中で実際に何が起こっているのかを知ることは、重要であるように思われる。それはある種の情報処理能力を持っているのだろうか？　どんな形態にせよ、量子コヒーレンスを維持することのできる、おそらくはある種の構造があるのだろうか？この種の疑問への答えは、無視できない重要性を持っているにちがいない。

14・10

私はいかなる意識も個々の細胞に存在していると主張しているのではないことをはっきりさせておかねばならない。しかし私が唱えてきた見解に従えば、実際の意識に必要とさ

れる構成要素のいくつかはすでに細胞レベルに存在しているにちがいないことになる。個々の細胞は著しく精巧な方法で作用することができ、それらの作用を完全に伝統的な(古典的な)筋道にそって説明して納得するのは、非常に困難であることがわかった。

14・11　コルヒチンの例による反論は成り立たない

　これらすべてにもかかわらず、人間あるいは他の動物たちに意識が存在するために、実際にマイクロチューブルが必要なのかどうか、という疑問がある。私が聞いた議論は、痛風の治療に投与される薬物コルヒチンはマイクロチューブルを単量体に分解してしまうが、それでも精神の状態には何の影響も及ぼさないというものだ。さらに、コルヒチンが実験動物の脳に直接届いたときでも、動物は意識を持ったままのようだというのである[10,16]。まるで、私の説の決定的な反証であるかに見えるが[32]、これに対しては、次のことを指摘することで答えることができる(ペンローズとハメロフ、その中に載せた参考文献も参照)。

(1) 痛風患者の脳血液関門は十分には破られておらず、そのためニューロンのマイクロチューブルは侵害されない。

（2）いずれにせよ、脳のマイクロチューブルのほとんどは、ニューロンではない細胞のマイクロチューブルと違って、安定した構造を持ち、重合と解重合のサイクルを被らないため、コルヒチンに「抵抗力」がある。

しかし、再構成したシナプス接合に含まれるニューロン・マイクロチューブルの少数は、そのような活動にまきこまれ、コルヒチンに影響をうける。実際、先に述べた実験動物は、マイクロチューブルの崩壊と結びつけられるアルツハイマー病に似た、ある種の「知的障害」を被る[3、26]。

14・12

もちろん、痴呆になったラットが意識を持つか否かをわれわれがどうやって知ることができるか、という付随的な問題がある。われわれは意識とは何か、そしてその外面的な顕現は何なのかという問題に立ち戻らねばならない。

15——意識とは何か？

訳者——まとめ。ペンローズは、理解力の問題が自由意志とクオリアの中間に位置する、と考える。そして、生物学・心理学的アプローチも大切だが、それに劣らず、論理学・物理学的アプローチも必要なことを強調する。また、そのような科学的アプローチと（チャーマーズに代表される）哲学的アプローチの差についても触れている。

15・1

『心の影』の1・12節で、私は、意識の特別な表れ方としての「理解力」(understanding)の質、すなわち、精神性の内面的な表れであるだけでなく、外面的な行動にも特徴的な刻印を記すであろう「質」の問題に特別に力を注いだ。

理解力の質についてのみだけ、私は計算不可能な要素が不可欠であると主張することができたのだ。しかし、私の見たところ、計算不可能な物理的過程は、意識的な精神性の他の側面に対しても不可欠にちがいない。

15・2 「理解力」と「自由意志」と「クオリア」

意識には、能動的な側面、すなわち、先に13節で考察した「自由意志」の問題がある。また、気づいていること（awareness）と「クオリア」の議論のやかましい問題に関係する、受動的な側面もある。理解力はその二つの間のどこかに位置する。私の意見では、**「物理的体系がどのように理解力を示すことができるのか」という難問にすこしでも光をあてるものは何でも、必然的に「自由意志」と「クオリア」の難問にも光をあてるはずだ。**さらに言えば、「理解力」の問題は意識のより具体的な側面の一つであろうと私には思われる。「自由意志」あるいは「気づいていること」の質についてそれが科学的に有益な方法でどのように議論すれば十分なのか私にはわからないが、「理解力」はわれわれが取り扱うことのできる何かである。

クラインは、「人間がロボットよりも効率よく行うことができる、目に見える偉業を探せ」というウィルチェック（Wilczek）の挑戦の問題を挙げている。私の答えは次のようなものだ。「理解力」の質が効いてくる問題ならなんでも人間のほうがロボットに勝る。これはウィ好例が『心の影』の図1・7（四六ページ）で紹介したチェスの問題である。

リアム・ハートストン（William Hartston）とデイヴィッド・ノアウッド（David Norwood）によって考えられた一連の問題で、チェスの難問からなっていて、そのうちのいくつかは人間にはやさしいがコンピューターには難しく（「理解力」を用いるのが最上の策）、また、そのあべこべ（「すべての可能性を試すこと」が最上の策）もある。このチェスの「チューリング・テスト」は、実質的に人間とコンピューターの間の完璧な違いを示したのだ。

15・3

すでに明らかだろうが、**われわれの物理的実在像に何か重要な変化が起こるまでは、いかなる進歩も、「どのように精神的現象が物理的宇宙とうまく合うのか」という謎を解き明かすことはできない**、と私は信じる。いずれは、「意識」が純粋に物理的な世界の中に自分の席を見つけられるような理論へと導かれることだろう。

そのような考え方は、ライプニッツ、スピノザ、あるいはホワイトヘッドの「汎心論」（panpsychism）を思い起こさせる。そこでは意識がその最も深いレベルで、物理的作用のプロセスの中で役目を果たすのだ。そのような考え方が正しいかどうか、私にはわからない。私は哲学を詳細にわたって研究していないからだ。しかし真実は、私がこれまで見たどんな流れからもはるかに人を動かさずにはおかない荘厳さを持つのではないかと推測する。

15・4　意識の問題には心理学と生物学も大切だが論理学と物理学も必要だ

私はマクダーモットの「たいしたことないさ！」(no big deal) という見解には真っ向から対立する。そのような見解はバーズにも見られる。それは、

解決策はわれわれの物理的世界観の重大な変化を必要とせず、すべて心理学と生物学の中でカタがつく

という見方だ。バーズは論理学の威力をひどく過小評価していると私は思う（そして、一数学者として、私はしばしば「変数」を利用するが、「変数として意識を表す」という言葉でバーズが何を意味しているのかさっぱりわからないのだ）。

心理学と生物学の領域から測り知れぬほど貴重な洞察が得られるだろうことは、私も十分に認める。しかし、これらの領域は重要ではあるけれども、『心の影』の中で物理学ほどにはそれらを扱わなかった。われわれの現在の物理学的世界観が実際に、ともかく、意

識の現象を適応させることに適当なのかどうかを知ること「も」また、根本的に重要だと私は信じているからである。

私は現在の物理学が十分でないことを、ここでも、『心の影』でも、かなりの時間を割いて説明した。**論理学からの議論と物理学からの議論は、心理学と生物学からの議論と相反するものではなく、互いに相補うものなのだ。**

15・5

モラヴェクとマッカーシーも、この「たいしたことないさ!」派に属しているようだ。マッカーシーは、「意識」が発生するであろう環境について、さまざまな提案を行っている。これらはすべて計算モデルであり、このことからも、彼の判断基準に従って動いている彼のコンピューター・システムが、「実際に」意識的(人が実際にそのようなシステム「になりうる」という意味で)であるという彼の意見に、私は賛成できないのだ。さらに、マッカーシーは、私が提出した論理的議論の意図を正当に評価していないのではないかと危ぶむ。

その議論は、「理解力」の質は計算モデルの中に組み込むことができないことをわれわれに告げているはずなのだ。

マッカーシーがしているように、計算モデルで、「意識」、「気づいていること」、「自己認識」、「意思」、「信念」、「理解力」、「自由意志」といった「定義」を行うことは簡単だ。しかし、人間の実際の精神作用が、この種の計算上の定義と同じだということは、あまり説得力を持つとは思えない（現に私は説得されていない）。先に長々と主張したように、人間の「理解力」の実際の質は「どのような」純粋に計算的な理論体系でも捕えられるはずがないのだ。したがって、私がマッカーシーの定義のすべてに同意するはずがないのは、明らかだ。

15・6 科学者と哲学者

チャーマーズは、「真似ること」(simulating)、「喚起すること」(evoking)、「説明すること」(explaining) の間の区別の問題を挙げている。実際につけるべき区別があるという点で私は彼に賛成だが、これらの区別は科学者よりも哲学者にとってもっと重要なのだと私は感じる。私自身『心の影』の1・3節で、意識を「真似ること」と意識を「喚起すること」の可能性を、「視点B」と「視点A」として区別をしたが、通常の科学的（哲学的ではない）スタンスは、何が外部から観測できるかに集中することだと思うので、意識の外面的な効果を真似ることに成功する体系はまた、それらを喚起するのではないかと推測される。このように私の「視点B」は頑固な科学者にはうれしくないものにちがいない。

15・7

現代の科学者は、ある現象を「説明」する場合、原則としてその現象の（数学的な）「シミュレーション」を提供する理論を作る。だから、何か別の方法で「説明」することには抵抗を覚えるだろう。そのため、「科学的な」見地からすれば、計算主義に関しても、真似／喚起／解釈の三つすべての問題に関して、同じ立場をとるべきだ、と私には思われる。

チャーマーズの「N」は意識的精神性に関して物理学が無力であることを表しているが、これは選択肢として、「CCC」（完璧な計算主義）あるいは「PPP」（完璧な計算不可能な物理学）だけがあとに残されるだろうことを意味している。

このように、**私は科学者の帽子をかぶっているとき、なぜチャーマーズのような人物が真似／喚起／説明の問題に関して不統一で首尾一貫しない立場にたつことができるのか理解しかねるのだが、哲学者の帽子をかぶれば、彼の主張を部分的には理解することができる。しかしながら、私は哲学者の帽子よりもはるかにもっと頻繁に科学者の帽子をかぶっ**

ているのだ！

15・8

時として、私は、同時に両方の帽子をかぶろうとする。『心の影』での議論では、人間の精神性に関係した「シミュレーション」問題をもっぱら取り扱った。そこで提出された議論（そして前述のさらなる論議）を、純粋に偏見を持たずにしっかりと考える人たちが、計算不可能な物理学が意識的生き物の行動をシミュレートするためでさえも必要とされることを認めるようになることを願う。いずれにせよ、われわれの物理的世界観での絶大な変化がそろそろ現れそうだということを信じさせる強力な理由があるのだ。計算不可能な科学が発見されたあかつきには、精神性に関連した「喚起」と「説明」の問題が最終的に決着をみるだろう。その未知の科学は、今日の科学とは似ても似つかない姿をしているにちがいない。

"Beyond the Doubting of a Shadow—A Reply to Commentaries on *Shadows of the Mind*"

Psyche—an Interdisciplinary Journal of Research on Consciousness, 2 (23)
「サイキ」意識研究の学際的雑誌
一九九五年一〇月二〇日受理。一九九六年一月一六日発行
〔訳〕竹内薫

謝辞

国立科学財団（National Science Foundation）からの研究費（PHY 93-96246号）に感謝する。

原注1　私が理解するところでは、多くの生物学的論点を明快に提出してくれる一〇番目の論評が出るはずだったが、残念ながらこの論説は具体化しなかった。ではあるが、14節で、私は目にとまった多くの生物学的批評を提出することは有益だと感じたのだ。

原注2　ほとんどの書評家たちもこの議論を理解しそこなったようだ。特に、ヒラリー・パトナム（Hilary Putnam）は『ニューヨーク・タイムズ』日曜版書評欄（Sunday New York Times Book Review）で『心の影』を広範囲に引用した書評[34]で（なぜか米国数学学会 American Mathematical Society の会報に転載[35]）、この議論を完璧にはずしただけでなく、実際に私が大いに詳細にわたって検討した他の問題を私が考慮しなかった、と主張している。その返答として、この件は6節と7節で再び徹底的に討議されている。

原注3　デネット（Dennett）は、彼の一九九五年の本『ダーウィンの危険な思想[6]』のなかで、私が

計算主義を信じていないことをもってして、人間の能力が自然淘汰のプロセスによって発生させられるかもしれないことを私が信じていない、と言い立てようとしている。これは非常に奇妙な主張だ。計算不可能な要素が今ここに現存していたとしても、それは自然淘汰と相反するものではなく、それどころか、自然淘汰が計算不可能な要素を利用した、というのは私自身の主張なのだ。もしデネットが、自然淘汰が人間の精神性の発端の唯一の説明を提供すると私が信じていない、と主張しているのなら、彼は正しい。物理学のいくつかの特殊な法則も必要とされ、その範囲内で自然の選択が行われるはずだ。しかしそれは、本質的に、過激な立場、あるいは非科学的なものでは決してない！

原注4　『皇帝の新しい心』一〇章の「プラトンの世界との接点」と題した節を読んで、「ペンローズは、数学者たちが数学的知識を得る際には普通の人間にはない神秘的な能力を使うと信じている」といった、妙な見方を捏造した人々もいるようだ。[16] おまけに、私が、自分自身にもそうした著しくユニークな能力があると主張しているとさえ言うのだ！　これは私がその節で言わんとしたことを完璧に読み違えている。私は単純に、別々の数学者たちがその思考様式が全く似ていないとしても、次々に数学的真理を分かち合うことができるという事実へのいくつかの説明を見つけようと努めていたのだ。私は単に、それぞれの数学者たちが手探りで探っているだろう数学的真理は彼ら一人一人にとって「外部の」ものであり、これらの真理が「プラトンの時間を超越した世界の住人」であること、を主張していたのだ。私は「直接のプラトニックな接触」の根本的に「特殊な」能力が、特定の個人たちによってのみ所有されるものと主張していたのでは決してない。原則としてすべての思考する個人が利用できる「理解力」（あるいは「洞察力」）の一般的な能力のことを単純にしゃべっていたのだ（それらはおそらく、ある種の個人に幾分もっと「たやすく」やってくるだろうが）。このような能力は神秘的ではないが、ゲーデルの定理が示しているように、それらについては実際に不可思議な何かがあるのだ。

原注5　たとえば、グラッシュとチャーチランド[16]、そして返答としてペンローズとハメロフ[32]を参照。

原注6　ジョン・サール（John Searle）は、『ニューヨーク読書案内』（*New York Review of Books*）での彼の興味深い最近の『心の影』書評の中で（一九九五年一一月二日）、幾分似たような主張をしているように思われる。しかしながら、彼は「計算不可能性」（そしてそれが観測できるという事実）の基本概念をきちんとつかんでいないように見える。特に、ここ（7、10、11、15各節）で提出した論議と『心の影』の3・2節以降を参照のこと。そこではサールが挙げている意識／無意識の問題を、数学的理解力のアルゴリズム的基礎に関して、明確に述べている。前述の節は、彼が私の「誤謬」と主張しているものに関連した私自身の立場を明らかにするのに役立つだろう。

原注7　ティプラー（F. J. Tipler）は、『皇帝の新しい心』の書評のなかで、似たような「有限性」議論を用い、与えられた（たとえば人間）サイズの物体の中に貯えることができる情報に関する（ばかなほど大きい）ベケンシュタインの上限（Bekenstein bound）をとりわけ引き合いに出している。私は『心の影』2・6節のQ7とQ8への答えの中で、この有限性からの議論について、明快に扱った。しかしながら、私が答えていたさまざまな特殊な「質問」を設定していくに際して、私の頭にうかんだ特定の個人（この場合ティプラー）を指摘することは故意に思いとどまったのだ。このことは私にとってある皮肉となっている。『物理学の世界』（*Physics World*）での『心の影』の書評のなかで、ティプラーは、私が「ベケンシュタインの上限に言及すらしていない」と主張して叱責したのだ。『心の影』の2・6節が特別に彼自身の議論を想定していたことさえ気づかずに！

（1） Albrecht-Buehler, G. (1981), 'Does the geometric design of centrioles imply their function?', *Cell Motility*, **1**, pp. 237-245.

（2） Albrecht-Buehler, G. (1991), 'Surface extensions of 3T3 cells towards distant infrared light sources', *Journal of Cell Biology*, **114**, pp. 493-502.

（3） Bensimon, G. and Chernat, R. (1991), 'Microtubule disruption and cognitive defects : effects of colchicine on learning behavior in rats', *Pharmacology and Biochemistry of Behavior*, **38**, pp. 141-5.

（4） Davis, P. J. and Hersch, R. (1982), *The Mathematical Experience* (Harvester Press).

（5） Deeke, L., Groetzinger, B., and Kornhuber, H. H. (1976), 'Voluntary finger movements in man : Cerebral potentials and theory', *Biology and Cybernetics*, **23** (2), p. 99-119.

（6） Dennett, D. C. (1995), *Darwin's Dangerous Idea* (New York : Simon and Schuster).（邦訳：『ダーウィンの危険な思想——生命の意味と進化』山口泰司、大崎博、斎藤孝、石川幹人、久保田俊彦訳、青土社）

（7） Devlin, K. (1988), *Mathematics : The New Golden Age* (London : Penguin Books).

（8） Diósi, L. (1989), 'Models for universal reduction of macroscopic quantum fluctuations', *Physical Review A*, **40**, pp. 1165-74.

（9） Douglas, R. R. and Rutherford, A. R. (1995), *Pseudorotations in molecules I : Electronic triplets*, To appear.

（10） Edelman, G. (1995), Quoted on p. 323 of *Frontiers of Complexity*, by Peter Coveney and Roger Highfield (London : Faber and Faber).

（11） Feynman, R. P. (1985), *QED : The Strange Theory of Light and Matter* (Princeton :

Princeton University Press).（邦訳：『光と物質のふしぎな理論——私の量子電磁力学』釜江常好、大貫昌子訳、岩波書店）

(12) Feynman, R. P., Morinigo, F. B., and Wagner, W. G. (1995), *Feynman Lectures on Gravitation*, Reading (MA: Addison-Wesley).（邦訳：『ファインマン講義　重力の理論』和田純夫訳、岩波書店）

(13) Gardner, M. (1970), 'Mathematical games: the fantastic combinations of John Conway's new solitaire game 'Life', *Scientific American*, **223**, pp. 120-123.

(14) Ghirardi, G. C., Rimini, A., & Weber, T. (1986), 'Unified dynamics for microscopic and macroscopic systems', *Physical Review* D, **34**, pp. 470-91.

(15) Ghirardi, G. C., Grassi, R., & Rimini, A. (1990), 'Continuous-spontaneous-reduction model involving gravity', *Physical Review* A, **42**, pp. 1057-64.

(16) Grush, R. and Churchland, P. S. (1995), 'Gaps in Penrose's toilings', *Journal of Consciousness Studies, 2*, pp. 10-29.

(17) Hameroff, S. R. (1987), *Ultimate Computing: Biomolecular Consciousness and Nano-Technology* (Amsterdam: North Holland).

(18) Hameroff, S. R. and Penrose, R. (1996), 'Orchestrated reduction of quantum coherence in brain microtubules—a model for consciousness', In S. Hameroff, A. Kaszniak and A. Scott (eds.), *Toward a Science of Consciousness* (Cambridge, MA: MIT Press).（「意識は、マイクロチューブルにおける波動関数の収縮として起こる」として本書に掲載）

(19) Hameroff, S. R. and Watt, R. C. (1982), 'Information processing in microtubules', *Journal of Theoretical Biology*, **98**, pp. 549-61.

(20) Jibu, M., Hagan, S., Hameroff, S. R., Pribram, K. H., Yasue, K. (1994), 'Quantum optical coherence in cytoskeletal microtubules : implications for brain function', *BioSystems*, **32**, pp. 195-209.

(21) Károlyházy, F. (1966), *Nuovo Cim.*, A, **42**, p. 390.

(22) Károlyházy, F. (1974), 'Gravitation and quantum mechanics of macroscopic bodies', *Magyar Fizikai Polyoirat*, **12**, p. 24.

(23) Libet, B. (1992), 'The neural time-factor in perception, volition and free will', *Revue de Métaphysique et de Morale*, **2**, pp. 255-72.

(24) Libet, B., Wright, E. W. Jr., Feinstein, B. and Pearl, D. K. (1979), 'Subjective referral of the timing for a conscious sensory experience', *Brain*, **102**, pp. 193-224.

(25) Mandelkow, E. M. and Mandelkow, E. (1992), 'Microtubules Oscillations', *Cell Motility and the Cytoskeleton*, **22** (4), pp. 235-44.

(26) Matsuyama, S. S. and Jarvik. L. F. (1992), 'Hypothesis : Microtubules, a key to Alzheimer's disease', *Proceedings of the National Academy of Science USA*, **86**, pp. 8152-56.

(27) McDermott, D. (1990), 'Computation and consciousness', *Behavioral and Brain Sciences*, **13** (4), p. 676.

(28) Moravec, H. (1988), *Mind Children : The Future of Robot and Human Intelligence* (Cambridge, MA : Harvard University Press).

(29) Penrose, R. (1989), *The Emperor's New Mind* (Oxford : Oxford University Press). (邦訳：『皇帝の新しい心』林一訳、みすず書房)

(30) Penrose, R. (1994), *Shadows of the Mind* (Oxford : Oxford University Press). (邦訳：

『心の影』林一訳、みすず書房)
(31) Penrose, R. (1996), 'On gravity's role in quantum state reduction', *General Relativity and Gravitation*, **28** (5), pp. 581-600.
(32) Penrose, R. and Hameroff, S. (1995), 'What 'gaps'?—Reply to Grush and Churchland', *Journal of Consciousness Studies*, **2** (2), pp. 99-112.
(33) Poundstone, W. (1985), *The Recursive Universe : Cosmic Complexity and the Limits of Scientific Knowledge* (Oxford : Oxford University Press).
(34) Putnam, H. (1994), 'The best of all possible brains?', *Sunday New York Times Book Review*, Nov. 20, pp. 7-8.
(35) Putnam, H. (1995), 'Review of "Shadows of the Mind" by Roger Renrose', *Bulletin of the American Mathematical Society*, **32**, pp. 370-73.
(36) Tipler, F. J. (1994), 'Can a computer think? Part II', *Physics World, December*, pp. 51-52.
(37) Tuszýnski, J., Trpisová, B., Sept, D., and Satarić, M. V. (1996), 'Microtubular self-organization and information processing capabilities', In S. Hameroff, A. Kaszniak, and A. Scott (eds.), *Toward a Science of Consciousness* (Cambridge, MA : MIT Press).

文庫版あとがき　ペンローズの〈量子脳〉今昔《いまむかし》

この本が徳間書店から刊行されて、早いもので九年になる。ペンローズ自身の「その後」については共訳・共著者の茂木健一郎が書いているので、私は、この本をめぐる「当時とその後」について書くことにしたい。

そもそも、この本は、「科学書振興」のために徳間書店の当時の科学書担当の編集長と一緒に始めた新シリーズの一冊という位置づけであった。単なる翻訳ではなく、解説に重点をおいたオリジナル企画だったのである。だが、当時の日本の科学書の世界は、一部大学教授が「仕切る」構造になっていて、そういった影響力のある人々から、本書は相当にけなされ、私も版元も、それは落胆させられたものだ。

本書と同時に発売されたノーベル賞受賞者のブライアン・ジョセフソンの本は、ご本人が超能力や心霊現象といった「際物《きわもの》」に大きく興味の対象を移していたこともあり、やはり、日本の科学界からは冷たくあしらわれてしまった。

だが、このペンローズの本は、それでも、一部読者の支持を得ることができ、特に科学出版関係の玄人筋にウケがよく、その後、かなりの版を重ねることができた。

ひとつには、ペンローズ本人の書いた本（『皇帝の新しい心』および『心の影』）が大部で、とっつきにくいところがあり、本書は、最短距離でペンローズの思想に迫ることのできる便利な本、という意味をもっていたからだろう。

実際、当時は私もサイエンス・ライターの駆け出しで、茂木も脳科学に移ったばかりで、ふたりとも元気がよかった。書きたいことがたくさんあって、かといって、書く場所はあまりなく、おそらくふたりとも、ここぞとばかり、ペンローズにかこつけて、一所懸命に解説を書いたのだ。

本書が出てから一年ほどたったある日のこと、私と茂木は、たまたま、さる物理雑誌で本書を酷評した大学教授と酒を呑む機会を得た。そのH教授は、故湯川秀樹博士の最後の弟子であり、数理物理学の専門家であった。酒を呑んで打ち解けた私にH教授は、本書を酷評した理由を打ち明け始めた。

「いやあ、別にけなすつもりはなかったんだけれど、O教授から直接連絡をもらって、こういうけしからん連中が、いい加減な本を書いているので、思う存分やっつけてやってくれ、と言われてね……よくよく事情も知らずに悪口を書いてしまったのですよ」

H教授自身は、やや皮肉な話しっぷりで、事の顚末《てんまつ》を語った。その悪びれない態度に、私も茂木も、なかば呆れ、それでも奇妙な親近感を抱いて、一晩、呑み明かしたのだった。

当時も今も、私を嫌な気持ちにさせるのは、ペンローズほどの大物であっても、学界から異端とされる説をとなえれば、周囲の冷たい視線にさらされる、という厳しい現実であり、そういった異端説に「加担」した私や茂木も、学界で影響力をもつ教授たちから「書評」という形で制裁をくわえられる、という信じられない構造である。

それは、正々堂々と表で議論すべき科学の世界には、本当はあってはならない仕組みだと私は思う。

時は流れ、私は名物（？）サイエンス・ライターとして五十冊近い科学書を上梓し、茂木も名物脳科学者としてテレビ番組のメイン・キャスターをつとめるようになった。別に私と茂木の中身が変わったわけではない。ようするにふたりとも年をとって、社会における役割が変化したのである。

威勢が良くて暇を持て余していたふたりの若者は、少々疲れて、書く時間の捻出に苦労するほど忙しい中年となった。そんな時の流れの中で、本書を読み返してみると、当時は若かったけれども、それなりに、ペンローズの思想の中核に迫った解説が書けている気がする。自分の担当部分についていえば、七五点くらいの出来だろうか。いや、下手をすると、今、私が書いているものよりも、ずっといいものを当時は書いていたのかもしれない。

個人的には、本書の解説のうち、「一口相対論」のところや「対角線論法」の部分などは、今でも学校やカルチャーセンターの講義でつかっているし、もしかしたら、私の科学インタープリター活動の「原点」だったのかもしれない。

そういえば、最近、やたら「科学インタープリター」ということばが目につく。このことばは、私の記憶では、本書が出たころには、まだつかわれていなかった。当時は、新聞社や科学雑誌以外のところにサイエンス・ライターなる生きものは存在しなかったし、ましてや、「難解な科学を一般向けに翻訳する」という意味の科学インタープリターもほとんどいなかった。

いや、もちろん、私は、今も昔も同じ活動を続けているのだが、世間の「意識」の話をしているのである。

一流の科学者で、同時に国語力と文章表現力に優れた人は、きわめて稀である。それは昔から、科学書の編集部では周知の事実であり、エライ科学者が書いた、意味不明の文章を、担当編集者がすべて書き直す、というようなことも頻繁におこなわれてきた。

だが、それは、あくまでも業界内部の秘密だったのであり、本が出版されるときには、編集者が大幅な修正を入れたことなど、どこにも明記されず、読者は、その本の文章の一言一句が著者である科学者の書いたもの、と信じ続けていたのだ。

今、にわかに「科学インタープリター」なる職業が注目を浴びるようになってきたのは、情報化社会において、もはや、そういった「建前」がなりたたなくなってきて、「本当にこの本を書いたのは誰なんだ」と、読者が真実を求め始めたことと無関係ではあるまい。

誤解のないように断っておくが、私は、文章の巧い科学者が存在しない、といっているわけではなく、また、サイエンス・ライターが常に科学を的確にわかりやすく伝えている、といっているわけでもない。

だが、全体としては、やはり、科学者は科学研究には優れた技量をもっているが、あまり他人に説明するのはうまくない。また、一般の人のために文章で研究の趣旨を伝える技量にも欠けている。

複雑になりすぎた科学の世界を一般の人々に正確かつ平易に伝えるためには、だから、「橋渡し役」を専門とするプロ集団が必要になってくる。

それが、科学インタープリターなのである。

本書は、ペンローズ本人が書いた論文を翻訳し、それに私と茂木が平易な解説をつけた体裁になっている。その意味では、本書こそは、この国における真の意味での「科学インタープリター」の誕生だった、といえなくもない。(ちょっと大袈裟ですみません!)

当時は誰にも相手にされなかった科学インタープリター・シリーズが、今、ちくま学芸文庫の一冊として蘇《よみがえ》るというのは、もしかして、世間が少しはわれわれの地味な活動に共感してくれるようになった、ということなのかもしれない。

最後に、本書を品切・重版未定というこの業界の闇から救い出して、ふたたび光をあててくださった、ちくま学芸文庫の大山悦子編集長、それから、再編集にたずさわり、文章の細かい点までも調査して的確に指摘してくださった中村鐵太郎さんに篤くお礼を述べたい。

また、文庫で初めて本書に接してくださった読者のみなさま、読んでくださって本当にありがとう！

竹内　薫

二〇〇六年夏　ランドマークタワーの見える横浜の仕事場にて

文庫版あとがき　プラトン的世界への案内人

本文庫の元となった『ペンローズの量子脳理論』が徳間書店から出版されたのは、一九九七年五月のことだった。当時、私はケンブリッジに留学中で、日本の様子は間接的にしか判らなかった。本が出たということは、共著者の竹内薫からのメールで知った。

あれから九年。脳科学のあり方も、科学全体の中での意識の問題の位置づけも変化したが、私の中でのロジャー・ペンローズその人に対する尊敬の念は、一向に変わることがない。何よりも、意識や量子重力を初めとする極めて困難な問題に挑戦し続けるその姿勢には、心を打たれる。今年七五歳になったペンローズの学問に対する姿勢に深く共感するとともに、そこに理想とすべき一つの鑑を見るのである。

私は、一九九七年一月に初めてペンローズに会った。意識の問題についての講演をするために私の留学先のケンブリッジにやってきたのである。その時の模様は、本書の「ペンローズとの会遇」に収められている。

その後、ペンローズとは何回か会って話す機会があった。一九九八年にはペンローズが夫人を伴って来日し、京都でレクチャーをした。その際は大手新聞のためにインタビューをするとともに、私の友人何人かと一緒にペンローズ夫妻を懐石料理屋にお連れして、一夜の楽しい議論をした。また、一九九九年には英国を訪問し、ペンローズや数学者アンドリュー・ホッジスと議論をした。その後、しばらく間が開いたが、二〇〇五年の夏に久しぶりにペンローズをオックスフォードに訪問し、宇宙について、そして意識の問題について話をたっぷりと聞いた。この時の模様は、新潮社の雑誌『考える人』（二〇〇五年夏号）に収められている。

ペンローズに会う度に、その類い稀なる学識と温かい人柄に強い印象を受ける。本物の学者は、同時に人間的にも極めて魅力的な存在であるという真理を再認識させられるのである。

「宇宙の全ての真理を見通しているのではないか」と思わせるようなその眼差し。そのような天才の神秘の一方で、ペンローズには、どこかとぼけた、ちょっと間の抜けたところもあり、そんな部分もペンローズという人の魅力になっている。

一九九九年に訪問した時、ペンローズの変人ぶりを示すエピソードがあった。ペンローズ自身が久しぶりにオックスフォード大学数学研究所のオフィスに来たらしく、鍵束にたくさん付いた鍵のうち、どれが自分の部屋のものかわからなくなってしまった。そこで、ペンローズは、束になっている鍵の一つひとつを見つめ始めた。どの部屋の鍵かを見極める上では、鍵の頭に記されている数字や記号を確認するというのが普通である。ところが、ペンローズのやり方は違っていた。ペンローズは、何と、鍵のぎざぎざの切れ込みを一つひとつ見ていき、やがて目的の鍵を見つけると、しばらくじっと眺めて、「ああ、これだ」とばかりにその鍵を差し込んだのである。

がちゃり。見事に部屋のドアが開いたことは言うまでもない。

私が子供の頃、科学者になろうと志した理由はいろいろあるが、科学をやっていればどんな変人でもチャーミングになれると思ったことも大きかった。

二人の科学者が、黒板の前で難解な数式を書きながら議論をしている。髪の毛はぼさぼさで、服装もだらしなく、手を振り回しながら何やら虚空を見つめている。周囲の人間にとっては、何のことやらさっぱり判らないが、二人にとってはこの世で一番重大な真理についての大切な議論である。ふと気付くと、何時間も経っていて、お昼を食べるのを忘れている。

金も社会的地位もいらないから、そんな科学者になりたいと、子供の頃ぼんやりと思っていたが、実際に大学院に入って研究を始めてみると、学会というのは案外常識人ばかりの場所だと失望した。しかし、ペンローズだけはいつも「変人科学者」への期待を裏切らない。何も本人がもの好きで変人になろうというのではない。自分にとって大切なことに集中しているうちに、知らず知らずのうちに普通の人とは違った方向に行ってしまうのである。

最近のペンローズは、本書にも収められているハメロフとの共著論文にあるような「マイクロチューブルにおける量子重力的効果が意識をもたらす」というような議論は表だってはしなくなった。最近著 *The Road to Reality*（未邦訳）は、数式を多数用いて宇宙の成り立ちを論じた、一般には難解な物理学の本である。ペンローズの関心の中心は再び数理物理学に戻っていっているらしい。

それでも、ペンローズの意識の起源に対する関心が消えてしまったわけではない。最後にペンローズに会った時にも確認したが、「量子脳理論」に対する関心を失ったわけでも、考えを変えたわけでもないようだ。

人生は短く、真理探究の道は長い。意識の起源のような極めて困難な問題が、そう簡単に解決出来るはずがない。インターネットの時代、世の中は目まぐるしく変わり、変化のスピードはドッグ・イヤーだなどと言われるが、気付いて見れば古来続いている本質的な問題は大きな岩のごとくどっしりと動かず、不可思議な表情を見せたままである。

永遠不滅のプラトン的世界を幻視するペンローズの思索をまとめたこの本は、日々の雑事や生活の心配などを一時忘れて、ゆったりとした気持ちで読んでいただけたらと思う。このような本は、一〇年経っても二〇年経っても内容が古くなることはないのである。

この度、筑摩書房の大山悦子さんのご尽力で文庫という形で本書が再び世に出ることになったのは、多くの変人科学者及びその卵、浮世離れした問題に関心を抱く変人候補者をはらはらして見守る周囲の人々、そして何よりも古来変わらぬ永久不変の「プラトン的世界」の愛好者にとって何よりの吉報であろう。ロジャー・ペンローズは当代一流のプラトン的世界への案内人。本書の麗しき再生に際し、著者の一人として大山さんに心から深謝し、わが親友竹内薫に対する感謝と親愛の情を表するとともに、日々のめまぐるしさの中でも、かのペンローズ卿のごとく一日一回はプラトン的世界を幻視する時間を持つことを、わが心に誓いたいと思う。

二〇〇六年七月　慌ただしい東京の日常の中で

茂木健一郎

本書は一九九七年五月三一日、徳間書店より『ペンローズの量子脳理論』として刊行された。

ちくま学芸文庫

ペンローズの〈量子脳《りょうしのう》〉理論《りろん》

心と意識の科学的基礎をもとめて

二〇〇六年九月　十　日　第一刷発行
二〇二五年四月二十日　第十刷発行

著　者　ロジャー・ペンローズ
訳・解説　竹内　薫（たけうち・かおる）
茂木健一郎（もぎ・けんいちろう）
発行者　増田健史
発行所　株式会社　筑摩書房
東京都台東区蔵前二―五―三　〒一一一―八七五五
電話番号　〇三―五六八七―二六〇一（代表）
装幀者　安野光雅
印刷所　株式会社精興社
製本所　株式会社積信堂

Printed in Japan　ISBN978-4-480-09006-5 C0140